中央财政支持提升专业服务产业发展能力项目
水利工程专业课程建设成果

工程建设项目
水土保持技术

主　编　黄梦琪
副主编　郭明凡
主　审　郝红科　张德喜

中国水利水电出版社
www.waterpub.com.cn
·北京·

内 容 提 要

本书以水利工程专业及其就业岗位群的培养目标为指导，以水土保持相关现行技术规范规程、技术标准为依据进行编写。按照工程建设项目水土流失特点及水土流失防治措施设计与布设、水土保持方案的编写要点、不同类型工程建设项目水土保持方案编写特点进行内容构建，以教学单元的模式在每个学习单元中安排技能要求及思考题。全书共分为6个学习单元，内容包括工程建设项目水土保持方案编制概述、工程建设项目水土保持方案编写、典型水土保持工程措施应用、工程建设项目区土地整治及植被恢复措施、不同类型工程建设项目水土保持方案概述、工程建设项目水土保持方案实例分析及附录。

本书可作为水利工程专业、水利水电工程建筑专业及其岗位群的教材，也可供水利水电设计相关技术人员学习与参考。

图书在版编目（CIP）数据

工程建设项目水土保持技术 / 黄梦琪主编. -- 北京: 中国水利水电出版社, 2017.6(2022.7重印)
中央财政支持提升专业服务产业发展能力项目水利工程专业课程建设成果
ISBN 978-7-5170-5530-3

Ⅰ. ①工… Ⅱ. ①黄… Ⅲ. ①水利工程－水土保持－研究 Ⅳ. ①TV512

中国版本图书馆CIP数据核字(2017)第148848号

书　　名	中央财政支持提升专业服务产业发展能力项目水利工程专业课程建设成果 **工程建设项目水土保持技术** GONGCHENG JIANSHE XIANGMU SHUITU BAOCHI JISHU
作　　者	主编　黄梦琪　主审　郝红科　张德喜
出版发行	中国水利水电出版社 （北京市海淀区玉渊潭南路1号D座　100038） 网址：www. waterpub. com. cn E－mail：sales@mwr. gov. cn 电话：（010）68545888（营销中心）
经　　售	北京科水图书销售有限公司 电话：（010）68545874、63202643 全国各地新华书店和相关出版物销售网点
排　　版	中国水利水电出版社微机排版中心
印　　刷	天津嘉恒印务有限公司
规　　格	184mm×260mm　16开本　13印张　308千字
版　　次	2017年6月第1版　2022年7月第3次印刷
印　　数	4001—6500册
定　　价	**43.00**元

本书编写团队

主　　编　黄梦琪　杨凌职业技术学院　副教授

副 主 编　郭明凡　中国能源建设集团广西电力设计研究院有限公司　教授级高级工程师

参编人员　冯建栋　杨凌职业技术学院　讲　师

　　　　　芦　琴　杨凌职业技术学院　副教授

　　　　　霍海霞　杨凌职业技术学院　讲　师

主　　审　郝红科　杨凌职业技术学院　教　授

　　　　　张德喜　河南水利与环境职业学院　副教授

前　言

Preface

按照《教育部　财政部关于支持高等职业学校提升专业服务产业发展能力的通知》（教职成〔2011〕11号）要求，以提升专业服务产业发展能力（以下简称“专业服务能力”）为出发点，整体提高高等职业学校办学水平和人才培养质量，提高高等职业教育服务国家经济发展方式转变和现代产业体系建设的能力。教育部、财政部决定2011—2012年在全国独立设置公办高等职业学校中，支持一批紧贴产业发展需求、校企深度融合、社会认可度高、就业好的专业进行重点建设，以推动高等职业学校加快人才培养模式改革，创新体制机制，提高人才培养质量和办学水平，整体提高专业服务国家经济社会发展的能力，为国家现代产业体系建设输送大批高端技能型专门人才。项目建设期2年。

在杨凌职业技术学院（以下简称“我院”）2009年顺利通过国家示范院校项目验收和全国水利示范院校建设的基础上，我院决定把水利工程专业列入“高等职业学校提升专业服务产业发展能力”计划项目，并根据陕西省水利发展需求制定了专业建设方案，计划使用中央财政425万元用于水利工程专业人才培养方案制定与实施、课程与教学资源建设、实习实训条件改善、师资队伍与服务能力建设等4个二级项目建设，该项目于2013年12月顺利通过省级验收。

按照子项目建设方案，通过广泛调研，与行业企业专家共同研讨，在国家示范院校建设成果的基础上引入水利水电建筑工程专业“合格＋特长”的人才培养模式，以水利工程建设一线的主要技术岗位职业能力培养为主线，兼顾学生职业迁移和可持续发展需要，构建工学结合的课程体系，优化课程内容，实现“五个对接”，进行专业平台课与优质专业核心课的建设。同时，为了提升专业服务能力，在项目实施过程中积极承担地方基层水利职工的培训任务，通过校内和校外办班、长期和短期结合等方式先后为基层企事业单位培训职工2000多人次，经过三年的探索实践取得了一系列的成果，2013年12月顺利通过省级验收。为了固化项目建设成果，进一步为水利行业职工服务，经我院专门会议审核，决定正式出版课程改革成果系列教材，共计7部。

当前，我国正处经济结构调整和快速发展阶段，各类生产建设活动越来越频繁，且规模不断扩大。一些项目建设在促进社会经济发展的同时，也造成地表扰动、植被破坏，大量土石方开挖或堆弃，造成严重水土流失。《工程建设项目水土保持技术》的编写组成员通过调研、考察、研讨后认真制定了编写大纲，确定了编写目标。本书以工程建设项目水土流失为立足点，以水土保持方案编制为基础，以工程建设项目水土流失防治措施的设计和布设为最终目标，结合生产实际，完成了本书的编写任务。旨在为高职院校提供符合人才培养方案要求、可操作性强、特色鲜明的课程教材，培养学生熟练掌握工程项目的水土保持防治措施，能够根据不同项目水土流失的特点合理选择水土保持防治措施，以及确定不同项目水土保持方案的编写特点和要点。本书分为6个学习单元，内容包括工程建设项目水土保持方案编制概述、工程建设项目水土保持方案编写、典型水土保持工程措施应用、工程建设项目区土地整治及植被恢复措施、不同类型工程建设项目水土保持方案概述、工程建设项目水土保持方案实例分析及附录。

本书编写人员及编写分工如下：杨凌职业技术学院黄梦琪编写学习单元2、学习单元5、学习单元6及附录；杨凌职业技术学院冯建栋编写学习单元1；中国能源建设集团广西电力设计研究院有限公司郭明凡、任桂镇、张传军编写学习单元3；杨凌职业技术学院霍海霞及芦琴编写学习单元4。全书由黄梦琪担任主编并负责统稿，由郭明凡担任副主编，由杨凌职业技术学院郝红科、河南水利与环境职业学院张德喜担任主审。

本书在编写过程中，参考和引述了国内外相关教材、著作及许多专家近年的研究成果，因为篇幅所限未能一一在参考文献中列出，谨向文献的作者们致以深切的谢意；杨凌职业技术学院郝红科教授、河南水利与环境职业学院张德喜副教授提出了许多宝贵建议，杨凌职业技术学院水利分院的领导及同事给予了积极的协助，值此书完稿付梓之际，谨向各位同仁表示诚挚的谢意！另外，特别感谢中国水利水电出版社编辑对本书出版所付出的辛勤劳动。
限于我们的知识水平和实践经验，缺点、遗漏、甚至谬误在所难免，热切希望各位读者提出批评，以期本书内容不断完善和水平的逐步提高。

编　者

2016年3月

目　录

Contents

学习单元1　工程建设项目水土保持方案编制概述

知识要求：掌握水土保持的相关概念及特征；工程建设项目的含义、分类；工程建设项目对生态环境的影响；水土保持方案的编制要求。理解工程建设项目水土流失特点；工程建设水土保持方案的编制原则和依据。

技能要求：掌握有关水土保持基本概念；学会工程建设项目水土保持方案编制；了解工程建设项目水土保持方案编写规范及其审批管理相关程序。

1.1　水土保持相关概念

1.1.1　水土保持

水土保持是指对自然因素和人为活动造成水土流失所采取的预防和治理措施。在《中国大百科全书·农业卷》（1990年9月）中对水土保持的定义为：防治水土流失，保护、改良与合理利用山丘区和风沙区水土资源，维护和提高土地生产力，以利于充分发挥水土资源的经济效益和社会效益，建立良好的生态环境的事业。

水土保持就是在合理利用水土资源的基础上，组织运用水土保持林草措施、水土保持工程措施、水土保持农业措施、水土保持管理措施等形成水土保持综合治理体系，以达到保持水土、提高土地生产力、改善山丘区和风沙区生态环境的目的。

1.1.2　土壤侵蚀

水土保持的工作对象是土壤侵蚀。土壤侵蚀是国际通用的土壤学学术用语，国际通用的土壤侵蚀是指水、风、重力等作用下土壤的流失。

1971年，美国土壤保持学会把土壤侵蚀解释为："土壤侵蚀是水、风、冰或重力等营力对陆地表面的磨蚀，或者造成土壤、岩屑的分散与移动"。英国学者N. W. 哈德逊在《土壤保持》一书中定义为："就其本质而言，土壤侵蚀是一种夷平过程，使土壤和岩石颗粒在外营力的作用下发生转运、滚动或流失。风和水是使颗粒变松和破碎的主要营力"。可以看出，美国、英国学者对土壤侵蚀的定义既包含了土壤及其成土母质，也包含了地表裸露岩石，但均忽略了沉积过程。

随着人们对环境与发展认识的深化，土壤侵蚀与生态环境变化联系日益紧密，土壤侵蚀定义更加广泛，即土壤侵蚀是土壤及其成土母质，和其他地面组成物质在水力、风力、冻融及重力等外营力作用下的破坏、剥蚀、搬运和沉积过程。

《中国大百科全书·水利卷》（1992年3月）对土壤侵蚀的定义为：土壤及其母质在

水力、风力、冻融、重力等外营力作用下，被破坏、剥蚀、搬运和沉积的过程。同时该百科全书还指出：土壤在外营力作用下产生位移的物质量，称土壤侵蚀量。单位面积单位时间内的土壤侵蚀量称为土壤侵蚀速度（或土壤侵蚀速率）。在特定时段内通过小流域出口某一观测断面的泥沙总量，称为流域产沙量。《中国农业百科全书·水利卷》《中国水利百科全书·第一卷》和《中国大百科全书·农业卷》对土壤侵蚀也作了类似界定。土壤流失与土壤侵蚀基本上是同义语，土壤侵蚀侧重于过程，而土壤流失则重于结果。

1.1.3 水土流失

水土流失在《中国百科大辞典》的定义为：由水、重力和风等外界力引起的水土资源破坏和损失。在《中国水利百科全书·第一卷》中定义为：在水力、重力、风力等外营力作用下，水土资源和土地生产力的破坏和损失，包括土地表层侵蚀及水的损失，亦称水土损失。水土流失的形式除雨滴溅蚀、片蚀、细沟侵蚀、浅沟侵蚀、切沟侵蚀等典型的土壤侵蚀形式外，还包括河岸侵蚀、山洪侵蚀、泥石流侵蚀以及滑坡等侵蚀形式。有些国家的水土保持文献中水的损失是指植物截留损失、地面及水面蒸发损失、植物蒸腾损失、深层渗漏损失、坡地径流损失。在中国水的损失主要是指坡地径流损失。我国判断水土流失有3条标准：一是水土流失发生的场所是陆地表面，除了海洋外的地球表面都有可能发生水土流失；二是水土流失产生的原因必须是外营力，最主要的外营力是水力、风力、重力和人为活动；三是水土流失产生的结果是水土资源和土地生产力的损失和破坏。

水土流失一词在中国早已被广泛使用，自从土壤侵蚀一词传入国内以后，从广义理解常被用作水土流失的同义语。从土壤侵蚀和水土流失的定义中可以看出，二者虽然存在着共同点，即都包括了在外营力作用下土壤、母质及浅层基岩的剥蚀、搬运和沉积的全过程；但是也有明显差别，即水土流失中包括了在外营力作用下水资源和土地生产力的破坏与损失，而土壤侵蚀中则没有。

虽然水土流失与土壤侵蚀在定义上存在着明显差别，但应该看到因水土流失一词源于我国，科研、教学和生产上使用较为普遍。而土壤侵蚀一词为传入我国的外来词，其涵义显然狭于水土流失的内容。随着水土保持这一学科逐渐发展和成熟，在教学和科研方面人们对二者的差异给予了越来越多的重视，而在生产上人们常把水土流失和土壤侵蚀作为同一语义来使用。

1.1.4 土地荒漠化

土地荒漠化概念有狭义和广义之分。狭义的土地荒漠化是指在脆弱的生态系统下，由于人为过度的经济活动，破坏其平衡，使原非沙漠地区出现了类似沙漠景观的环境变化过程。因此，凡是具有发生沙漠化过程的土地都被称之为沙漠化土地。沙漠化土地还包括了沙漠边缘风力作用下沙丘前移入侵的地方和后来的固定、半固定沙丘由于植被破坏发生流沙活动的沙丘活化地区。

广义的土地荒漠化是指由于人为和自然因素的综合作用，使得干旱、半干旱甚至半湿润地区自然环境退化（包括盐渍化、草场退化、水土流失、土壤沙化、植被荒漠化、历史时期沙丘前移入侵等以某一环境因素为标志的具有自然环境退化）的总过程。

1.1.5 生态破坏

生态破坏主要是由于人为活动对生态环境造成的破坏，是人类不合理地开发利用自然资源和兴建工程项目而引起的生态环境的退化及由此而衍生的有关环境效应，从而对人类的生存环境产生不利影响的现象。如水土流失、土地荒漠化、土壤盐碱化、生物多样性减少等。

1.1.6 土壤侵蚀模数

土壤侵蚀模数 E_t 是表示单位面积和单位时段内的土壤侵蚀量，其单位名称 t/(km^2 · a)，或采用单位时段内的土壤侵蚀厚度，其单位为 mm/a。各地可按当地土壤容重建立土壤侵蚀模数与土壤侵蚀厚度之间的换算关系。土壤侵蚀厚度＝土壤侵蚀模数/土壤容重，容重单位为 N/m^3。河流输沙模数不能直接引用为侵蚀模数，必须用泥沙输移比加以换算。

1.1.7 土壤侵蚀强度

土壤侵蚀强度是指地壳表层土壤在自然营力（水力、风力、重力及冻融等）和人类活动综合作用下，单位面积和单位时段内被剥蚀并发生位移的土壤侵蚀量。以土壤侵蚀模数表示。

1.1.8 土壤侵蚀程度

土壤侵蚀程度是指任何一种土壤侵蚀形式在特定外营力作用和一定环境条件影响下，自其发生开始到目前为止的发展状况。土壤遭受侵蚀的过程中所达到的不同阶段，并不直接反映现状侵蚀强度的大小。诊断土壤侵蚀的程度，是根据土壤剖面中 A 层（表土层）、B 层（心土层）及 C 层（母质层）的丧失情况加以判别，土壤侵蚀程度反映土壤肥力和土地生产力现状，为土地利用改良和防治土壤侵蚀提供科学依据。

1.1.9 正常侵蚀与土壤容许流失量

我国的环境问题是多方面的，不仅包括水土流失，还包括城市空气污染、河流水质污染、工业的废水、废气、废渣（三废）污染等，但是，分布最广泛、危害最严重的是水土流失，全国人民代表大会环境与资源保护委员会主任委员、国家环保局原局长曲格平先生曾生动地将水土流失看成中国的头号环境问题。我国山区、丘陵区面积约占国土总面积的 2/3，大部分区域都有水土流失，据 2002 年水利部的遥感调查，全国的水土流失面积约占国土总面积的 37％。

正常侵蚀指的是在不受人类活动影响下的自然环境中，所发生的土壤侵蚀速率小于或等于土壤形成速率的那部分土壤侵蚀。这种侵蚀不易被人们所察觉，实际上也不至于对土地资源造成危害。

土壤容许流失量（允许土壤侵蚀量）是指小于或等于成土速度的年土壤侵蚀量，即在长时期内能保持土壤肥力和维持土地生产力基本稳定的最大土壤流失量。也就是说容许土壤流失量是不至于导致土地生产力降低而允许的年最大土壤流失量。由于不同地区的成土速度不同，因此允许土壤侵蚀量也不同。小于允许土壤侵蚀量的侵蚀，属正常侵蚀（微度侵蚀）；大于或等于允许土壤侵蚀量的侵蚀，属加速侵蚀（水土流失），在土壤侵蚀强度上分为轻度侵蚀、中度侵蚀、强度侵蚀、极强度侵蚀、剧烈侵蚀。

确定容许土壤流失量值是一项较为复杂的工作，目前各国确定的指标还有待完善，需要积累成土速度和土壤侵蚀对土壤生产力影响等方面的资料。在美国规定各类地区的容许土壤流失量值为400～1120t/(km^2·a)。中国也在不断积累资料的基础上，确定了不同地区的容许土壤流失量值为200～1000t/(km^2·a)。我国地域辽阔，自然条件复杂，各地区成土速率不同，在各侵蚀类型区采用了不同的土壤容许流失量。

1.2　工程建设项目的分类

工程建设项目的种类繁多，为了适应科学管理的需要，可以从不同的角度进行分类。

1.2.1　按建设性质划分

工程建设项目可分为新建项目、扩建项目、改扩建项目、迁建项目和恢复项目。

1.2.1.1　新建项目

新建项目是指根据国民经济和社会发展的近远期规划，按照规定的程序立项，从无到有、“平地起家”建设的工程项目。有的建设项目原有规模很小，经重新进行总体设计、扩大建设规模后，其新增加的固定资产价值超过原有全部固定资产价值（原值）3倍以上时，才可算新建项目。

1.2.1.2　扩建项目

扩建项目是指现有企业、事业单位在原有场地内或其他地点，为扩大产品的生产能力或增加经济效益而增建的生产车间、独立的生产线或分厂的项目；事业和行政单位在原有业务系统的基础上扩充规模而进行的新增固定资产投资项目。

1.2.1.3　改扩建项目

为了提高生产效益，改善产品质量或方向，对原有设备、工艺流程进行技术改造的项目，或为提高生产能力而增加的一些附属项目。改建项目包括挖潜、节能、安全、环境保护等工程项目。

1.2.1.4　迁建项目

迁建项目是指原有企业、事业单位，根据自身生产经营和事业发展的要求，按照国家调整生产力布局的经济发展战略的需要或出于环境保护等其他特殊要求，搬迁到异地而建设的项目。

1.2.1.5　恢复项目

恢复项目是指原有企业、事业和行政单位，因在自然灾害或战争中使原有固定资产遭受全部或部分报废，需要进行投资重建来恢复生产能力和业务工作条件、生活福利设施等的工程项目。

1.2.2 按投资作用划分

工程建设项目可分为生产性工程项目和非生产性工程项目。

1.2.2.1 生产性工程项目

生产性工程项目是指直接用于物质资料生产或直接为物质资料生产服务的工程项目。

1.2.2.2 非生产性工程项目

非生产性工程项目是指用于满足人民物质和文化、社会福利需要的建设和非物质资料生产部门的建设项目。

1.2.3 按项目规模划分

为适应对工程建设项目分级管理的需要，国家规定基本建设项目分为大型、中型、小型三类；更新改造项目分为限额以上和限额以下两类。不同等级标准的工程项目，国家规定的审批机关和报建程序也不尽相同。划分项目等级的原则如下。

(1) 按批准的可行性研究报告所确定的总设计能力或投资总额的大小，依据国家颁布的《基本建设项目大中小型划分标准》进行分类。

(2) 凡生产单一产品的项目，一般以产品的设计生产能力划分；生产多种产品的项目，一般按其主要产品的设计生产能力划分；产品分类较多，不易分清主次、难以按产品的设计能力划分时，可按投资总额划分。

(3) 对国民经济和社会发展具有特殊意义的某些项目，虽然设计能力或全部投资不够大、中型项目标准，经国家批准已列入大、中型计划或国家重点建设工程的项目，也按大、中型项目管理。

(4) 更新改造项目一般只按投资额分为限额以上和限额以下项目，不再按生产能力或其他标准划分。

(5) 基本建设项目的大、中、小型和更新改造项目限额的具体划分标准，根据各个时期经济发展和实际工作中的需要而有所变化。

1.3 工程建设项目引发的水土流失

1.3.1 工程建设项目引发的水土流失的类型

根据产生水土流失的成因，分布最广泛的水土流失可分为水力侵蚀、重力侵蚀和风力侵蚀三种类型。水力侵蚀分布最广泛，在山区、丘陵区和一切有坡度的地面，降水时都会产生水力侵蚀。它的特点是以地面的水为动力冲走土壤。重力侵蚀主要分布在山区、丘陵区的沟壑和陡坡上，在陡坡和沟的两岸沟壁，其中一部分下部被水流淘空，由于土壤及其成土母质自身的重力作用，不能继续保留在原来的位置，分散地或成片地塌落。风力侵蚀主要分布在我国西北、华北和东北的沙漠、沙地和丘陵盖沙地区，其次是东南沿海沙地，再次是河南、安徽、江苏几省的“黄泛区”（历史上由于黄河决口改道带出泥沙形成）。它的特点是由于风力扬起沙粒，离开原来的位置，随风飘浮到另外的地方降落。

1.3.2 工程建设项目引发的水土流失特点

1.3.2.1 水土流失地域的扩展性和不完整性

工程建设项目建设及其生产运行可在短时间内对当地的水土资源环境造成极大破坏，因此，水土流失发生的地域也已由山丘区扩展到平原区，由农村扩展到城市，由农区扩展到牧区、林区、工业区、开发区、草原地区、黑土地区等原本水土流失轻微的区域。

工程建设项目建设及其生产运行期间，根据资源分布或生产建设的需要，所占用的区域一般都不是完整的一条小流域或一个坡面，而是由工程特点及其施工需要所决定的。因此，工程建设项目的水土流失也常以“点型”或“线型”，单一或综合的形式出现。以“点型”为主的矿业生产项目、石油生产的钻井、水利水电工程等建设项目，其特点是影响区域范围相对较小或影响区域较为集中，但破坏强度大，防治和植被恢复难度大。如井工开采项目对地面扰动虽较小，但掘井可形成较大的地下采空区，形成地表塌陷，影响区域水循环及植物生长，破坏土地资源，降低土地生产力，破坏强度大，植被恢复难度极大。“线型”为主的堤防、铁路、公路、输油气管道、输变电及有线通信等项目建设，受工程沿线地形地貌限制及“线型”活动方式的影响，其主体、配套工程建设区，涉及破坏范围少则几公顷、数十公顷，多则达几平方公里，甚至数十平方公里。

1.3.2.2 水土流失规律及流失强度的跳跃性

工程建设项目建设及其生产运行，使原有的土壤侵蚀分布规律发生了变化。原来水土流失不太严重的地区，局部却产生了剧烈的水土流失，而且项目区土壤侵蚀强度较大，原有的侵蚀评价和数据在局部地区已不适用，土壤侵蚀过程也发生了变化。过去一个地区的水土流失产生、发展过程呈规律性，现在局部地区打破了原有的规律，可能从微度侵蚀迅速跳跃到剧烈侵蚀。

实践调查和监测数据表明，工程建设项目所造成的水土流失，通常情况下其初期的强度要高出原始地貌情况下自然侵蚀强度的几倍。但在工程建设项目运行期间，随着流失土壤的自然沉降和自然恢复，会逐步进入一个相对缓慢的侵蚀阶段。

由于工程建设项目施工建设在短时间内进行采、挖、填、弃、平等施工活动，使地表土壤原来的覆盖物遭受严重破坏；同时，又因施工建设活动的进行和继续，改变了土壤的理化性质，使得土壤颗粒的紧密结构遭到破坏，不能很好地抵抗外来营力的侵蚀，水土流失急剧增加。尤其在弃渣、弃土、取土等松散部位，所产生的水土流失强度往往会高出自然侵蚀强度的3～8倍。如福建省建瓯小区观测点对松散堆填地形的试验结果表明，3°～5°坡面原地貌土壤侵蚀模数为1000～3000t/(km^2·a)；而当原始坡面遭到破坏后，土壤侵蚀模数可达20000t/(km^2·a)以上。

另外，工程建设项目一般要经历施工准备期、施工期和生产（运行）期等阶段。建设类项目水土流失主要集中在建设期，建设生产类项目水土流失集中在建设期和生产运行期。在工程建设项目的施工准备期及施工期，由于要集中进行“三通一平”及建筑、厂房等基础设施建设，机械化程度高，施工进度比较快，特别是采、挖、填、弃、平等工序往往集中在短时期内进行，对原地貌环境的扰动强度大，水土保持设施破坏严重，使水土流失强度在短时间内成倍增加。而在生产（运行）期，由于经扰动地表已被重新塑造，再加上部分新增加的水土保持设施以及建设项目区域对地表的硬化、绿化等措施，水土流失产生的重点已经集中在了某些局部区域和生产环节上，水土流失危害较施工准备期和施工期要小一些。但对于建设生产类项目，如电厂工程，在运行期还堆弃灰渣、煤矿、铁矿等矿井工程，后期还堆放矸石、矿渣；冶金化工类工程，生产期中还倾倒大量废弃物等。若不及时采取有效的防护措施，产生的水土流失将十分严重。

1.3.2.3 水土流失形式的多样性

由于工程建设项目的组成、施工工艺和运行方式多样，且因地表裸露、土方堆置松散、人类机械活动频繁等，造成水蚀、风蚀、重力侵蚀等侵蚀形式时空交错分布。一般在雨季多水蚀，且溅蚀、面蚀、沟蚀并存，非雨季大风时多风蚀。

生产建设过程对地表的扰动及重塑，局部地改变了水土流失的形式，使原来的主要侵蚀营力发生变化，从而改变侵蚀形式。例如，在丘陵沟壑区的公路施工中，路基修筑中的削坡、开挖断面及对弃渣的堆砌，使原本的风力侵蚀作用加大，变成风力加水力侵蚀的复合侵蚀类型；在平原区，高填路基施工后，形成一定的路基边坡，从而使原本以风蚀为主的单一侵蚀形式，在路基边坡处转为以水蚀和重力侵蚀为主的侵蚀形式；对于设置在水蚀区的干灰场来说，由于堆灰工程所引起的灰渣流失，使得该区原有的侵蚀方式由水蚀变为以风蚀为主，或者风蚀、水蚀并存。

1.3.2.4 水土流失的潜在性

实践表明，工程建设项目在建设、生产（运行）期造成的水土流失及其危害并非全部立即显现出来，往往是在很多种侵蚀营力共同作用下，首先显现其中1种或几种侵蚀，经过一段时间后，其余侵蚀营力造成的危害才慢慢显现出来；其次，由侵蚀营力造成的水土流失危害有一个不确定时段的潜伏期，而且结果无法预测。

例如，弃土场使用初期，往往水蚀和重力侵蚀同时存在，在雨季主要表现为水蚀，在多风期主要表现为风蚀，而重力侵蚀及其他侵蚀形式则随着弃土场使用时间的推移，经过潜伏期后，慢慢地显现其侵蚀作用，造成水土流失。对于大多地下生产项目如采煤、铁，淘金等，除扰动地面外，更长期的扰动是因地层挖掘、地下水疏干等活动，间接使地表河流干枯、地下水位下降、地面植被退化、地面塌陷，形成重力侵蚀，从而加剧水土流失。

1.3.2.5 水土流失物质成分的复杂性

工程建设中的工矿企业、公路、铁路、水利电力工程、矿山开采及城镇建设等，在施工和生产运行中会产生大量的废渣，除部分被利用外，尚有许多剩余的弃土、弃石、弃渣。对于工程建设项目的弃渣来说，其物质组成成分除土壤外，还有岩石及碎屑、建筑垃圾与生活垃圾、植物残体等。矿山类弃渣还有煤矸石、尾矿、尾矿渣及其他固体废弃物，火电类项目还有炉渣等。有色金属工业工程，其固体废物就是采矿、选矿、冶炼和加工过程及其环境保护设施中排出的固体或泥状的废弃物，其种类包括采矿废石、选矿尾矿、冶炼弃渣、污泥和工业垃圾等。

1.3.3 工程项目引发水土流失的危害

工程建设项目所造成的水土流失，往往在初期阶段呈现突发性，并且具有侵蚀历时短、强度大的特点。

一些大型工程建设项目对地表进行大范围及深度的开挖、扰动，破坏了原有的地质结构，造成了潜在的危害。随着时间的推移，在生产（运行）期遇到一定外来诱发营力的作用下，便会造成大的地质灾害。如山西省太原市郊区，因忽视工程建设项目中的水土保持工作，1996年8月的一场暴雨使洪水挟带着泥沙涌进市区，淤积厚度达1m，造成60人失踪，直接经济损失达2.86亿元；又如陕西省铜川市区，近年来大规模开挖导致山体大面积滑坡、崩塌，仅1982—1985年，城区因崩塌、滑坡等灾害造成的人身伤亡事故就达20多起，死亡122人，直接损失达1000多万元；2006年3月30日，太旧高速公路K460+500m处石太方向路面发生塌陷，最长150m，宽12m，深8.5m，所幸没有发生交通事故，未造成人员伤亡；2004年12月9日，207国道安康至岚皋公路段K17 +200m处发生大规模山体滑塌，造成交通暂时中断。这些地质灾害的发生，对当地的经济发展、社会稳定都产生了一定的负面影响。

实践表明，工程建设项目在施工过程中若随意弃土弃渣，或者乱采滥挖，将不可避免地造成大量水土流失，进而使可利用土地资源不断减少，土地可利用价值和生产力大大降低。同时，大量弃土弃渣进入河流，会造成河道淤积，毁坏水利设施，影响正常行洪和水利工程效益的发挥，甚至还会引发更大的洪涝或地质灾害。

综上所述，工程建设项目在施工活动或生产运行期所产生的弃渣（包括灰渣、尾矿），若不及时采取有效的防护措施，或者虽建有拦挡工程而管理不善，使水土保持措施不能很好地发挥拦挡作用，就有可能造成水土流失，影响周边环境，甚至导致人员伤亡，给社会造成极大危害。

1.4　工程建设项目水土保持方案编制

1.4.1　水土保持方案报告制度的发展

水土保持工作历史悠久，新中国成立后，国家对水土保持工作十分重视，随着水土保持工作的开展，结合经济建设的步伐，不同时期制定了不同的水土保持法规和政策，对生产过程中可能产生的水土流失进行控制。国务院发布的我国第一部水土保持法规《中华人民共和国水土保持暂行纲要》，对水土保持工作作出了具体规定，要求工矿企业、铁路、交通等部门在生产建设中要采取水土保持措施，并接受水土保持机构的指导和检查。

1.4.2　水土保持方案编制的法规体系

水土保持的法规体系分3个层次，第一层次为法律，如《中华人民共和国水土保持法》以及其他的相关法律，水土保持及相关行政法规《中华人民共和国水土保持法实施条例》和《建设项目环境保护管理条例》，地方性水土保持法规即各地的水土保持法实施办法；第二层次为水土保持规章，主要指部门规章；第三层次为规范性文件即各级人大、政府或其他部门为进一步落实法定要求而制定的有关文件。

1.4.2.1　相关法律

法律是指有全国人民代表大会及其常务委员会制定并颁布在全国范围内实施的法律

文件。

与建设项目水土保持工作有关的法律主要有：

(1)《中华人民共和国水土保持法》(1991-6-29，第七届全国人民代表大会常务委员会第二十次会议通过)。

(2)《中华人民共和国环境保护法》(1989-12-26，第七届全国人民代表大会常务委员会第十一次会议通过)。

(3)《中华人民共和国环境影响评价法》(2002-10-28，第九届全国人民代表大会常务委员会第三十次会议通过)。

(4)《中华人民共和国水法》(修订)(2002-8-29，第九届全国人民代表大会常务委员会第二十九次会议通过)。

(5)《中华人民共和国防洪法》(1997-8-29，第八届全国人民代表大会常务委员会第二十七次会议通过)。

根据具体项目的不同，还有《中华人民共和国电力法》《中华人民共和国公路法》《中华人民共和国铁路法》《中华人民共和国土地管理法》等部门法及其他相关法律。

1.4.2.2 相关法规

法规主要有两类，一类指行政法规，是国务院根据宪法和相关法律制定并颁布、在全国范围内实施、为执行法律规定制定的行政法规以及宪法规定的国务院行政管理职权的规定等。

涉及水土保持的行政法规主要包括：

(1)《中华人民共和国水土保持法实施条例》(1993-8-1，国务院120号令)。

(2)《建设项目环境保护管理条例》(1998-11-29，国务院253号令)。

(3)《中华人民共和国基本农田保护条例》(1998-12-27，国务院257号令)。

(4)《中华人民共和国河道管理条例》(1988-6-10，国务院3号令)。

(5)《晋陕蒙接壤地区水土保持规定》(1988-9-1，国务院批准并授权国家计委和水利部联合发布)。

(6) 建设项目所属行业的各部门法的相关条例等。

另一类是地方性水土保持法规。各省、自治区、直辖市的人民代表大会及其常务委员会，以及省、自治区的人民政府所在地的市和经国务院批准的较大的市（目前计18个），在不同宪法、法律、行政法规相抵触的前提下，可以制定和颁布在辖区内实施的地方性法规，分别报全国人大常委会和国务院备案。其中省、自治区的人民政府所在地的市和较大的市制定的地方性法规，须报经省、自治区的人大常委会批准后方可颁布施行，并报送备案。经济特区所在地的市的人民代表大会及其常务委员会也可以制定地方性法规。

1.4.2.3 部门规章与地方政府规章

国务院各部委、中国人民银行、审计署和具有行政管理职能的直属机构，可以根据法律和国务院的行政法规、决定、命令，在本部门的权限范围内，制定规章。部门规章规定的事项应当属于执行法律或者国务院的行政法规、决定、命令的事项。

省、自治区、直辖市以及省、自治区的人民政府所在地的市和经国务院批准的较大市的人民政府，可以根据法律、行政法规和本省、自治区、直辖市的地方性法规，制定行政规章。

涉及水土保持的部门规章主要包括：

(1)《开发建设项目水土保持方案编报审批管理规定》(水利部令第5号，1995年5月30日发布，2005年7月8日以水利部令第24号修订)。

(2)《水土保持生态环境监测网络管理办法》(水利部令第12号，2000年1月31日)。

(3)《开发建设项目水土保持设施验收管理办法》(水利部令第16号，2002年10月16日发布，2005年7月8日以水利部令第24号修订)。

(4)《企业投资项目核准暂行办法》(发改委令第19号，2004年9月15日)。

(5) 各行业主管部门的相关规章，关于水土保持或环境保护的内容。

(6)《水利工程建设监理规定》(水利部令第28号，2006年12月18日)。

(7)《水利工程建设监理单位资质管理办法》(水利部令第29号，2006年12月18日)。

需要注意的是，水利部与其他部委联合制定的加强水土保持工作的规定或通知不能看作部门规章。《中华人民共和国立法法》规定，涉及两个以上国务院部门职权范围的事项，应当提请国务院制定行政法规或者由国务院有关部门联合制定规章。水土保持行政管理属水利部职权范围，不是其他部委的职权范围。

同样，还有水土保持的地方政府规章。

1.4.2.4　规范性文件

本部分是指编制水土保持方案须遵循的各部门制定的文件。主要包括以下内容。

(1) 国家政策的要求。

1)《国务院关于加强水土保持工作的通知》(国发〔1993〕5号)。

2)《关于印发全国生态环境保护纲要的通知》(国发〔2000〕38号)。

3)《国务院关于投资体制改革的决定》(国发〔2004〕20号)。

4)《关于加强水土保持方案审批后续工作的通知》(水利部办函〔2002〕154号)。

5)《关于印发〈全国水土保持预防监督纲要〉的通知》(水利部水保〔2004〕332号)。

(2) 方案管理的要求。

1)《开发建设项目水土保持方案管理办法》(水利部、国家计委、国家环境保护总局水保〔1994〕513号)。

2)《关于印发公路建设项目水土保持工作规定的通知》(水利部、交通部水保〔2001〕12号)，《水利部、国家煤炭工业局关于加强煤炭生产建设项目水土保持工作的通知》(水保〔1999〕398号)等水利部与相关部门的联合发文。

3)《关于印发〈规范水土保持方案编报程序、编写格式和内容的补充规定〉的通知》(水利部司局函，保监〔2001〕15号)。

4)《国家发展和改革委员会关于燃煤电站项目规划和建设有关要求的通知》(发改委〔2004〕864号)。

5)《建设项目环境保护分类管理目录》，国家环境保护总局公布的最新版本。

6)《企业投资项目核准目录》，国家发展和改革委员会公布的最新版本。

7)《湖南省开发建设项目水土保持方案分类登记名录》(湘水保委〔2004〕4号)等分类管理的地方规定。

(3) 方案内容相关的其他内容。

1)《关于印发〈水土保持监测资格证书管理暂行办法〉的通知》(水保〔2003〕202号)。

2)《关于加强大、中型开发建设项目水土保持监理工作的通知》(水保〔2003〕第89号)。

3)《全国性及中央部门和单位行政事业性收费项目目录》(财政部、国家发展和改革委员会财综〔2005〕21号或最新版本)。

4)《关于加强大型开发建设项目水土保持监督检查工作的通知》(水利部办公厅，办水保〔2004〕97号)。

5) 各省、自治区、直辖市人民政府关于划分水土流失重点防治区的公告及水土保持设施补偿费等的文件。

(4) 技术规范与标准。

1) 水土保持类：①《开发建设项目水土保持方案技术规范》(SL 204—98)；②《开发建设项目水土流失防治标准》(GB 50434—2008)；③《土壤侵蚀分类分级标准》(SL 190—96)；④《水土保持监测技术规程》(SL 277—2002)；⑤《水利水电工程制图标准水土保持图》(SL 73.6—2001)；⑥《水土保持综合治理效益计算方法》(GB/T 15774—1995)；⑦《水土保持工程质量评定规程》(SL 336—2006)；⑧《开发建设项目水土保持设施验收技术规程》(GB/T 22490—2008)。

2) 主体工程类：①《火力发电厂灰渣坝设计技术规程》(DL/T 5045—95)；②《水工建筑物》(JTJ 215—87)。

3) 其他类别：①《水利水电工程设计洪水计算规范》(SL 44—93)；②《防洪标准》(GB 50201—94)；③《水利水电工程等级划分及洪水标准》(SL 252—2000)；④《生态公益林建设技术规程》(GB/T 18337.3—2001)；⑤《主要造林树种苗木》(GB 6000—85)；⑥《公路工程技术标准》(JTJ 001—97)；⑦《一般工业固体废物贮存、处置场污染控制标准》(GB 18599—2001)；⑧赤泥、尾矿库坝的规范及设计标准。

1.4.2.5 技术文件

(1)《关于印发〈开发建设项目水土保持方案审查要点〉的函》(水保监〔2002〕118号)。

(2) 当地水土保持区划、规划及土壤侵蚀遥感调查成果。

(3) 主体工程的可行性研究报告、初步设计报告及咨询意见。

(4) 水土保持方案(送审稿)的技术评审意见。

1.4.2.6 其他资料

(1) 当地的地方志及统计年鉴。

(2) 水土保持方案编制工作委托书。

(3) 主体工程的有关设计资料。

(4) 有关立项的支持文件，如项目法人组建、项目选址、项目建议书等。

(5) 中水供应、粉煤灰综合利用意向书等说明直接影响方案措施布设的。

1.5 水土保持方案的审批与管理

水土保持方案的编报审批管理，主要包括方案编制、方案报送与受理、审查与审批、检查及验收等内容。鉴于水土保持方案审查属技术性较强的工作，按行政许可法的要求技术评审的时间不在审批时限之内，即方案评审通过之后才算受理。

1.5.1 方案编制的工作程序

1.5.1.1 方案编制的有关格式要求

全国现有水土保持方案编制甲级资质单位 114 家，1300 多个单位拥有水土保持方案编制乙、丙级资质 5000 多人拥有相应的上岗资格证书。水土保持方案报告表的编制，可由具有编制方案资质的具备上岗资格证书的人员编写。承担方案报告书编制的单位需具有相应的资质，即中央立项项目的水土保持方案须由持有方案编制甲级资质的单位完成，省级立项项目的水土保持方案须由持有方案编制乙级及以上资质的单位完成，其他项目可由持有方案编制丙级及以上资质的单位承担。建设单位在立项阶段需委托具有相关资质的单位或个人编制水土保持方案报告书或报告表，编制成果须经建设单位认可，并在报批稿上加盖建设单位公章。

根据水利部水土保持司《关于印发〈规范水土保持方案编报程序、编写格式和内容的补充〉的通知》(保监〔2001〕15 号)，方案编制需遵循相应格式。

(1) 版面格式：版面格式用 A4 幅面（210mm×297mm)，插图（表）可适当加大；各类图件要求用 CAD 制作，制图格式应符合《水利水电工程制图标准·水土保持图》(SL 73.6—1) 的要求。

(2) 封面要求：方案及所有附件的封面均为彩色皮纹纸印制，送审稿为墨绿色，报批稿为浅湖蓝色。封面左上角为设计单位的编制水土保持方案资质证号和工程设计证书号，用 3 号或 4 号宋体字印制，右上角为年号和本年度所编制的项目序号；封面上方为文件标题，第一行为工程名称，用 2 号或 3 号宋体字；第二行为“水土保持方案”用初号或小初号黑体字；第三行标明送审稿或报批稿，用括号标出，用 2 号或 3 号字；封面下方为建设单位全称，用 2 号或 3 号宋体字，上行为建设单位，下行为编制单位，左方盖建设单位印章，右方盖编制单位印章；再下为出版年月，用阿拉伯数字表示，用 2 号或 3 号宋体字。可在适当位置印制设计阶段，设计单位的标识等内容。

(3) 扉页格式：中上部为编制水土保持方案的资质证书和工程设计证书的彩色复印件。下部逐项列出设计单位地址、设计单位邮编、项目联系人、联系电话、传真、电子信箱等内容，用 3 号或 4 号黑体或宋体字，加盖方案质量专用章。

(4) 方案责任页要求：批准责任人应为资质证书的法定代表人或分管领导，核定责任人为方案编制单位证书管理机构的负责人，审查责任人为处室的技术负责人，校核责任人可为编制小组成员，编写人员即主要执笔人，参加工作人员即小组成员，可分章节或分专业，按分工用黑体小 3 号字，姓名须先用 4 号字印刷，后为签名。审查、校核、编写和参加工作人员须有编制方案上岗证书，并注明证书号，后为签名。

（5）主要附件：包括工程立项依据、方案特性表、方案编制委托书、方案（送审稿）技术评审意见、说明项目可行性且与水土保持有关的协议书、说明防治责任转移的函件、投资估算表格及附图等。

1.5.1.2 资质管理

编制水土保持方案需要相应资质。因水土保持方案的质量直接涉及防治水土流失的效果，如果方案编制的过于原则，缺乏针对性，内容就显得空泛，无法指导施工过程中的水土流失防治，因而失去编制水土保持方案的意义。一个好的水土保持方案，直接与地形地貌、工程布局和施工工艺相关，设计各类措施，防范并控制各个施工环节可能产生的水土流失，起到保持水土、保护并恢复生态的效果。国家规定，建设项目的水土保持方案编制工作实行资质管理，承接方案编制的单位需具备相应的资质，参加编制的人员需持有相应的上岗资格证书。

1. 水土保持方案编制的单位资质证书

（1）证书分级及应用范围。为了加强对工程建设项目水土保持方案编制单位的管理，保证工程建设项目水土保持方案的编制质量，国家设立了相应的资质，并制定了管理和考核办法。资质设甲、乙、丙3级。持有甲级资质的单位，可承接大中型建设项目水土保持方案的编制任务。持乙级资质的单位，可承接中小型建设项目水土保持方案的编制任务。持丙级资质的单位，可承接小型以下建设项目水土保持方案的编制任务。随着企业投资核准制的实施，资质的应用范围有了一定的调整，甲级资质单位可以承担中央立项的工程建设项目的水土保持方案编制任务，乙级资质证书可承担省级立项的工程建设项目的方案编制工作，丙级资质单位可以承担省级以下人民政府立项的工程建设项目的方案编制工作。甲级资质可以承担乙、丙级资质对应的任务，乙级资质可以承担丙级资质规定的任务。

（2）申请资质的条件。申请资质的单位必须具备与其承担编制任务相适应的实验、测试、勘测和分析技术手段，熟悉和掌握国家与地方颁布的水土保持法规和技术规范，并能提供已编制或正在编制的1～2个工程建设项目水土保持方案或类似成果。申请甲级资质的单位限于国家注册的大型规划、设计、科研、咨询单位，并具有从事水土保持技术工作的高级技术人才。申请乙级资质的单位限于省级注册的规划、设计、科研、咨询单位，并具有从事水土保持技术工作的高级技术人员。申请丙级资质的单位限于地市级注册的规划、设计、科研、咨询单位，并具有从事水土保持技术工作的中级技术人员。

（3）证书的管理。甲级资质由国家主管负责管理与考核；乙、丙级资质由省级主管部门管理和考核，并报国家主管部门备案。申请资质的单位，根据所申请资格证书的级别，向相应级主管部门提出书面申请报告，领取国家主管部门统一印制的《编制开发建设项目水土保持方案资格证书考核登记表》一式三份，按规定要求填写后，报送相应级的主管部门审查同意后方可领取。持证单位必须严格遵守资质的使用规定，按国家和地方颁布的有关水土保持法规、政策及技术规范开展工作；在编制水土保持方案时，必须说明资质级别的编号，并附资质证书影印件；当持证单位的性质、机构、人员、仪器设备变化较大时，必须重新办理申报手续。持证单位违反本规定，有下列行为之一的，颁发《资格证书》的水行政主管部门视情节轻重，有权中止、吊销其《资格证书》：①弄虚作假领取《资格证书》的；②转借《资格证书》的；③变相转包方案编制工作的；④机构、人员、仪器设备发生变化已不适应编制工作任务要求又不及时申报的；⑤编制方案质量不符合要求的；⑥不履行编制合同的。

2. 水土保持方案编制人员的上岗证书

在社会主义市场经济条件下，国家引入了执业资格制度。由于水土保持法颁布较早，行政许可法规定的设定行政许可的条件在水土保持法中未明确提及，相应的执业资格还没有办法及时实施。而水土保持方案事关社会公众利益，技术性强，其从业人员应实行准入控制，经过权威技术部门培训合格后可上岗开展方案编制工作。

在当前条件下，一是沿用过去的管理办法，对新上岗人员实行培训考核上岗，对过去持有上岗证书的人员实行定期再培训制度，保障国家新的政策和要求的贯彻与落实。二是筹备建立职业资格制度，明确技术水平，考核职业道德，通过职业资格来提高从业人员的技术水平。三是设立执业资格制度，凡从事水土保持方案编制的人员须经考试合格并在相应单位注册上岗，强调个人的信用，规范执业行为，维护国家和社会的公共利益。

1.5.2　方案编制的审批管理程序

1.5.2.1　审批程序

（1）建设单位或个人委托具备水土保持方案编制资质的单位编制相应的水土保持方案。

（2）建设单位或个人向相应水行政主管部门报送方案送审稿及审查申请。

（3）水行政主管部门批转给水土保持专业机构进行审查或技术评审，按照国家关于水土保持的法律法规及技术规范和要求，现场查勘和技术文件评审，并形成审查意见或专家评审意见。

（4）根据审查意见或专家评审意见，由建设单位组织编制单位进行修改、补充和完善，形成水土保持方案（报批稿），送审查单位或技术评审组织单位进行复核。

（5）审查单位技术评审机构对水土保持方案报告书（报批稿）进行复核，符合有关规定和要求的出具正式《水土保持方案报告书》审查意见或技术评审意见，并报送水行政主管部门。对不符合规定和要求的《水土保持方案报告书（报批稿）》退回建设单位重新修改、补充和完善。

（6）建设单位或个人向水行政主管部门报送《关于报批〈×××水土保持方案报告书（报批稿）〉的请示》以及经技术评审机构审核同意后的《水土保持方案报告书（报批稿）》，申请批复。

（7）水行政主管部门核查有关文件后作出受理决定，并在受理后20个工作日内（或经机关领导同意后30个工作日内）完成批复或退回工作。

水土保持方案报告表的报批程序，可省去步骤（3）～（5）的要求。

1.5.2.2　技术审查

（1）技术评审机构初步审核方案报告书后，组织有关流域机构、行业和地方水行政主管部门、主体工程土建专业、项目建设等单位的代表，并从方案咨询专家库中邀请水土保持、资源与环境、技术经济、工程管理和土木工程等专业的专家，勘察项目区现场，进行技术咨询与技术审查。

（2）参加评审的专家，需在会前对方案报告书的质量进行评价，会前提交会议汇总，以便形成专家组意见，也可作为考核编制单位的重要依据。

（3）技术评审主持人和评审专家应对水土保持方案报告书的编制质量、技术合理性、经济合理性和是否满足控制水土流失、减轻水土流失灾害等要求承担技术责任；评审专家应对相应的专业领域承担技术与质量的把关责任。

（4）对没有达到相应技术要求、不具备召开评审会议条件的水土保持方案报告书（送审稿），技术评审机构应退回建设单位并提出书面修改意见。其书面修改意见应同时抄送水行政主管部门，作为水土保持方案编制资格证书考核的内容。对1年内发生1次退回的水土保持方案编制单位提出批评，2次退回的提出警告并要求整改。

（5）对达到相应技术要求的《水土保持方案报告书（送审稿）》，技术评审机构应提前1周发出技术评审会议通知并抄送水行政主管部门，在技术评审会议3天前将水土保持方案送达评审专家和项目所在地流域机构及地方水行政主管部门。

（6）《水土保持方案报告书（送审稿）》通过技术评审后，技术评审机构应及时提出意见，并送达建设单位，由建设单位组织水土保持方案的修改、补充、完善，形成《水土保持方案报告书（报批稿）》，送技术评审机构复核。

（7）技术评审机构应在5个工作日内完成《水土保持方案报告书（报批稿）》的复核工作。对通过复核的《水土保持方案报告书（报批稿）》出具技术评审意见报送水行政主管部门，同时抄送项目建设单位。

1.5.2.3 技术评审的条件

《水土保持方案报告书（送审稿）》有下列情况之一的，应考虑不具备召开技术评审会议条件：

（1）对主体工程基本情况把握不准、现场查勘深度不足，工程项目组成、规模、布置及施工工艺等表述不清楚。

（2）对主体工程水土保持功能评价、工程建设可能造成的水土流失预测及可能发生的灾害评价深度不足，分析结果不能为方案批复提供可靠的技术支撑。

（3）水土流失防治体系过于笼统，防治措施设计缺乏针对性和可操作性，临时防护措施安排不到位，不能有效减少和控制人为水土流失及可能引发的水土流失灾害。

（4）水土保持监测的目标、任务、内容、要求等总体安排和设计不具体，操作性不强，对水土保持监测的实施缺乏指导和控制作用。

（5）水土保持投资概（估）算不准确，图样、工程量和概算不一致，独立费用明显不能满足开展相关工作。

本 章 小 结

任何一项工程建设项目，都会不同程度扰动地貌、损坏土地和植被、破坏土壤结构，使土体的抗蚀力、抗冲力减弱，在外营力（自然和人为）的作用下，都会造成水土流失。

在建设项目的可研阶段编制水土保持方案，制定实施有效的防治措施，使建设项目的新增水土流失得到有效控制，生态环境得到改善，为主体工程的设计、施工以及有关主管部门审查提供科学依据。

本章主要介绍了水土保持的相关概念；工程项目的分类以及由工程项目引发的水土流失的类型、特点、危害；工程项目水土保持方案编制的法规体系及审批管理。

思　考　题

1. 什么叫水土保持？什么叫水土保持方案编制？两者有何不同？
2. 水土流失有哪些形式？有何危害？
3. 建设项目水土流失有什么特点？
4. 水土保持方案编制有何意义？
5. 水土保持方案编制有什么规定？
6. 水土保持方案报告书和报告表有什么不同？
7. 简述水土保持方案审批程序。

学习单元 2　工程建设项目水土保持方案编写

知识要求：掌握水土保持方案编制报告书及报告表各部分内容的编写要点；掌握水土保持方案报告书和报告表的编写内容。

技能要求：熟记水土保持方案报告书的编写内容及要点；学会进行水土保持方案报告表的编制。

水土保持方案是一个具有法律意义的文本，需要有相对固定的编制格式和内容。水土保持方案分为报告书和报告表。《开发建设项目水土保持方案编报审批管理规定》中明确规定，凡征用占地面积在 $1hm^2$ 以上或者挖填土石方总量在 1 万 m^3 以上的工程建设项目，应当编报水土保持方案报告书；其他工程建设项目应当编报水土保持方案报告表。

本学习单元主要介绍水土保持方案报告书的编写内容。

2.1　水土保持方案报告书的编制内容

2.1.1　综合说明

综合说明在水土保持方案报告书中起到核心作用，它是方案报告书整体内容的浓缩，应简明扼要，编写主要包括下列内容：

（1）主体工程及立项的概况。

（2）项目所在地的水土流失重点防治区划分情况，防治标准执行等级。

（3）主体工程水土保持分析评价结论。

（4）水土流失防治责任范围及面积。

（5）水土流失预测结果，主要包括损坏水土保持设施数量、建设期水土流失总量及新增、水土流失重点区段及时段。

（6）水土保持措施总体布局、主要工程量。

（7）水土保持投资估算及效益分析。

（8）主要结论与建议。

（9）水土保持方案特性表。

2.1.2　水土保持方案编制总则

方案编制总则应包括下列内容：

（1）方案编制的目的与意义。

（2）方案编制的依据，包括法律、法规、规章、规范性文件、技术规范与标准、相关资料等。

（3）水土流失防治的执行标准，即按《开发建设项目水土流失防治标准》的规定，执行中应结合当地的实际情况，说明本项目水土流失防治的执行标准。

（4）论述方案编制的指导思想。

（5）说明方案编制的原则。

（6）确定设计深度和设计水平年。

2.1.3　项目概况

项目概况应说明项目基本情况、项目组成及总体布置、施工组织、工程征占地、土石方量、工程投资、进度安排、拆迁与安置等情况。若有与其他项目的依托关系应予说明。

2.1.4　项目区概况

项目区概况应说明项目所在区域自然条件、社会经济、土地利用情况，水土流失现状及防治情况，项目区所在的国家级、省级和县级水土流失重点防治区划分情况，区域内生态建设与开发建设项目水土保持可借鉴的经验。

2.1.5　主体工程水土保持分析与评价

主体工程是指基于地基基础之上，接受、承担和传递建设工程所有上部荷载，维持结构整体性、稳定性和安全性的承重结构体系。

主体工程的分析与评价应包括下列内容：

（1）工程选址（线）的制约性因素分析与评价。

（2）主体工程方案比选及评价。

（3）主体工程占地类型、面积和占地性质的分析与评价。

（4）主体工程土石方平衡、弃土（石、渣）场、取料场的布置、施工组织、施工方法与工艺等评价。

（5）主体工程设计的水土保持分析与评价。

（6）工程建设与生产对水土流失的影响因素分析。

（7）结论性意见、要求与建议。

2.1.6　防治责任范围及防治分区

水土流失防治责任范围和防治分区部分应包括下列内容：

（1）工程占地。按分行政区划（以县为单位，线型项目也可以地、市为单位）列表说明占地类型、面积和占地性质等。

（2）水土流失防治责任范围确定的依据和划分结果。用文、表、图说明项目建设区、直接影响区的范围、面积等情况。

（3）水土流失防治分区及结果，用表、图说明分区结果及治理措施。

2.1.7　水土流失预测

水土流失预测应该包括下列内容：

（1）预测范围和预测时段。

（2）说明预测方法及土壤侵蚀背景值、扰动后的模数值的取值依据。

（3）水土流失预测成果，应说明项目建设扰动地表面积、产生的弃土（石、渣、矸）量和可能产生的水土流失量、损坏水土保持设施面积与数量。

（4）可能产生的水土流失危害分析与评价。

（5）预测结论、综合分析及防治措施布设的指导性意见。

2.1.8　防治目标及防治措施布设

水土流失防治目标及防治措施布设应包括下列内容：

（1）防治目标，提出定性与定量的防治目标。

（2）水土流失防治措施布设原则。

（3）水土流失防治措施体系和总体布局，并附防治措施体系框图。

（4）不同类型防治工程的典型设计。

（5）防治措施及工程量，应按防治分区，分工程措施、植物措施、临时措施列表说明各项防工程的工程量。

（6）水土保持工程施工组织设计。

（7）水土保持措施实施进度安排。

2.1.9　水土保持监测

水土保持监测应包括下列内容：

（1）监测时段。

（2）监测区域（段）、监测点位。

（3）监测内容、方法及监测频次。

（4）监测工作量，说明监测土建设施、消耗性材料、监测设备、监测所需人工等。

（5）水土保持监测成果要求。

2.1.10　投资估算及效益分析

水土保持投资估算及效益分析应包括下列内容：

（1）投资估算的编制原则、依据、方法。

（2）水土保持投资概述，并附投资估算汇总表、分年度投资表、工程单价汇总表、材料用量汇总表。

（3）防治效果预测，应对照制定的目标，验算6项目标的达到情况。

（4）水土保持损益分析，从水资源、土资源、生态与环境等方面进行损益分析与评价。

2.1.11　实施保障措施

水土保持方案实施保障措施应包括下列内容：

（1）组织领导与管理。

(2) 后续设计的安排。
(3) 水土保持工程招标、投标的承诺及打算。
(4) 水土保持工程建设监理的承诺及打算。
(5) 水土保持监测的承诺及打算。
(6) 施工管理的打算。
(7) 企业内部的水土保持检查与验收计划等。
(8) 资金来源及使用管理。

2.1.12　结论及建议

水土保持方案的结论及建议应包括下列内容：
(1) 水土保持方案总体结论。
(2) 下阶段水土保持要求。

2.1.13　附件、附图和附表

附件应包括下列内容：
(1) 项目立项的有关申报文件、批件或相关规划。
(2) 工程可行性研究的初步意见。
(3) 水土保持方案编制委托书。
(4) 方案（送审稿）技术评审意见。
(5) 说明项目可行性且与水土保持有关的协议。
(6) 说明防治责任转移的函件
(7) 水土保持投资估（概）算附件。
(8) 其他与工程相关的资料。
附图应包括下列内容：
(1) 项目所在的地理位置图。
(2) 项目区地貌及水系图。
(3) 项目总平面布置图及施工总布置图。
(4) 项目区土壤侵蚀强度分布图、土地利用现状图、水土流失防治区划分布图。
(5) 水土流失防治责任范围图。
(6) 水土流失防治分区及水土保持措施总体布局图。
(7) 水土保持措施典型设计图。
(8) 水土保持监测点位布局图。
(9) 其他图件。
附表主要包括水土保持投资估算附表、方案特性表（见附表1）等。

2.2　水土保持方案报告表的主要内容

水土保持方案报告表相比报告书要简单一些，主要包括以下内容：项目简述、项目区概述、产生水土流失的环节分析、防治责任范围、措施设计及图纸、工程量及进度、投资实施意见。水土保持方案报告表的格式见附表2。

2.3 水土保持方案报告书的编写要点

2.3.1 综合说明的编写内容

综合说明部分是水土保持方案报告书的第一部分，是整个方案内容的浓缩，主要目的是通过对综合说明的阅读了解方案编制的大致情况。其编写应简练，能突出重点。本部分内容应包含项目的总体情况、地理位置、工程建设概况、水土保持的主要措施以及方案结果、投资估算量和工程特性表。

2.3.1.1 主体工程基本情况

简述主体工程所处的行政区划位置，工程所在地的地理位置、工程等级、主要建设内容及生产或施工条件等，说明项目建设的必要性及在相关行业规划中的地位，工程规模和工程等级，并说明项目组成的总占地面积、占地类型、移动的土石方量、取（弃）土场的数量与规模以及场外运输条件等内容；开竣工时间、总工期、总投资、土建工程投资等与水土保持有关的内容；方案设计深度（应与主体工程设计深度相一致）和方案设计水平年（主体工程完工后，方案确定的水土保持措施实施完毕并初步发挥效益的时间）。对项目土石方的挖、填、借、弃数量，工程占地和拆迁安置情况，工程的总投资及土建投资、资金来源和出资比例进行详细的说明。

2.3.1.2 项目区概况介绍

主要对项目所在区域的自然概况进行描述，包括气温、降水量、降水特征、蒸发量、风速、最大冻土深度、项目区的土壤类型、当地植被在全国植被分区中的区属、林草的覆盖率等。简述项目所在地的地形地貌、气候类型和主要的气象要素、主要土壤、植被类型和林草覆盖率、水土流失类型和强度、土壤侵蚀模数、允许土壤流失量、在全国土壤侵蚀类型区划中所处的类型区以及在全国或省级水土流失重点防治区公告中所处的区域。

2.3.1.3 主体工程水土保持分析评价意见

首先说明对主体工程选址（线）比选方案的水土保持分析评价结论；从社会效益、经济效益、生态效益等方面说明对主体方案推荐方案设计的水土保持分析评价结果，对于不符合水土保持限制性规定的情况，须提出改正意见或解决办法。

2.3.1.4 水土流失防治责任范围与防治分区

（1）水土流失防治责任范围是根据行政区、占地性质、占地类型和占地数量的统计结果、永久占地和临时占地情况，说明项目区水土流失防治责任范围的面积。具体包括项目建设区的占地面积、直接影响区的占地面积、间接影响区的占地面积。如果项目建设区既有征地也有与其他项目存在共用场地时，应另外作出说明。

（2）项目建设水土流失防治分区的划分是指项目划分的水土流失各防治分区的依据及分区结果，包括各分区的用途、占地面积、防治措施。

2.3.1.5 水土流失预测结果

主要从几个方面来说明：

（1）工程建设可能引起水体流失的工序及环节。

（2）对工程建设的扰动面积进行说明。说明在工程准备期、施工期和自然恢复期可能扰动、破坏原地貌的面积及占项目总占地面积的百分比。

（3）项目实施损坏水土保持设施情况。说明工程建设期（含施工准备期、施工期和自然恢复期）损坏水土保持设施面积，包括对林草面积的毁坏和原有水土保持工程设施的毁坏，其中损坏林草措施面积以及损坏林草措施面积占项目所在地林草总面积的比例，损坏水土保持工程的数量。

（4）说明产生水土流失的重点部位和重点时段。

（5）弃土弃渣量。包括弃土弃渣总量，包括建设期、运行期和施工临时堆土量。

（6）可能产生的水土流失总量。包括新增的土壤流失量（含施工准备期、自然恢复期和运行期）及可能造成的水的流失量。

2.3.1.6 水土保持措施体系及主要工程量

按防治分区分为工程措施、植物措施和临时防护措施，以表格形式说明水土保持措施的总体布设情况以及各项措施的工程量。说明水土保持措施的施工组织情况，要注意工程项目和工程量的区别，工程项目是一个综合名称，包含一项或几项具体工程；工程量是指具体工程的数量，其单位应与定额单位一致（或相差数量级）。

2.3.1.7 水土保持监测概要

可按水土保持监测时段、分区，说明采取的监测方法和手段，布设监测点位，明确监测内容和频次，也可采用列表一一说明。

2.3.1.8 水土保持投资估（概）算及效益分析

1. 水土保持投资估（概）算成果

说明项目建设期水土保持工程总投资，包括水土保持工程措施、植物措施及临时防护措施的投资，水土保持监理费、水土保持监测费、基本预备费和水土保持设施补偿费等。

2. 效益分析结论

主要说明实施水土保持方案中的水土保持措施后，与该区的防治标准相比较是否达到了防治目标的要求，可以用表格对比的形式列出；介绍水土保持损益分析的主要结论。效益分析中应纳入社会效益和经济效益。

2.3.1.9 结论与建议

结论包括两方面的内容。

1. 对主体工程水土保持分析评价结论

明确工程建设水土保持的可行性，从水土保持方面说明，主体工程选址（线）方案的比选结果和对主体工程推荐方案设计的分析评价意见；根据设计水平年水土保持 6 项防治目标值和水土流失的影响因素分析，说明方案实施后项目建设造成的水土流失是否能得到有效的防治，能否将危害降低到最低限度，生态环境得到恢复和改善的状况。

2. 对其他部门的建议

根据对主体工程水土保持分析评价中存在的问题和确保方案实施等方面，对工程的后续设计单位、施工单位和施工管理及水行政职能管理部门等分别提出实施该工程水土保持方案合理化建议和在下阶段需要进一步深入研究的问题。

2.3.2 水土保持方案编制总则的编写内容

2.3.2.1 方案编制的目的和意义

1. 方案编写的目的

根据法律规定明确建设单位法定的责任和义务，分析并拟定水土流失防治对策和措施体系布局，为工程项目下一步设计中的水土流失防治布局提供技术参考与要求，介绍建设单位实施水土保持方案的保障措施，估算水土保持所需投资，并从水土保持角度给出工程项目是否可行的意见。

2. 编制水土保持方案的意义

为系统防治水土流失提供技术支撑，为工程项目的结构和布局及施工组织提供完善的意见，明确建设单位的责任期间、责任范围及防治目标，为水土保持监督管理部门提供技术支持。为有效地保护和合理利用水土资源，防治项目建设和生产造成的人为水土流失，最大限度地减少和降低生产建设对环境的影响，保证主体工程的顺利建设和安全运行提供依据。

2.3.2.2 编制依据

可根据项目建设的类型列出现行的主要依据，具体可包括6大类内容。

1. 法律法规

法律法规包括《中华人民共和国水土保持法》《中华人民共和国环境保护法》《中华人民共和国环境影响评价法》《中华人民共和国土地管理法》《中华人民共和国水土保持法实施条例》《建设项目环境保护条例》和各省（自治区、直辖市）实施中华人民共和国水土保持法办法等。根据工程类型，还有《中华人民共和国水法》《中华人民共和国防洪法》和《中华人民共和国河道管理条例》等；在风沙区建设的项目应增加《中华人民共和国防沙治沙法》。

2. 部门规章

部门规章是指国务院各部委及直属机构，省、自治区、直辖市以及省、自治区的人民政府所在地的市和经国务院批准的较大市的人民政府，可根据法律、行政法规和本省、自治区、直辖市的地方性法规，制定行政规章，如《开发建设项目水土保持方案编报审批管理规定》《开发建设项目水土保持设施验收管理办法》《建设项目环境保护分类管理目录》和《水利工程建设监理规定》等。

3. 规范性文件

规范性文件是指编制水土保持方案须遵循的各部门制定的文件。如《全国生态环境保护纲要》《全国生态环境建设规划》《国务院关于加强水土保持工作的通知》《开发建设项目水土保持方案管理办法》《关于加强大中型开发建设项目水土保持监理工作的通知》和《水利部关于划分国家级水土流失重点防治区的公告》等。

4. 技术性规范、标准

技术性规范、标准是指各部门为水土保持方案编制所制定的文件，如《开发建设项目水土保持技术规范》（GB 50433—2008）、《开发建设项目水土流失防治标准》（GB 50434—2008）、《水土保持综合治理技术规范》（GB/T 16453—1996）、《土壤侵蚀分类分级标准》（SL 190—96）、《水土保持监测技术规范》（SL 277—2002）、《开发建设项目水土保持设施验收技术规程》《水利水电工程制图标准水土保持图》和《水土保持工程概算定额》等。此外，应用的项目所属行业的有关规范与标准也应列出。

5. 技术文件

技术文件包括主体工程项目建议书、可行性研究报告和初步设计的审查、审批文件以及方案编制委托书等。

6. 技术资料

技术资料主要包括主体工程可行性研究报告、初步设计，以及编制时应用的水土保持区划、规划、监测和土壤侵蚀调查资料等。

2.3.2.3　指导思想

根据国家法律法规、有关政策和生态环境的要求，概括说明指导方案编制的基本理念、遵循的规律、采取的技术路线和达到的目的。例如：全面贯彻国家和地方的有关法律、法规，落实科学发展观，树立人与自然和谐相处的基本理念，遵循自然、经济和社会发展规律，围绕建设生态文明和小康社会的目标，从保护生态环境、促进资源的合理开发利用为出发点，以生态建设保护开发利用，促进开发利用与生态保护的相互协调。认真落实《开发建设项目水土保持技术规范》，总结和运用同类工程的防治经验，充分利用现有科研成果和施工先进技术，达到防治分区科学、措施应用合理、防治体系完善和防治效果显著的目的。

2.3.2.4　方案编制原则

根据项目特点和所处的设计阶段，按相应的水土流失防治标准确定防治目标和进度，说明方案编制所遵循的主要原则，具体可概括为以下几个方面。

1. 责任明确的原则

在明确防治主体的基础上，合理划分水土流失防治的时间和空间范围。如根据工程特点，界定项目在建设期、试运行期和生产期的水土流失防治责任范围；对于续建、改建和扩建工程，应按“以新代老”的原则，将原工程遗留的水土流失问题一并纳入该工程水土保持方案进行治理。

2. 预防为主的原则

针对主体工程和新增水土流失的特点，按照“预防为主、保护优先、先拦后弃”的基本原则，合理限定施工扰动范围，做好土石方的合理调配综合利用，减少土石方临时堆放及地表裸露的时间；合理配置水土保持措施，实现永久性措施和临时性措施相结合；应用先进的施工工艺和生产工艺，并通过优化施工组织形式和规范施工队伍的行为以防止新的水土流失的形成。

3. 生态与主体工程设计相衔接的原则

法律规定了水土保持方案报告制度，明确了生产建设项目与水土保持方案的关系。水土保持方案是依附于生产建设项目的，如果主体工程设计的内容不确定，则水土保持方案的内容也不确定。反之，水土保持方案未通过评审批准，生产建设项目则不能立项。因此，水土保持方案对主体工程有否决或修正的作用，水土保持方案要以控制和治理水土流失、保护和改善生态环境为主要目标，在服务主体工程的同时，对项目区周边的生态一并进行治理、改善，以达到景观一致性。

4. 因地制宜、综合治理的原则

项目建设区水土流失的类型和内容多样，结合工程实际情况及各项目分区的具体情况，坚持因地制宜、因害设防的原则，合理布局水土流失防治措施。建立选型正确、措施配套、结构合理和效益显著的水土流失防治工程、植物和临时防治措施，综合防护体系，实现标本兼治。并使水土保持措施的设计深度与主体工程一致，使水土保持方案具有较强的针对性和可操作性，达到控制和治理新增水土流失的目的，同时将项目区原有的水土流失进行治理。

5. 永久临时相结合、经济合理的原则

水土保持临时措施在水土流失防治过程中起到了重要的作用，往往临时防护措施紧扣施工作业面，部分措施的工程量较大，如与永久防护措施结合布置，可节约大量的资金。另外，水土保持措施的选择，不是标准越高、造价越贵就越好，应选择取料方便、易于建造的工程措施及当地的植物品种，在保障水土保持功能的同时减少建设期的投入和运营期间的养护工作。

6. "三同时"的原则

"三同时"是指工程建设中的水土保持设施必须与主体工程同时设计、同时施工、同时投产使用，建设工程竣工验收时，应当同时验收水土保持设施。为此，在方案编制中应合理安排水土保持设施的实施进度，注重及早发挥水土保持设施的生态功能作用和增加主体工程的安全运行系数，把控制水土流失、改善生态环境、恢复植被和土地生产力放在重要位置，并从方案实施的组织领导、不同设计深度的要求、资金的落实与使用以及内部监督管理等方面提出保证措施。如在西部地区，水资源紧缺，若过多地选用外来的植物种类，依赖灌溉设施和不足的水源条件，必然会增加工程造价和加剧当地的水资源供应压力。因此，选用当地适生的植物品种，既可达到绿化和防治水土流失的目的，又节约了工程建设的总投资。

7. 景观协调、绿化美化的原则

方案编制应依据"统筹协调，人与自然和谐"的理念，分析评价主体工程的选址、取（弃）土场的布设及水土保持措施的配置与周边的环境的相互协调。如高速公路的取土场、弃渣场应尽量避开车辆正常行驶的可视范围，防止随意开挖裸露面或弃渣场；在路基、路堑边坡的防护上，在应用工程措施确保边坡安全的状况下，注重植物措施的配置和乔灌花草的合理搭配，使水土保持措施的实施与环境的绿化和美化相统一，与周边的景观相协调。

8. 以新带老、公众参与的原则

改建扩建项目应治理原有工程的水土流失，如果原有工程的水土流失及灾害没有得到根本治理，说明建设单位无力或无诚意进行水土流失防治，不能或不能完全履行法律规定的义务与社会责任。如果继续放行新的项目，还会造成更严重的水土流失。再者，生产建设项目的取土场的选址、取土深度、弃渣场的选址、堆弃方量、恢复用途等应听取当地群众的意见，结合周边其他项目综合考虑；对生态可能有较大影响、对安全可能有影响的大型渣场、超高及超陡边坡、可能影响当地民俗的选址选线，必要时刻组织开听证会。

2.3.2.5　设计深度和设计水平年

1. 方案编制的设计深度

方案编制深度应与主体工程的设计深度相一致。主体工程处于可行性研究阶段，方案编制也为可行性研究深度；主体工程处于初步设计阶段，则方案编制也应达到初步设计深度。

2. 设计水平年

设计水平年为主体工程完工后，方案确定的水土保持设施实施完毕的年份。届时方案确定的各项设施均已布设到位，能稳定发挥或初步发挥水土保持的功能，达到方案确定的防治目标，满足水土保持专项验收的要求。一般情况为，建设类项目设计水平年，指主体工程完工的当年或后一年；建设生产类项目为主体工程完工后投入生产之年或后一年。

2.3.3　项目概况的编写内容

2.3.3.1　项目基本情况

项目概况部分的编写主要包括项目名称、项目法人单位、项目所在地的地理位置（应附地理位置图）、建设目的与性质、工程任务、等级与规模，说明项目在规划中的地位和项目的立项进展情况。若与其他项目有依托关系，应作出说明。对矿山类项目，除了介绍项目区的面积、资源与可采储量、开采年限、开采方式及接替计划等，还要介绍首采区的情况。也可用表格的形式反映工程特性和经济技术指标，编写时不同类型项目的工程特性表可根据工程具体情况增减内容。

2.3.3.2　项目组成及布置

以主体工程推荐方案为基础，介绍各单项工程的平面布置、工程占地、建设标准等主要技术指标，附平面布置图。介绍与水土保持相关的施工工艺、生产工艺和生产流程图，简要叙述项目特点及原材料和产品的运送方式。采矿类项目应有综合地质柱状图，公路、铁路项目应有工程平纵（断面）缩图。扩建项目还应说明与已建工程的关系。

根据主体设计情况，说明项目附属工程的建设内容，并对项目建设所需的供电系统、给排水系统、通信系统、对外交通等予以说明。

2.3.3.3　项目工程占地

工程占地情况包括永久征（占）地和临时用地，应按项目组成及县级行政区划（大型的线型建设项目可用地市级行政区域代替）分别说明占地性质、占地类型、占地面积等情况。

2.3.3.4　土石方平衡

分项（或分段）说明工程土石方挖方、填方、借方、弃方量，还应对弃方的综合利用情况作出说明。土石方平衡应根据项目设计资料、地形地貌、运距、土石料质量、回填利用率、剥采比等合理确定取土（石）量、弃土（石）量和开采、堆弃地点、形态等，并附土石方平衡表、土石方流向框图。对线型建设项目，应根据施工条件按自然节点（河流、隧道等）分段进行土石方平衡。土石方平衡须以主体工程为参照对象，汇总土石方开挖、填筑情况（包括表土剥离与回填工程量），并说明与其他分区或分段之间的调入、调出情况，以及所需的取料和弃渣数量（表2.1）。不应将专设的取料场、弃渣场参与土石方平衡计算。

表2.1 土石方平衡表样式 单位：m^3 或万 m^3

分段或防治分区	挖方	填方	调入方		调出方		外借方		弃方	
			数量	来源	数量	去向	数量	来源	数量	去向

注 1. 各种土石方均应折算为自然方进行平衡。
2. 表土剥离和回填、建筑垃圾、钻渣泥浆等均应计入土石方平衡。
3. 各行均可按"挖方＋调入方＋外借方＝填方＋调出方＋弃方"进行校核。

2.3.3.5 工程投资与施工组织

工程投资应说明主体工程静态总投资、总投资、土建投资、资本金构成及来源等。工程投资按工程实施年度分年度描述。

施工组织的介绍首先介绍主体工程施工布置、施工工艺与时序要求等，说明主要工序。分段施工的工程应列表说明，重点介绍施工营地、材料堆放场地、施工道路、取土（石、料）场、储灰场、尾矿库、排土场、弃渣场等布置情况。其次介绍施工用水、电、通信等情况。再次说明土、石、砂、砂砾料等建筑材料的数量、来源及其相应的水土流失防治责任。

2.3.3.6 拆迁安置

拆迁安置主要包括拆迁（移民）安置、专项设施复建等内容，包括拆迁（移民）规模、搬迁规划、拆迁范围、安置原则、安置方式、专项设施复建方案，生产、拆迁和安置责任。

2.3.3.7 进度安排

应说明主体工程总工期，包括施工准备期开始时间、主体工程开工时间、主体土建工程完工时间、项目投产时间，建设进度安排等。对于分期建设的项目，还应说明前期和后续项目的情况，并附施工进度表及主体工程进度横道图。

例如某工程进度安排：根据主体工程进度计划安排，本工程项目用2年时间完成，其中施工准备期2个月，主体工程施工期22个月。施工准备期（2012年9—10月）：主要完成场地平整，组织施工材料以及施工机械调配；工程施工期（2012年11月至2014年8月），主要完成场区建（构）筑物、行政福利区、矿区道路区、给排水线路区、输电线路区、尾矿库区等工程的建设。工程施工进度安排横道图见图2.1。

2.3.4 项目区概况的编写内容

项目区概况介绍应满足水土流失预测与水土保持措施设计的需要，主要包含自然环境、社会经济概况、水土流失及水土保持现状的描述。

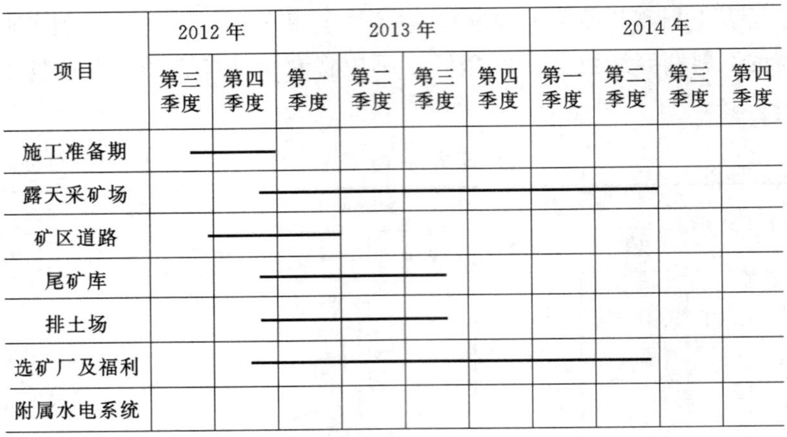

图 2.1　工程施工进度安排横道图

2.3.4.1　自然环境

自然环境主要从地质地貌、气象、水文、土壤等方面去介绍。

（1）地质主要是简述区域地质和工程地质概况，重点说明项目区的岩性、地震烈度、地下水埋深、不良地质工程地质情况。

（2）地形地貌主要包括项目建设区的地形、地面坡度、沟壑密度、海拔高程、地貌类型、地表物质组成等。

（3）气象主要介绍与工程、植物措施配置相关的气候因素，主要指项目区所处的气候带、气候类型、年平均气温、最高、最低气温不小于 10℃的活动积温、无霜期、最大冻土层深度，年平均降水量、年蒸发量、降水量年内分配，年平均风速、主导风向、年大风日数及沙尘天数等，给出资料的来源和系列长度。此外，还应介绍典型设计中用到的设计频率降水特征值。

（4）水文主要包括项目建设区及周边区域水系情况，地表水状况，河流平均含沙量，径流模数，洪水（水位、水量）与建设场地的关系等情况，并附水系图。

（5）土壤主要包括项目区的土壤类型、土层厚度、土壤质地、土壤的抗蚀性等。必要时，还应给出土壤的机械组成和土壤肥力情况。

（6）植被描述项目区在全国植被分区中的区属，当地林、草植被类型，乡土树（草）种，主要群落类型，林草植被覆盖率、生长状况等基本情况。

2.3.4.2　社会经济概况

社会经济概况主要说明社会经济情况和土地利用情况，还应说明当地的支柱产业和产业结构调整方向。点型工程按项目所在乡（县）、线型工程以县（地市）为单位进行调查统计。项目区社会经济概况统计表样式见表 2.2。

表 2.2　　项目区社会经济概况统计表样式

行政区划	总面积/hm^2	耕地面积/hm^2	总人口/人	农业人口/人	GDP/万元	农业总产值/万元	农民人均耕地面积/hm^2	农民人均年纯收入/元

土地利用概况主要指项目区（乡或县）的土地类型、利用现状、分布及面积，基本农田、林地等情况，还应说明人均耕地、人均基本农田等情况，说明不同用途的用地所占比例。

2.3.4.3 水土流失及水土保持概况

主要介绍项目区在全国土壤侵蚀类型区所处的区域；项目区及周边区域水土流失类型、强度、面积、土壤侵蚀模数和允许土壤流失量等，并说明允许土壤流失量和项目区水土流失背景值取值的依据，可通过列表、附图的形式进行说明。另可根据项目周边区域的水土流失状况说明对工程项目的影响。

水土保持概况主要包括以下几个方面。

1. 项目区水土流失现状

项目区水土流失现状应定量介绍项目区内水土流失的类型和强度，定量介绍有困难时可用项目所在地的县级行政区域的有关数据代替。还应说明项目所在地的水土流失类型区划情况，给出容许土壤流失量和项目占地范围内水土流失背景值及取值依据。

2. 水土流失防治情况

水土流失防治情况说明项目所在地的国家级和省级、县级水土流失重点防治区划分情况，并说明是否属于国家或省级水土流失治理的重点项目区。属于水源保护地的项目，应做出专业说明。

3. 项目区内的水土保持现状

项目区内的水土保持现状主要介绍项目区内现有的水土保持设施现状，水土流失治理的成果等情况。

4. 水土流失防治经验

水土流失防治经验包括当地成功的水土流失防治工程的类型和设计标准，植物品种和管护经验等。同时介绍同类开发建设项目的工程措施的布设及标准，当地适宜的林草品种，临时防护措施布设等经验，扩建工程还应详细介绍上一期工程的水土保持工作开展情况和存在的问题。

2.3.5 主体工程水土保持分析与评价的编写内容

应对照《开发建设项目水土保持技术规范》的限制性规定，对主体工程的选址（线）和总体布局、取料场的选址、弃渣场的选址、施工组织设计、主体工程施工规定、工程管理和土石方平衡等进行分析评价，对不符合水土保持规定和要求的提出变更或补救方案，使项目建设既符合水土保持要求，又达到项目建设的目的。

2.3.5.1 主体工程选址（线）的水土保持分析评价

在可行性研究阶段，除改建、扩建工程外，主体工程的选址（线）一般都有比选方案，评价时首先审查主体工程推荐方案是否符合水土保持限制性规定，如果推荐方案不符合规范中的限制性规定，还应从水土保持角度对其他比选方案进行论证，提出水土保持改进意见；如果推荐方案和比选方案都存在不符合限制性规定，应对水土保持影响最小的方案提出补救意见。

2.3.5.2 主体工程推荐方案设计的水土保持分析评价

对主体工程推荐方案设计的分析评价是在选址（线）评价的基础上，从水土保持角度对主体工程施工组织、主体工程施工、工程管理、工程布局和土石方挖填平衡等五个方面进行分析评价。通过评价对不符合开发建设项目水土保持技术规范的部分提出合理化建议或解决办法，达到最大限度地减少水土流失、保护生态、保护自然景观的目的。从水土保持的角度论证主体工程设计的合理性，并对主体设计提出有利于水土保持的建议，以达到最大限度地保护生态、控制扰动范围、减少水土流失的目的。

2.3.5.3 水土保持工程界定与主体工程设计分析评价

1. 水土保持工程的界定

根据水利部水土保持监测中心水保监〔2008〕8号文规定：

（1）以防治水土流失为主要目标的防护工程，应界定为水土保持工程。以主体工程设计功能为主、同时兼有水土保持功能的工程，不纳入水土流失防治措施体系，仅对其进行水土保持分析与评价；当不能满足水土保持要求时，可要求主体设计修改完善，也可提出补充措施（纳入水土流失防治措施体系）。

（2）对建设过程中的临时征地、临时占地，因施工结束后会归还当地群众或政府，水土流失防治责任将发生转移，须通过水土保持验收予以确认，各项防护措施均应界定为水土保持工程，纳入水土流失防治措施体系。

（3）对永久占地区内主体设计功能和水土保持功能难以直观区分的防护措施，可按破坏性试验的原则进行排除：假定没有这项防护措施，主体设计功能仍旧可以发挥作用，但会产生较大的水土流失，该项防护措施应界定为水土保持工程，纳入水土流失防治措施体系。

2. 水土保持方案的防护措施的界定原则

（1）主导功能原则。以防治水土流失为主要目标的工程，应界定为水土保持工程；以主体工程设计功能为主、同时兼有水土保持功能的工程，不能纳入水土流失防治措施体系，仅对其进行水土保持分析与评价。当不能满足水土保持要求时，可提出水土保持意见，要求主体设计修改完善；也可提出补充措施，纳入水土流失防治措施体系。

（2）责任区分原则。对建设过程中的临时征地、临时占地，因施工结束后将归还当地群众或政府，基于水土保持工作具有公益性质的特点，需要将此范围的各项防护措施界定为水土保持工程，纳入水土流失防治措施体系。

（3）试验排除原则。对主体设计功能和水土保持功能结合较紧密的、难以区分以功能主次的工程，可按破坏性试验的原则进行排除。假定没有这些工程，在没有受到土壤侵蚀外营力的同时，主体设计功能仍旧可以发挥作用的，此类防护措施可以看作以防止土壤侵蚀为主要目标，应界定为水土保持工程，并纳入水土流失防治措施体系。

3. 水土保持工程界定参考

（1）植物措施。植物措施既可防止水力和风力对土壤的侵蚀，又可增加雨水下渗，减少径流损失。各类建设项目中设计的植物措施一般都是为了美化环境和防止冲刷，故植物措施均应界定为水土保持工程。

（2）拦挡工程。拦挡工程应根据其的功能、作用来做具体的界定。贮灰场的灰坝具有一定的水土保持功能，但是主体工程正常运转不可或缺的工程，其水土保持功能是次要的，所以主要从防洪标准、防洪安全、坝坡防冲、灰坝布置对下游和周围的影响、贮灰场容量等方面进行评价，坝坡的综合防护均作为水土保持工程；尾矿库的尾矿坝、冶炼渣库（赤泥库）挡渣坝具有一定的水土保持功能，但不界定为水土保持工程，只进行评价；但冶金、有色金属冶炼等工程排土场（废石场）的拦渣坝、挡渣墙则看作以水土保持功能为主，应界定为水土保持工程，由水土保持方案进行设计；井采煤矿排矸场的挡矸墙、拦矸坝应当界定为水土保持工程，须作出设计；露采煤矿排土场挡土墙、挡土坝、水利水电工程弃渣场的挡渣墙、拦渣坝应当界定为水土保持工程；公路铁路工程路堑、路堤挡土墙具有一定的水土保持功能，但不应界定为水土保持工程，只作评价。

（3）排水工程。工程项目区域内的排水工程和区域外的截、排水工程，均应界定为水土保持工程；公路和铁路路基截、排水工程均应界定为水土保持工程；在干旱缺水地区采取的降水蓄渗措施，界定为水土保持工程；地面硬化工程各类工程的场地和道路硬化都具有水土保持功能，但主要功能是主体设计的车辆通行和停放、公共活动等功能，不界定为水土保持工程，而根据水土保持需要确需补充硬化措施的，可将此部分界定为水土保持工程。

（4）斜坡防护工程。凡是植物措施护坡、工程和植物综合斜坡防护工程，如三维植物网护坡、混凝土网格植草护坡、混凝土六方块护坡、浆砌石拱形网格植草护坡等，均应界定为水土保持工程。工程措施中的浆砌石护坡、混凝土预制块护坡，一般不界定为水土保持工程，特殊需要的可经方案论证后界定为水土保持工程；混凝土喷锚护坡等，一般是处理不良地质情况采取的护坡，尽管具有水土保持功能，但不界定为水土保持工程。

（5）土地整治工程。土地整治工程是在施工结束后，清除建筑垃圾，将坑凹不平的土地整理成相对平整的土地（需要覆土的进行覆土），用于复耕、恢复植被或其他用地的措施。应界定为水土保持工程。

（6）表土剥离及其临时防护和回填利用。表土资源是应重点保护的土资源，既要防止表土的流失，也要防止表土的压埋。所以，水土保持方案应结合工程区立地条件分析设计表土剥离及其临时防护和回填利用措施。如果主体设计中有，应界定为水土保持工程，纳入水土流失防治措施体系；如果主体设计中没有，则应在水土保持方案中进行补充。

（7）临时拦挡和覆盖措施。临时拦挡覆盖措施都应界定为水土保持工程。

（8）其他情况料场、渣场、施工生产生活区（含材料堆放地）等临时占地范围内修建的各类防护措施，均应界定为水土保持工程。如厂（场）区布设的蓄水池、下渗地砖等工程，应界定为水土保持工程。江河湖海的防洪堤、防浪堤、抛石护脚等措施和厂区围墙等不界定为水土保持工程。

4. 结论性意见、建议

（1）说明主体工程选址（线）、取料场和弃渣场位置选择的水土保持分析评价结论。明确建设项目是否可行，明确推荐方案的水土保持可行性。

（2）对主体工程推荐方案设计提出合理化建议。通过对主体工程推荐方案设计的分析评价，提出合理化的建议，供初步设计时参考。对符合水土保持限制性规定的提出解决办法。当推荐方案在规范规定的严格限制类的制约因素或有可能存在较为严重的水土流失时，应当提高水土流失防治标准等级，并在方案中论证工程措施的设防标准。

(3) 主体工程已列的水土保持措施、植物措施和临时防护措施与方案新增的各项水土保持等措施合理配置，形成水土保持综合防治措施体系。

(4) 对可能诱发次生崩塌、滑坡、泥石流灾害的灰场、弃土（石、渣）场、排土场、排矸场、高陡边坡等提出在初步设计阶段进一步复核安全稳定的要求。

2.3.6 防治责任范围及防治分区的编写内容

2.3.6.1 分区的目的

工程建设项目水土保持方案在确定水土流失防治责任范围的基础上进行水土流失防治分区，目的是为了科学合理地布设防治措施，同一分区内造成水土流失的影响因素应基本相同，水土流失防治措施也基本相同，可以通过典型设计来代表分区内具体各地点的设计，进而用典型设计的工程量推算整个分区的工程量。其次，还可为水土流失预测和水土保持监测奠定基础。

2.3.6.2 分区的依据

依据主体工程布局、施工扰动特点、建设时序及时间、地形地貌特征、自然属性、水土流失影响等进行分区。

1. 根据主体工程布局

依据主体工程施工总体布局不同，来进行分区。各区之间相互关联、并在层次上有系统性。

2. 根据施工扰动特点

如水利水电工程的进场道路，多在山区修建，工程量浩大，扰动剧烈，与扰动轻微的厂内道路就有明显区别，不能划作一个分区。

3. 根据建设时序及时间

同一分区内的建设和生产过程即施工时序及建设时间应基本相同，便于水土流失预测时段的选择，也便于防治措施的进度安排。

4. 根据地形地貌特征

不同地貌特征的区段，尽管建设内容与施工特点相同，但造成水土流失的形态和影响各不相同，防治措施的要求也不相同。

5. 根据再建地形状况

建设前地形可能不相同，水土流失强度也不相同，但施工将它们改变为相近地形时，可能发生的水土流失危害和治理难度就基本接近，也可以划入同一分区，如公路路堑及取土场。

6. 根据土地利用或恢复方向

不同的土地利用形式、不同的恢复方向，例如用作绿化的弃渣场和用作公路服务区的弃渣场虽然都需修建挡渣墙，但不能将其划为同一个分区。防治要求不尽相同。

2.3.6.3 分区的原则

(1) 区内具有明显相似性，区间具有显著差异性的原则。

(2) 同一区内造成水土流失的主导因素相同或相近原则。

（3）分区综合性与层次性原则，即区内有关联性和系统性。

（4）用途取向原则。各分区内防治措施体系应基本相同，具有较为一致的改造利用途径和措施。

（5）地域完整性原则。应遵循集中连片、便于水土保持措施体系布置和施工的原则，尊重标段划分的惯例。

2.3.6.4 水土流失防治标准等级的确定

按工程建设项目所处水土流失防治区和区域水土保持生态功能的重要性确定。

1. 一级标准

（1）地处依法划定的国家级水土流失重点预防保护区、重点监督区和重点治理区或省级水土流失重点预防保护区。

（2）建设项目的生产建设活动对国家和省（自治区、直辖市）级人民政府确定的重要江河、湖泊的防洪河段、水源保护区、水库周边、生态保护区、景观保护区、经济开发区等直接产生重大水土流失影响，并经水土保持方案论证确认作为一级标准防治的区域。

2. 二级标准

（1）地处依法划定的省级水土流失重点监督区和重点治理区。

（2）建设项目生产建设活动对国家和省（自治区、直辖市）、市级人民政府确定的重要江河、湖泊的防洪河段、水源保护区、水库周边、生态保护区、景观保护区、经济开发区等直接产生较大水土流失影响，并经水土保持方案论证确认作为二级标准防治的区域。

3. 三级标准

地处一、二级标准未涉及区域的生产建设项目。

当上述两项规定确定的防治标准出现交叉时按下列规定执行：①同一项目所处区域出现两个标准时，采用高一级标准；②线型工程项目根据上述确定原则，分段确定标准等级。

2.3.6.5 水土流失防治分区划分

水土流失防治分区的划分应根据野外调查勘察结果，按照项目区所处土壤侵蚀类型、地形地貌、主体工程布局、施工扰动特点、建设时序、自然属性、土壤侵蚀强度等因素，在确定的防治责任范围内划分一级或多级防治区。

1. 项目建设区

项目建设区主要指在开挖、回填、剥离、堆放渣料，对施工场地、施工生活区等直接扰动地表、增加水土流失的区域。在工程可行性研究阶段，在现场对照工程设计图纸进行实地复核后，根据工程布局结合图纸量测得出。实地复核中，应以项目区的占地小班为单元复核，现场复核后，在图纸上对工程建设扰动的范围进行量算。主要包括以下内容：永久建筑物占地；施工临时生产、生活设施占地；施工道路（公路、便道等）占地；料场（土、石、砂砾骨料等）占地；弃渣（土、石、灰、渣等）场占地；水库正常蓄水位以下的淹没面积（应注明，上述各项占用的库区淹没面积，在合计时扣除，不能重复）；改建、扩建工程项目（如大坝加高加固、公路扩宽等）中所涉及的原有工程的占地和土地管辖范围，但应扣除各项重复计算的占用面积；移民安置区和专项设施迁建区，如果这两区域的水土流失防治责任没有转移成功或被认可，应由建设单位设置相应的防治措施并纳入项目建设区。

2. 直接影响区

直接影响区是在施工生产活动中可能发生扰动，在施工过程中无法排除对该范围扰动的区域。

确定直接影响区时根据工程施工生产可能对周边环境造成的影响，按最不利的情况进行估计，主要包括以下几个方面：

(1) 一般占地。由于施工工艺、施工组织设计的变化，在征地范围较小时，施工机械或人员难免进入周边区域造成新的水土流失，因此需根据同行业最低水平或平均水平确定直接影响区的边界供监督执法和水土保持验收时检查。对山丘区修建公路、铁路而进行的开挖（含隧道），由于施工单位的水土保持意识可能薄弱，出现直接向下边坡、河道倾倒的情况，甚至出现整面坡被压盖的情况，因此需对其土石方的流向进行监督，并将下边坡一定范围设置为直接影响区。

(2) 人工边坡。工程建设将产生大量的人工边坡（建筑边坡、取土、弃渣形成的边坡），有开挖边坡和堆弃边坡，有石方边坡和土方边坡，边坡形式不同其直接影响区也不相同。安全等级要求较高或高度大、稳定性差的边坡（土质软弱、滑坡区、外倾软弱结构面发育的边坡）发生事故的概率较高，破坏后果较严重，其直接影响区应以破坏后可能影响的范围，即按边坡塌滑区外扩一定范围作为直接影响区。

塌滑区计算公式为：

$$L=\frac{h}{\tan\theta} \tag{2.1}$$

式中　L——边坡坡顶塌滑区边缘至坡底边缘的水平投影距离，m；

h——边坡高度，m；

θ——边坡的破裂角，可取 $45°-\varphi/2$，φ 为岩土的内摩擦角，对于外倾硬性结构面时，破裂角可取该外倾结构面的倾角和 $45°-\varphi/2$ 中的较小值。

按水土保持基本要求，土质边坡高度不宜超过 15m，岩质边坡高度不宜超过 30m 通常可结合表 2.3 确定直接影响区，表中的数值为从边坡的下边界起外扩的范围，直接影响区可用表中的数值减去放坡（含马道）占用的范围。

表 2.3　人工边坡可能影响范围估算表　　单位：m

边坡高度	<8	8～15	15～20	20～30
土质开挖	5～8	8～12	20	
石质开挖	3～5	5～8	8～12	12～15
堆弃边坡	5～8	8～15	15～20	20～30

(3) 施工便道。当施工便道不够宽或坡度较陡、有汇水面积时，可能出现车辆出界、便道被冲蚀的情况，应根据可能出现的不利影响设置直接影响区。

(4) 穿跨越工程。架设电线、桥梁，开挖或穿越河道（公路、铁路）、建设码头等工程，对在河道内布置围堰或大开挖的断面，根据河道水量的大小，其上游 10～50m 和下游 50～200m 的河道范围均应列入直接影响区；空中架设（电线）、地下定向钻或隧道穿越工程，根据被穿越工程的等级，取左、右两侧10～200m的范围，作为直接影响区。

工程建设中，经常将河道、沟道裁弯取直或改道，由于水流的自然作用，将对新形成的河道两侧产生一定的冲刷并产生相应的冲淤变化，因此需在两侧和上下游确定直接影响区。

(5) 不良地质。项目建设区内如遇不良地质，要根据其稳定性、承载能力和荷载、排水能力等进行分析验算，按可能出现的泥石流、滑坡错落等地质灾害或水土流失危害确定直接影响区。

以风力侵蚀为主的地区，由于施工扰动极易发生风力侵蚀，破坏周边的地貌，需采取碾压、覆盖、洒水等临时防护措施，项目建设区周边需设置一定范围的直接影响区，一般包括主风向下游的50～200m范围和其他方向的10～50m范围。

(6) 截排水工程。工程修建必然导致项目区汇水面积、汇流的流路等水文条件的变化，应布设适当截排水设施，并需将汇集的水流导入稳定的排水系统或河流。主要指截排水沟的顺接区和导流区（此部分应纳入项目建设区）周边10～20m的范围。

(7) 地下采空范围。地下工程、隧道及地下矿的采空区因不纳入征占地范围，不作为项目建设区。一般地，将整个地下采空区并外扩一定范围作为直接影响区，以明确建设单位的责任。外扩范围可根据采空区的深度和面积结合岩土性质来确定。一般取外扩10～500m的范围。

2.3.7 水土流失预测的编写内容

水土流失预测是指按照开发建设项目正常设计进行、未采取水土保持措施的条件下，预测其建设和生产过程中可能产生的水土流失及危害。通过科学预测和客观地分析评价工程项目建设造成的因人为破坏而增加的水土流失，为水土流失防治措施的设计、防治措施体系布设、施工进度和水土保持监测提供重要依据。

2.3.7.1 不同工程阶段水土流失预测的内容

工程项目所处阶段不同，其水土流失预测的内容与重点不同。

1. 可行性研究阶段

主体工程可行性研究阶段水土保持工作主要是对主体工程可行性研究提出的各种方案可能产生的水土流失影响因素、流失环节及危害等进行分析、比较与评价。水土流失预测的主要内容则是综合分析和评价主体工程布局、选线、选址及子项目等对生态环境的影响及可能产生的水土流失情况，并对相应时段的水土流失量进行预测，从水土保持角度为主体工程项目可行性论证提供依据。本阶段水土流失预测的主要内容与重点如下。

(1) 针对工程建设项目不同选址（线）方案，结合项目区的自然条件和施工时序、工艺，就工程施工建设和生产运行可能造成的水土流失及主要生产建设过程中的环节进行分析。

(2) 对工程建设项目可能造成土地资源的占压、扰动以及对地貌、植被、景观的破坏等情况进行预测。尤其涉及国家或省级重点风景名胜区、森林公园、自然保护区以及文物保护区水源保护地的地段，预测时必须具有翔实的基础资料，为主体工程可行性研究和初步设计提供修改或否决的依据。

(3) 对工程建设项目不同方案可能造成对水土保持设施的破坏情况进行预测。对方案涉及的重大水土保持工程设施如大型淤地坝、河道整治工程、大片水土保持林或水源涵养林等应作较为详细的调查，分析利弊，提出避免破坏应采取的措施，并对破坏严重又无法补救的方案向建设单位和主体设计单位提出避让意见。经协商确实无法避让时，应按异地重建的现行标准进行赔偿。

(4) 对工程建设项目不同方案的弃土弃渣量，以及由此而可能产生的新增水土流失量作出初步的估算。

(5) 对开发建设项目的推荐方案可能造成的水土流失量及其影响、危害进行预测与分析评价，包括对周边或下游工农业和民用设施、水工程、水土保持设施以及对项目本身的危害进行预测。

(6) 大、中城市及周边地区，南方石漠化地区和西北干旱地区的开发建设项目，以及产生大量疏干水和排水的项目，还应就项目建设可能对项目范围内地表水或地下水的流失量进行预测，并分析对城市及周边地区排水、防洪和水环境可能造成的影响。

(7) 根据水土流失量预测成果和危害分析结论，就水土流失的重点防治区段、措施类型及临时措施实施时间，以及水土保持监测的主要点位等提出指导性意见。

2. 初步设计阶段

初步设计阶段是在可行性研究和进一步调查、勘测基础上，对拟建工程项目的选址、总体布局、主要建筑物形式和基本尺寸及主要设备选型做出技术决定，提出总工程量、施工方法、总进度安排和工程概算的设计阶段。该阶段还应开展相应深度的勘测与调查，分区（段）复核土石方平衡及弃土（石、渣）场、取料场的布置，一般不再进行详细的水土流失预测，只需根据调整情况进行复核，无需再确定预测参数。该阶段水土流失预测主要包括以下内容：

(1) 核实工程建设项目的征占地及扰动地表面积。

(2) 复核工程建设占压或可能损坏水土保持设施的面积和数量。

(3) 复核弃土（渣）量及其堆放场地、堆放高度及可能造成的水土流失量与其危害。

(4) 复核水土流失总量和新增水土流失量。

(5) 对于城市建设项目和北方缺水地区的工程，还应进一步核实对项目区及周边地表水（矿业工程为地下水）的流失量及其影响。

(6) 进一步对可能造成重大危害的水土流失区域，特别是泥石流、大型滑坡，进行详细调查和勘测。

(7) 进一步预测水土流失对建设项目区和周围区域可能造成的危害与程度，分析对生态、社会和经济可能造成的影响。如果属于工程可行性研究之后补报的水土保持方案，方案深度要求达到初步设计阶段深度，此时，水土流失预测应按可行性研究阶段和初步设计阶段的要求同时进行预测。

2.3.7.2　工程建设项目水土流失预测方法

工程建设项目水土流失预测包括开挖扰动地表面积的预测、损坏水土保持设施数量和面积的预测、挖填土石方量与弃土弃渣量的预测、水土流失量的预测、水土流失危害的预测五方面的内容。应注意的是，水土流失量的预测不仅包含对土壤流失量的预测，对于干旱、半干旱区，还应进行水土流失量的预测。表 2.4 为水土流失预测的主要内容、具体内容和预测方法。

表 2.4　水土流失预测的主要内容、具体内容和预测方法

预测内容	具体内容	预测方法
开挖扰动地表面积的预测	工程永久和临时占地开挖扰动、占压土地的面积与类型；工程专项设施 建设（包括移动）扰动、占压土地的面积与类型	查阅技术资料，主体设计图纸，农业林业土地区划资料，并结合实地勘测量分析
损坏水土保持设施数量和面积的预测	估算具有水土保持功能的面积，植物措施及工程设施（主要有水土保持林草地、坡改地、排水沟、水渠等）的损坏情况及数量	依据项目所属（自治区、直辖市）有关规定，结合现场调查测量和地形图分析、统计
弃土弃渣量的预测	工程永久弃土、弃渣；施工过程中堆置时间超过半年的临时堆土、堆渣	查阅设计资料，现场实测，弃土、弃石分别统计分析
水土流失量的预测	预测工程施工活动可能造成的土壤流失总量（包括弃渣流失量）、新增土壤流失量，干旱、半干旱区还应预测因地面渗透性能降低产生的水的损失量	利用经验公式法，通过类比工程调查分析确定参数
水土流失危害的预测	水土流失对工程本身、土地资源、下游河道的影响，对周边生态环境、地表（地下）水的影响等	定性分析

1. 弃土、弃石、弃渣量及其占地面积的预测与方法

工程渣堆是松散堆积体，弃渣堆置过程中应采取适当防护措施，多采用围挡及苫盖等措施防护。

（1）弃土弃渣量的预测。主要包括主体工程、临建工程、附属设施（如交通运输、供水、供电、通信和生活设施等）、取土（石料、砂）料场等生产建设过程中的弃土（石、渣）、表土剥离、工业、生活垃圾等的堆置位置、占地面积、数量、堆高等多方面的预测。该项预测，应通过查阅项目技术资料及现场勘察、实测或类比调查方法结合进行，具体方法如下：

1）以主体工程的土石方平衡为基础，查阅设计文件及技术资料，充分考虑地形地貌、土地占压、运距、回填利用率（与土石料质量有关）、剥采比（指采石场）等，分段、分建筑物类型抽取典型地段进行分析，在了解其开挖量、回填量、单位工程产生的弃渣量基础上，推算出各时段、各区段的弃土、弃石、弃渣总量。

2）现场实测时，尤其需注意项目的挖填平衡、松散系数、剥采比或单位工程产渣量与弃土弃渣的关系，以及弃土（渣）数量与堆积高度、占地面积的；不同位置的堆放要求等，进而确定所堆放的场地、高度、坡比，分析稳定性。

3）弃土、弃石、弃渣的预测，还应注意实方与松方的换算，换算系数据工程实际，可参考表 2.5 和表 2.6 初步拟定。

表 2.5　　土石方自然与实方折算系数表

项　目	土方	石方	砂方	混合料	块石
自然方	1	1	1	1	1
实方	0.85	1.31	0.94	0.88	1.43

表 2.6　　土壤的可松性系数表

土　质　类　别	K_1	K_2
砂土、亚砂土	1.08～1.17	1.01～1.03
种植土、淤泥、淤泥质黏土	1.20～1.30	1.03～1.04
亚黏土、粉质黏土、潮湿黄土、砂土混碎（卵）石、亚砂土混碎（卵）石、素质土	1.14～1.28	1.02～1.05
老黏土、重质黏土、砾石土、干黄土、黄泥混碎（卵）石、压实素质土	1.24～1.30	1.04～1.07
重黏土、黏土混碎（卵）石、卵石土、密实黄土	1.26～1.32	1.06～1.09
砂岩软泥岩	1.33～1.37	1.11～1.15
软质岩石、次硬质岩石（用爆破方法开挖）	1.30～1.45	1.10～1.20
硬质岩石	1.45～1.50	1.20～1.30

注　表中 K_1 与 K_2 分别为弃料由上而下一次堆弃和由下而上分层堆弃时的折算系数，自然方为1。

4）土石方平衡和弃土（渣）计算表中应标明弃渣的来源与去向，并应画土石方流向框图。

（2）弃土弃渣流失量预测。将堆渣（土）体分成坡面和平面（顶面），并按相应的面积（投影面积）、土壤侵蚀模数和堆放时间的乘积来估算流失量。计算公式为：

$$Z=\sum_{i=1}^{n}(S_{1i}\times M_{1i}+S_{2i}\times M_{2i})\times T_i \tag{2.2}$$

式中　Z——弃渣流失量，t；

l——预测单元，$i=1, 2, 3, \cdots, n-1$；

S_{1i}——第 i 个预测单元堆渣体坡面的投影面积，km^2；

S_{2i}——第 i 个预测单元堆渣体顶面的投影面积，km^2；

M_{1i}——第 i 个预测单元堆渣体坡面的土壤侵蚀模数，$t/(km^2 \cdot a)$；

M_{2i}——第 i 个预测单元堆渣体顶面的土壤侵蚀模数，$t/(km^2 \cdot a)$；

T_i——第 i 个预测单元的预测时段长度，a。

随着弃土（渣）量的增加，相应弃土（渣）外表面积逐年发生变化时，应分年度进行计算和预测，此时单元预测时段长度为1年；预测参数选取时宜采用相似地区科研资料分析确定，没有资料的地区需类比实测。缺乏资料地区，也可采用专家估判与实测相结合的方法获取。

2. 损坏水土保持设施预测及方法

水土保持设施是一个广义的概念，指具有水土保持功能的一切事物的总称，也就是具有水土保持功能的人工和天然设施。

对于损坏水土保持设施面积和数量的预测，必须在进行实地调查和必要量测的基础上，以水利部《关于对水土保持设施解释问题的批复》（水保〔1996〕393号）为依据，并对照项目所在省（自治区、直辖市）有关水土保持设施界定的文件，认真负责地确定损坏水土保持设施的面积和数量，并分行政区（县、市）列表给出；对于跨省项目还应分省（自治区、直辖市）进行列表。

3. 可能造成的土壤流失量预测及方法

可能造成土壤流失量的方法主要有数学模型法（包括经验公式法）、类比调查法和试验观测法等。在实践中应结合具体工程，采用其中一种方法，或采用多种方法综合运用。

（1）数学模型。数学模型法就是利用当地水土保持研究部门、试验站等的观测资料和科研成果，建立相应的数学模型（主要包括降雨、地形、植被、地面物质组成、管理措施等因子与土壤流失的定量关系），进行土壤流失量的预测。

（2）类比调查预测法。工程建设项目毗邻地区有类似的观测和研究成果，可通过分析就近地区已有实测资料进行预测。

1）类比调查。采用类比调查法进行土壤流失预测应符合下列规定：①当具有类似工程土壤流失实测资料时，应列表分析预测工程与实测工程；②当预测工程与实测工程具有较好的可比性时，采用类比法进行土壤流失量预测。并根据土壤流失影响因子的比较，确定有关参数的修正方法和取值；并应给出类比工程有关参数的实测成果表和预测工程参数选取的计算表。

2）土壤流失量预测公式。是根据以往经验并结合施工进度安排，分区（以下称为预测单元）、分时段进行土壤流失量和新增土壤流失量的预测计算，之后列表汇总。在计算时把原地貌土壤流失量（即土壤侵蚀背景值）的计算期间作为一个时段。于是，不同时段土壤流失量的计算公式为

$$W = \sum_{k=1}^{3} F_{ik} \times T_i \tag{2.3}$$

$$\Delta W = \sum_{k=1}^{3} F_{ik} \times \Delta M_{ik} \times T_{ik} \tag{2.4}$$

$$\Delta M = \frac{(M_{ik} - M_{i0}) + |M_{ik} - M_{i0}|}{2} \tag{2.5}$$

式中 F_{i1}、F_{i2}、F_{i3}——第 i 预测单元在施工准备期、施工期和自然恢复期的预测面积，km^2，在施工准备期和施工期应相同，自然恢复期可扣除建筑物压盖和地表硬化的面积；

M_{i1}、M_{i2}、M_{i3}——第 i 预测单元在施工准备期、施工期和自然恢复期的土壤侵蚀模数，$t/(km^2 \cdot a)$；

T_{i1}、T_{i2}、T_{i3}——第 i 预测单元在施工准备期、施工期和自然恢复期的预测时段的新增土壤流失模数；

M_{i0}——第 i 预测单元的土壤流失模数背景值或容许土壤流失量，在整个计算过程中应保持不变。

式（2.5）表明：当扰动后的土壤侵蚀模数比背景值或容许土壤流失量大时为正值，

反之为0。

每个预测单元之和即为整个项目的水土流失总量和新增水土流失总量的计算，分更细的预测时段，则可依次类推。

3）水土流失量预测成果列表。根据土壤流失量和新增土壤流失量的计算公式，针对不同预测单元，代入相应预测单元的面积、预测时段长度，以及原地貌土壤侵蚀模数和扰动后的土壤侵蚀模数，即可得到不同预测单元的水土流失量、项目区的土壤流失总量及新增土壤流失量。

4）土壤流失量预测计算的注意事项：①预测单元划定后，其单元面积和分时段长度在预测计算过程中不再发生变化，土壤流失量的多少主要取决于相应单元的土壤侵蚀模数大小；②采用类比调查法计算土壤流失量和新增土壤流失量已经被广泛采用，但计算公式的表述形式差别很大，在计算时需根据所要预测计算的内容，规范计算公式和计算表格；③当各预测单元土壤侵蚀强度恢复到扰动前土壤侵蚀模数值或容许土壤流失量及以下时，不再进行新增土壤流失量的计算；④施工期结束之时即为自然恢复期的开始，不必统一自然恢复期的起始时间，恢复期的长短也因恢复的难易程度而异。

（3）试验观测法。试验观测法，是在项目区设立监测小区（或径流小区）和土壤流失观测场，采用天然或人工模拟降雨试验，取得不同预测单元的土壤侵蚀模数。通过对上述指标的论证分析与调整后，采用类比法公式进行计算。

4. 可能造成的水流失量预测及方法

因工程建设项目的施工活动扰动了原地貌或改变了原地貌的下垫面性质（特别是大面积的主体工程占压、道路和场地的硬化等），将不可避免地使项目区原有土壤入渗或蒸发特征发生变化，进而引起地表径流的数量和特性发生变化；因此在大、中城市及周边地区、南方石漠化地区和西北干旱地区建设的工程建设项目，以及产生大量疏干水和排水的项目，应进行水流失量的预测。

（1）水流失量预测的计算公式。项目区水流失量预测是一项新开展的工作，预测方法尚不完善，现阶段可采用径流系数法进行计算。

年水流失量的计算公式为：

$$W_w = \sum_{i=1}^{n}[F_i \times H_i \times (\alpha_i - \alpha_{0i})] \tag{2.6}$$

式中 W_w——项目建成后年水流失量，m^3；

i——预测单元，$i=1, 2, 3, \cdots, n-1, n$；

F_i——第 i 个预测单元的面积，hm^2；

H_i——项目区年降水量（若个预测单元一致，即项目区年降水量），mm；

α_i——第 i 预测单元建成后自然恢复期的地表径流系数；

α_{0i}——第 i 预测单元原状地表的径流系数。

在干旱、半干旱地区修建了蓄水设施，可扣除该部分的水量流失。

（2）水流失量预测计算与分析。根据上述公式，可将水流失量的预测计算列表表示。表2.7为某燃煤电厂建成后水流失量的计算表。由于灰场建设灰坝采取防渗措施后，贮灰场区域内的天然降水量并未流失，而是由于灰面蒸发损失掉了，因此本表中采取了绝对值相加的处理方法。

表 2.7　　某燃煤电厂工程施工期水土流失量预测计算表

预测单元		侵蚀面积/hm^2	预测侵蚀模数/预测时段/[t/(km^2·a)]			水土流失量/t	新增流失量/t
			施工准备期	施工期	自然恢复期		
厂区		32.08	9000/0.5	8700/2	1500/1	7506.7	6945.3
施工生产生活区		6.8	9000/0.5	8700/2	1500/1	1591.2	1472.2
进厂道路		6.3	120/0.5	8700/0.5	1500/1	746.6	683.6
引水管及取水区		2.44		17600/1	2500/1	490.4	466.0
循环水系统	循环水压力区	2.92		17600/1	2500/1	586.9	557.7
	循环水排水区	3.36		17600/1	1500/1	641.8	608.2
弃土场		9.5		25000/1.5	5000/1.5	4275.0	4132.5
合计		43.4				15838.6	14865.5

（3）大量疏干水和排水项目的水流失量预测。对于产生大量疏干水和排水的工程项目，水流失量预测可根据主体设计中给出的疏干水和排水技术指标来定。预测内容有：①进一步对主体设计中的输、排水指标进行复核，并进行合理性分析；②测算每年向项目区外排放的水量；③调查排水下游的基本情况，并就排水可能对下游造成的影响进行分析评价；④在调查、了解当地地下水资源状况基础上，分析由于大量向项目区外抽、排水，给地下水和当地水循环带来的影响；⑤分析由于项目区水量流失而给生态环境和当地群众生产、生活可能造成的影响。

2.3.8　防治目标及防治措施布设的编写内容

根据项目所在区域、项目类型，确定防治目标和建立综合防治措施体系，为水土保持监测、投资估（概）算和效益分析提供依据。综合防治措施体系的建立，应吸收当地类似工程建设的经验，并充分考虑、当地树种的优选原则。

2.3.8.1　水土流失防治的定性目标

（1）使项目建设区内原有水土流失得到有效治理。

（2）使项目建设区内新增水土流失得到基本控制，如果造成了直接影响区的水土流失，应该一同进行治理。在方案编制时，应注意分析，提前进行预防。

（3）防治责任范围内的生态得到最大限度的保护，环境得到明显改善。因为国家对水土保持生态环境的日益提高的要求，建设项目不得对项目周边的环境造成不利影响。

（4）水土保持设施安全有效。建设的水土保持设施，要有相应的设防标准，保证其长期稳定地安全运行，并发挥水土保持功能。

工程建设项目水土流失防治，不仅要将新增的水土流失进行防治，还需结合水土流失重点防治区的划分和治理规划的要求，对项目区原有的水土流失进行治理。对水土流失的防治，首先要将水土流失控制在水土流失背景值范围内，再将其恢复到土壤流失容许值范围内，促进水土资源的可持续利用和生态系统的良性发展。

2.3.8.2　水土流失防治的量化目标

1. 扰动土地整治率

扰动土地整治率指项目建设区内扰动土地的整治面积的百分比。扰动土地是指工程建设项目在生产建设活动中形成的各类开挖、占压、堆弃用地，均以垂直投影面积计。扰动土地整治面积，指对扰动土地采取措施的面积，包括永久建筑物面积。

2. 水土流失总治理度

水土流失总治理度指项目建设区内水土流失治理达标面积占水土流失总面积（含未扰动的水土流失面积）的百分比。水土流失面积包括因开发建设项目生产建设活动导致或诱发的水土流失面积以及在征占地范围内，尚未达到容许流失量的原地貌水土流失的面积。水土流失防治面积是指对水土流失区域采取水土保持措施，并使土壤流失量达到容许流失量以下的面积，以及建立良好排水体系，并不对周边产生冲刷的地面硬化面积和永久建筑物占用地面积。

3. 土壤流失控制比

土壤流失控制比指项目建设区内容许土壤流失量与治理后的土壤流失强度之比。工程建设项目的土壤流失量是指项目验收或某一监测时段，防治责任范围内的平均土壤流失量。水力侵蚀的容许土壤流失量的指标按《土壤侵蚀分类分级标准》（SL 190—2007）执行；风力侵蚀的容许土壤流失量可参考以下值：沿河、环湖、滨海风沙区为 $500t/(km^2 \cdot a)$；风蚀水蚀交错区为 $1000t/(km^2 \cdot a)$；北方风沙区为 $1000\sim2500t/(km^2 \cdot a)$，具体数量值可根据原地貌风蚀强度确定；其他侵蚀类型暂不作定量规定。

4. 拦渣率

拦渣率指项目建设区内采取措施实际拦挡的弃土（石、渣）量与工程弃土（石、渣）总量的百分比。弃土弃渣量是指项目生产建设过程中产生的弃土、弃石、弃渣量，也包括临时弃土弃渣，拦挡指的是有效集中拦挡。

5. 林草植被恢复率

林草植被恢复率指项目建设区内林草植被面积占可恢复林草类植被（在目前经济、技术条件下适宜于恢复植被）面积的百分比。一般项目区林草植被恢复率不得低于 80%。

6. 林草覆盖率

林草覆盖率是指以行政区域为单位，乔木林、灌木林与草地等林草植被面积之和占区域土地面积的百分比。林草面积是指开发建设项目防治责任范围内所有人工和天然森林、灌木林和草地的面积。其中森林的郁闭度应达到 0.2 以上（不含 0.2）；灌木林和草地的覆盖度应达到 0.4 以上（不含 0.4）。零星植树可根据不同树种的造林密度折和为面积。

2.3.8.3　防治措施体系布设

防治措施体系布设，是在对主体工程设计分析评价的基础上，将主体已列防治措施和方案新增的工程措施、植物措施和临时防治措施按照防治分区科学配置、优化布局，既注重防治分区内部的可行性、合理性和科学性，又重视各分区之间的联系性和系统性，形成有效控制水土流失、促进改善生态的综合防治措施体系。如图 2.2 为某高速公路水土流失防治措施体系框图。

工程建设项目水土流失综合防治措施体系的布设应特别注意以下几点：①掌握开发建设项目水土流失防治措施的类型、形式和应用范围；②了解全国土壤侵蚀各类型区水土流

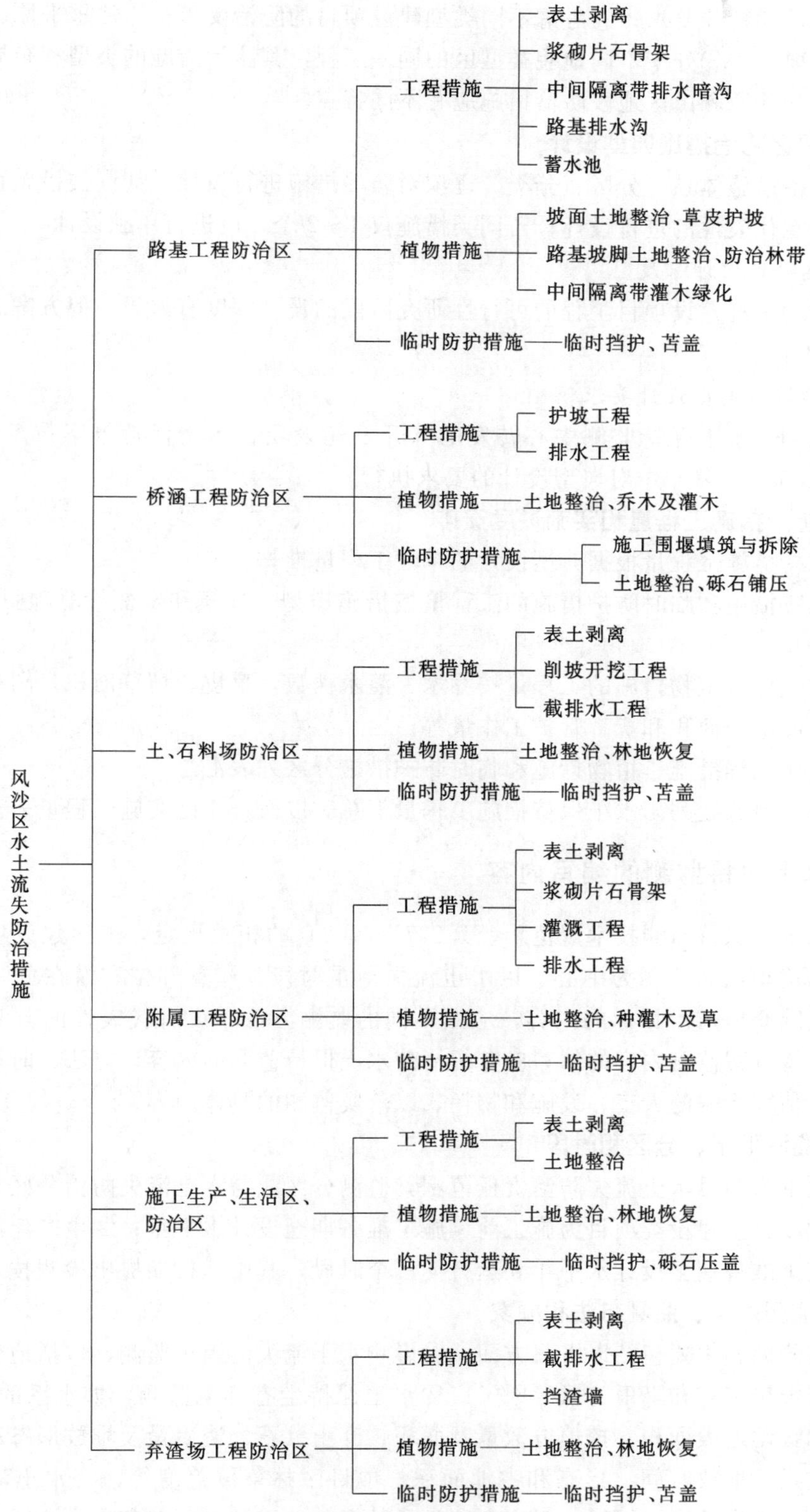

图 2.2 某高速公路水土流失防治措施体系框图

失特点和防治的特殊要求；③考虑不同类型建设项目的防治要求；④注重平原和城市建设项目的特殊要求；⑤处于不同地貌类型区的同一工程，其防治措施的类型和布局应有差异性。如公路的平原和山区地段防治措施应有不同特点。

2.3.8.4　分区防治措施典型设计

按照防治措施体系，分区、分类、逐项对防治措施进行设计。如同类措施在两个以上的，应选择有代表性的进行设计；若同类措施仅1～2个，应进行单独设计。

1. 各类项目设计深度

不同类型工程建设项目工程的可行性研究阶段的设计深度有差异，但方案编制应达到统一的深度。

2. 各类措施典型设计要求

按照水利部水土保持监测中心转发的《开发建设项目水土保持方案技术审查要点》（水保监〔2008〕8号）中对典型设计的要求执行。

2.3.8.5　防治措施工程量和实施进度安排

水土保持措施工程量根据典型设计的单位工程量推算。

（1）工程措施和临时防护措施的工程量按措施类型、规模和定额计算项目的工程量，分别列出。

（2）水土保持植物措施的工程量按乔木、灌木株数，草皮、植草面积，园林绿化面积统计，并说明防护面积和抚育管护工作量等。

（3）按照工程措施、植物措施和临时防护措施分区列表汇总。

（4）按防治分区列出水土保持措施工程量汇总表以及分年度实施工程量表。

2.3.9　水土保持监测的编写内容

根据《水土保持监测技术规范》（SL 277—2002）的相关规定，工程建设项目水土保持监测要以扰动地面监测为中心、以水土流失严重时段、严重部位和潜在危险区域为重点，全面反映6项防治目标的内容，应用不同的监测方法布设有代表性的监测点位。为此，水土保持方案监测内容的编写应介绍清楚水土保持监测的内容、方法、时段、监测点位和频次，估算所需的人工、设施和物耗，以落实监测的具体内容。

2.3.9.1　监测范围、分区和时段

监测范围为项目水土流失防治责任范围，监测分区应与水土流失防治分区相一致。

监测时段：①建设类项目为施工前、施工准备期至设计水平年；②生产建设类项目为施工前、施工准备期至设计水平年和运行期三个时段，其中运行期提出检测技术要求。

2.3.9.2　监测内容、监测方法和频次

（1）监测内容主要包括以下几方面：①影响水土流失的因子监测，包括地形地貌、土壤性质、植被覆盖率和降雨、风等因子；②水土保持生态环境监测，如水系的变化情况、项目占地和扰动地表面积，挖填方数量及面积，弃土（石、渣）量及堆放形态和面积，临时堆土的数量、堆放时间、形态和占地面积，项目区林草覆盖度等；③水土流失动态监测，包括水土流失类型、面积、强度和流失量的变化，以及对下游和周边地区造成的危害和趋势等；④水土保持措施防治效果监测，包括各类防治措施的数量和质量，如林草措施

的成活率、保存率、生长情况及覆盖率，工程措施的稳定性、完好程度和运行情况，各类防治措施的拦蓄保土效果等；⑤项目建设区水土流失背景值的监测和防治目标的监测，水土流失背景值主要在施工前进行监测，防治目标的监测主要反映项目扰动土地整治率、水土流失总治理度、土壤流失控制比、拦渣率、林草植被恢复系数和林草覆盖率等 6 项指标的内容。

（2）监测方法。采取调查监测与定位观测相结合的方法。线型工程以调查为主，辅以必要的典型定位观测；点型工程采用样地调查和地面定位观测相结合的方法。有条件的大型工程项目，可采用遥感手段进行监测。

（3）监测频次。可按照水利部水保〔2009〕187 号文规定执行。如正在使用的取土（石）场、弃土（渣）场的取土（石）、弃土（渣）量以及正在实施的水土保持措施建设情况等，至少每 10 天监测记录 1 次；扰动地表的面积、水土保持工程措施拦蓄效果等至少每 1 个月监测记录 1 次；水蚀的定位监测频次为雨季前、后各 1 次；雨季每月监测 1 次，遇到日降水量大于 50mm 时加测。

2.3.9.3 监测点位布设

首先监测点位布设应具有代表性；其次监测点尽量布设在交通方便、便于管理以及尽量避开人为活动干扰的地段。不同水土流失类型分区均应布设监测点，以对比观测原地貌与扰动后地貌水土流失量的变化；不同分区相同部位应当至少布设选择一个监测点。最后应分时段因项目布设点位，如施工期布设临时观测点，运行期布设永久、临时结合的观测点。对于工程规模大、影响范围广、建设周期长的大型建设项目应布设长期观测点。监测点位的布置应结合工程所在地域、工程类型、规模大小和工期长短等来确定，同时应附监测点位布置图。

水利水电建设工程布设的监测点位主要为：施工中弃土（渣）场、取土（石）场、大型开挖面、排水泄洪区的施工期临时堆土（渣）场和不稳定岸坡等部位；建筑工程主要为施工中的地面开挖、弃土、弃渣和土石料临时堆放场地。

2.3.10 投资估算及效益分析的编写内容

2.3.10.1 投资估算编制依据与原则

（1）水土保持措施投资包括已列投资和方案新增投资两部分。

（2）投资估算的编制应按有关规定执行。估（概）算编制的项目划分、费用构成、编制方法和估（概）算表格等应依据水利部《开发建设项目水土保持工程概（估）算编制规定》（水总〔2003〕167 号）及主体工程所属行业的概（估）算、规定、规范和定额等相关内容执行。水土保持方案投资估（概）算的编制依据、价格水平年、工程主要材料价格、施工机械台时费、主要工程单价及单价中的有关费率应与主体工程相一致。

（3）估（概）算所采用的工程量应与典型设计、图纸和措施设计的结果相一致。

（4）采用与主体工程相一致的基础单价、取费标准、工程措施和植物措施单价，并说明编制的依据和方法。

（5）方案中的水土保持总投资不包括运行期（方案服务期内）水土保持投资。运行中的水土保持投资另列计划。

2.3.10.2 水土保持投资估（概）算的组成

水土保持投资估（概）算的编制方法采用概算定额法编制。基础单价和工程单价的编制方法同主体工程（参考相关规定）。

水土保持投资估（概）算由工程措施费、植物措施费、施工临时工程费、独立费用、基本预备费和水土保持设施补偿费等6部分组成。

（1）工程措施费按设计工程量乘以工程单价编制。另外，设备及安装工程费按设备费安装费分别计算，计入第一部分工程措施中。

（2）植物措施费由材料（苗木、草和种子等）费、种植费和抚育管护费组成。

（3）施工临时工程费由两部分构成：即施工期水土保持方案中设计的临时防护措施按工程量乘以单价进行编制；其他临时工程费，按水土保持投资中工程措施和植物措施投资之和的1.0％～2.0％进行编制。

（4）独立费用包括建设管理费、工程建设监理费、工程质量监督费、水土保持监测费、科研勘察设计费、技术文件咨询服务费和水土保持设施技术评估及验收费组成。

（5）基本预备费按上述4部分投资之和的6％或主体工程所属行业的规定计算。

（6）水土保持设施补偿费依据项目所在地的省（自治区、直辖市）的标准执行。

2.3.10.3 估（概）算结果

对项目建设期水土保持总投资及治理费（即构成、植物和临时工程费）、独立费用、基本预备费和水土保持设施补偿费的金额进行说明，并按相关规定列出各种估（概）算计算表、估（概）算附表和估（概）算附件［单独成册，随估（概）算报审］。

2.3.10.4 防治效益预测与分析

对水土流失防治措施进行生态效益、社会效益、经济效益和损益分析。

水土流失防治效益分析是根据方案设计的水土保持工程措施、植物措施和临时防护措施的布局与数量，通过定向说明和定量计算6项防治指标，将该指标值与方案所确定的水土流失防治目标值进行对比，防治后效果若达到方案确定的目标值，则方案可行。否则将重新布设防治措施，提高防治效益。

社会效益主要从减轻水土流失危害、保证工程安全运行和促进社会进步三方面结合工程实际定向分析。主要从项目建成后项目区及周边地区的水土资源可持续利用，恢复土地生产力、改善生态环境状况、水土保持功能、成本及水土流失危害和促进地区经济协调发展等方面进行较为全面的分析，以损益分析的关键因子评价项目对水土流失的影响。

2.3.11 方案实施保证措施的编写内容

方案实施保障措施是实施水土保持方案拟采取的措施，是审批部门考察可实施性的依据。编写时应重点考虑以下几个方面的内容。

1. 组织领导与管理

工程项目建设单位要设立专门的水土保持管理机构，明确水土保持管理机构的职责，制定水土保持管理的规章制度和建立水土保持工程档案。

2. 确保后续设计工作落实

主体工程初步设计中必须有水土保持专章，水土保持方案确定的各项水土保持防治措施，均应在工程初步设计、施工图设计阶段予以落实。项目初步设计审查时应有审批水土保持方案的水行政主管部门参加。

3. 加强施工管理

施工期应严格控制和管理车辆、机械的运行范围，防止扩大对地表的扰动；设立保护地表和植被的警示牌；严禁乱堆、乱放弃土（石、渣）；注意施工和生活用火安全，防止火灾烧毁地表植被；对泄洪、防洪设施进行经常性检查维修，保证防洪安全；对于建成的水土保持设施应有明确的管理维护要求。

4. 有关制度的落实

如工程监理、水土保持监测和监测验收等制度的落实。

5. 资金来源和使用管理

说明各项水土保持设施资金纳入项目建设资金统一管理，所需费用全部纳入工程总体安排和年度计划中，并且建立水土保持资金档案。

6. 检查与验收

接受各级水行政主管部门的监督和检查，在主体工程竣工验收前要进行水土保持专项验收。

2.3.12 结论与建议的编写内容

2.3.12.1 结论

1. 主体工程水土保持分析评价结论

主体工程水土保持分析评价结论包括主体工程选址（线）方案水土保持比选结果及分析评价意见和主体工程推荐方案设计的水土保持分析评价意见。

2. 水土保持方案可行性分析结论

水土保持方案可行性分析结论包括水土保持效益分析结果、损益分析结果，明确有无限制工程建设的制约因素，明确工程项目可行性。

2.3.12.2 建议

根据对主体工程水土保持分析评价，针对存在问题和确保水土保持方案实施等方面，对水土保持后续设计、施工管理单位、水土保持专项监理、监测等方面的要求、建议等，提出下一阶段需深入研究的问题。

本 章 小 结

本单元重点讲述了水土保持方案报告书的内容及报告书各部分内容的编写要点和要求。学习本章使学生明确编写水土保持方案报告书所需用的主要相关资料。通过介绍项目概况和实地考察，初步具有确定水土流失防治责任范围和划分防治分区的能力；初步具有对主体工程水土保持分析与评价的能力、分析不同类型工程重点防治时段、重点防治部位的能力和根据不同类型工程采取水土保持防治措施体系的能力。

思 考 题

1. 水土保持方案报告书在编写时各部分内容之间有什么联系？
2. 水土流失防治防治目标及防治措施体系布局的编写要点是什么？
3. 如何进行防治责任范围的划分和防治分区？
4. 水土流失预测的内容和方法是什么？如何进行水土流失预测资料的收集？
5. 简述水土保持监测的内容和时段。
6. 进行水土保持效益分析有何意义？
7. 试说明水土保持方案报告书中结论和建议部分编写的实质性意义。

学习单元3　典型水土保持工程措施应用

知识要求：能陈述水土流失防治措施体系、水土保持工程类型和适用条件、水土保持工程设计要求等；能掌握水土保持工程措施典型设计相关知识内容。

技能要求：通过学习典型水土保持工程措施设计，能进行断面计算和设计，合理将水土保持工程措施应用到实际工程建设中，解决实际工程问题。

水土保持工程研究的主要内容是保护、改良和合理利用水土资源，从而采取有效的水土流失防治措施。常见的水土流失防治措施可分为工程措施、植物措施和临时防护措施三大类。工程措施包括：拦挡工程、防洪排导工程、降水蓄渗工程、斜坡防护工程、防风固沙工程、泥石流防治工程等。植物措施包括：植被恢复、工程绿化等。临时防护措施包括：临时拦挡措施、临时排水措施、临时覆盖措施和临时植物措施等。本单元主要介绍不同水土保持工程措施类型、适用条件和设计等相关内容。

3.1　水土保持工程设计要求

3.1.1　水土保持工程设计的原则

水土保持工程设计的一般原则：

(1) 实事求是、因地制宜。

(2) 安全第一、科学论证、准确选型。

(3) 就地取材、经济可行。

(4) 交通方便、便于施工。

(5) 计算公式应用正确、参数选用合理、准确。

(6) 按相关规范要求进行水土保持工程设计。

3.1.2　水土保持工程设计的步骤

水土保持工程设计的主要步骤如下：

(1) 阅读主体工程资料，了解主体工程在建设过程中可能要造成的水土流失，分析可能造成水土流失的类型及危害。

(2) 拟定可能选用的水土保持工程类型，并进行几种方案的比选、分析。

(3) 获取主要的基础资料，主要包括地形图、水文气象（暴雨、输沙量、气温变化和最大冻土深度等）、相关设计参数（土壤内摩擦角、凝聚力、土壤含水率等）、建筑材料调查（土、沙、石、砂砾料的分布）、其他条件调查（交通运输、电力、施工机械、居民点、当地建筑材料的单价等）。

（4）针对可能选用的水土保持工程类型，进行计算、分析，并结合构造和施工要求，确定水土保持工程结构型式和几何尺寸。

（5）根据工程制图标准，绘制典型措施设计图。

（6）对水土保持工程设计进行现场复核，再修改、完善后，出正式的水土保持工程设计成果。

3.2 拦 挡 工 程

3.2.1 拦挡工程类型及适用条件

拦挡工程主要有挡土（渣）墙、拦渣坝、拦渣堤三种形式：

（1）弃土（石、渣）等堆置在台地、缓坡地上，易发生滑塌，在弃渣坡脚必须修建挡土（渣）墙。

（2）弃土（石、渣）堆置在沟道中时，必须在弃渣下游修建拦渣坝。

（3）弃土（石、渣）等堆置于河（沟）道旁边时，必须按防洪治导线布置拦渣堤。拦渣堤具有防洪要求时，应结合防洪堤进行布置。

本节主要介绍挡土（渣）墙和拦渣坝的类型及设计相关内容。

3.2.2 挡土（渣）墙

3.2.2.1 挡土（渣）墙的类型

挡土（渣）墙按结构形式分为重力式、悬臂式和扶壁式三种型式。

1. 重力式挡土（渣）墙

重力式挡土（渣）墙一般采用浆砌块石砌筑或混凝土浇筑，依靠自重与基底摩擦力维持墙身的稳定。适用于墙高小于5m，地基土质较好的情况。重力式挡土（渣）墙构造由墙背、墙面、墙顶等组成。

（1）墙背。重力式挡土（渣）墙墙背有仰斜式、俯斜式、垂直式、凸形折线、衡重式等型式（图3.1）。

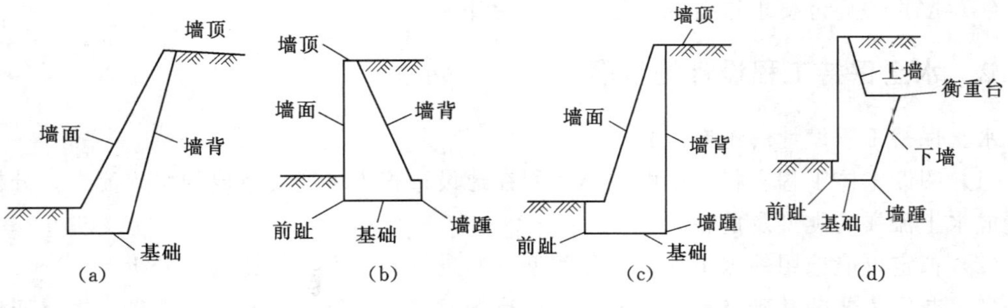

图3.1 重力式挡土（渣）墙型式

(a) 仰斜式；(b) 俯斜式；(c) 垂直式；(d) 衡重式

1）仰斜式墙背：仰斜式挡土（渣）墙墙背通过与土体（渣体）边坡贴合，所受土压力小，开挖回填量较小，墙身断面面积小。但在设计与施工中应注意仰斜墙背的坡度不得缓于1∶0.3，以便于施工。

2）俯斜式墙背：在地面横坡陡峻，俯斜式挡土（渣）墙墙背所受的土压力较大时，俯斜式挡土（渣）墙采用陡直墙面，以减小墙高，俯斜墙背可砌筑成台阶形，从而增加墙背与土体（渣体）间的摩擦力。

3）垂直式墙背：垂直挡土（渣）墙墙背介于仰斜式墙背和俯斜式墙背两者之间，凸形折线墙背是仰斜式挡土（渣）墙上部墙背改为俯斜形，以减小上部断面尺寸，多用于较长斜坡坡脚地段的陡坎处，如路堑。

4）衡重式墙背：衡重式挡土（渣）墙上下墙之间设置衡重台，采用陡直的墙面，适用于山区地形陡峻处的边坡，上墙俯斜墙背的坡度1∶0.25～1∶0.45，下墙仰斜墙背坡度1∶0.25，上下墙高之比2∶3。

（2）墙面。一般墙面均为平面，其坡度与墙背协调一致，墙面坡度直接影响挡土（渣）墙的高度，因此，在地面横坡较陡时墙面坡度一般为1∶0.05～1∶0.2，矮墙采用陡直墙面，地面平缓时一般采用1∶0.2～1∶0.35。

（3）墙顶。浆砌块石挡土（渣）墙墙顶宽不小于0.5m，另需砌筑厚度不小于0.4m的顶帽，若不砌筑顶帽，墙顶应以大块石砌筑，并用砂浆勾缝。

2. 悬臂式挡土（渣）墙

当墙高超过5m，地基土质较差，同时当地石料缺乏，在堆土（渣）体下游有重要设施时，适合采用悬臂式钢筋混凝土挡土（渣）墙。悬臂式挡土（渣）墙由立壁、板组成，具有三个悬壁（图3.2）。其特点是：主要依靠趾板上的填土重量维持结构稳定性，墙身断面面积小，自重轻，节省材料，适用于墙身较高的情况。

3. 扶壁式挡土（渣）墙

当防护要求较高，墙高大于10m时，适合采用扶壁式挡土（渣）墙。扶壁式挡土（渣）墙的主体是悬臂式挡土（渣）墙，沿墙长度方向每隔0.8～1.0m布置一个与墙高等高的扶壁，以保持挡土（渣）墙的整体性和墙面板的刚度，增加挡土（渣）量。墙体为钢筋混凝土结构（图3.3）。扶壁式挡土（渣）墙在维持结构稳定、断面面积等方面与悬臂式挡土（渣）墙类似。

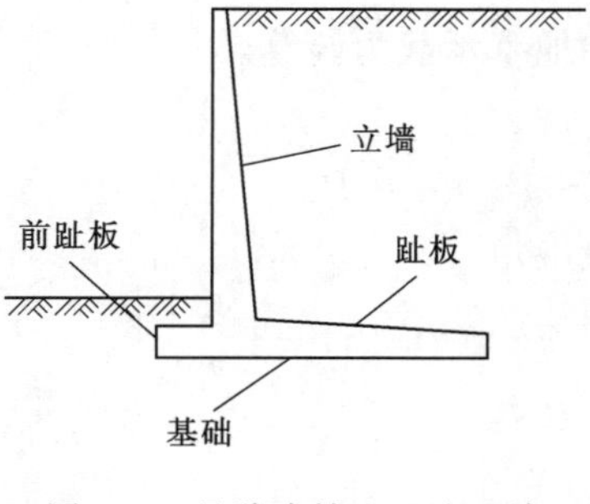

图3.2 悬臂式挡土（渣）墙

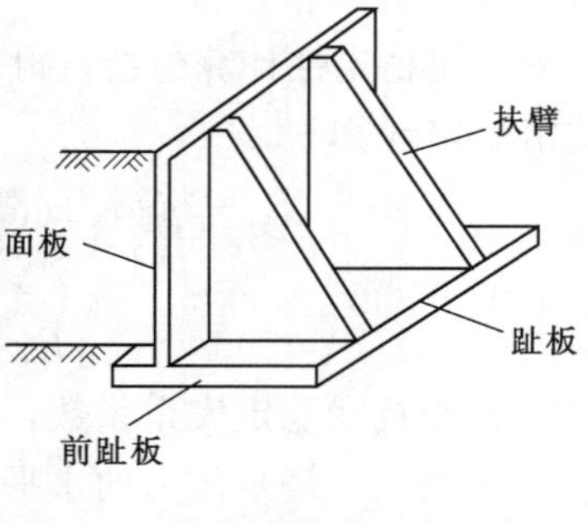

图3.3 扶壁式挡土（渣）墙

3.2.2.2 挡土（渣）墙设计

1. 墙址及走向选择

（1）应沿弃土、弃石、弃渣坡脚布置挡土（渣）墙，地基宜为新鲜不易风化的岩石或密实土层。

（2）挡土（渣）墙沿线地基土层中的含水量和密度应均匀单一，避免地基不均匀沉陷引起墙基和墙体断裂等形式的变形。

（3）挡土（渣）墙的长度应与水流方向一致，避免截断沟谷和水流。若无法避免则应修建排水建筑物。

（4）挡土（渣）墙线应顺直，转折处采用平滑曲线连接。

2. 渣体及上方与周边来水处理

（1）当挡土（渣）墙及渣体上游集流面积较小，坡面径流或洪水对渣体及挡土（渣）墙冲刷较轻时，可采取排洪渠、暗管、导洪堤等排洪工程将洪水排泄至挡土（渣）墙下游。

（2）排洪渠、暗管、涵洞、导洪堤等排洪工程设计与施工技术要求参照《开发建设项目水土保持技术规范》（GB 50433—2008）及相关规范规定。

（3）当挡土（渣）墙及渣体上游集流面积较大，坡面径流或洪水对渣体及挡土（渣）墙造成较大冲刷时，应采取引洪渠、拦洪坝等蓄洪引洪工程，将洪水排泄至挡土（渣）墙下游或拦蓄在坝内有控制地下泄。

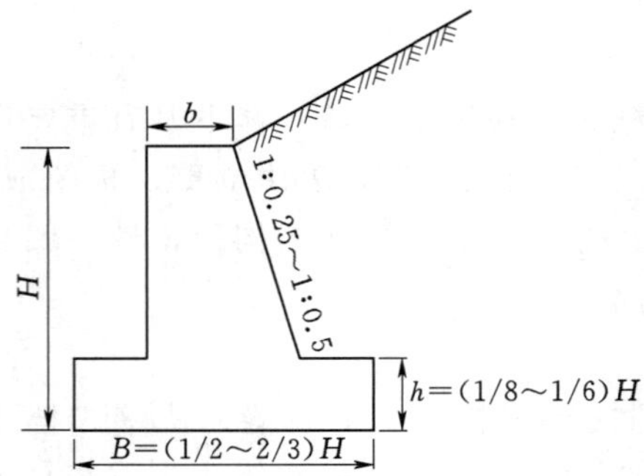

图3.4　挡土（渣）墙断面尺寸

（4）引洪渠、拦洪坝等工程设计与施工技术要求参照《开发建设项目水土保持技术规范》（GB 50433—2008）及相关规范规定。

3. 挡土（渣）墙形式选择

根据弃土（渣）堆置方式、地形、地质、降水与汇水条件、建筑材料来源等选择挡土（渣）墙断面形式。

4. 断面尺寸设计

挡土（渣）墙断面一般先根据经验初步确定主要尺寸，经验算满足抗滑、抗倾覆和地基承载力要求，且经济合理的墙体断面尺寸即为设计断面尺寸，如图3.4所示。

5. 稳定性验算

挡土（渣）墙稳定性计算包括抗滑、抗倾覆和地基承载力验算。

（1）抗滑稳定计算 K_c：

$$K_c = 抗滑力/滑动力 = (W + P_{ay}) \times f / P_{ax} \tag{3.1}$$

$$P_{ax} = P_a \cos(\theta + \varphi)$$

$$P_{ay} = P_a \sin(\theta + \varphi)$$

式中　K_c——最小抗滑稳定安全系数，要求≥1.3；

P_{ax}——主动土（渣）压力的水平分力；

P_{ay}——主动土（渣）压力的竖直分力；

W——墙体自重；

f——基底摩擦系数，一般采用滑动摩擦系数；

P_a——挡土（渣）墙的主动土（渣）压力；

θ——墙背倾斜角度；

φ——墙与填土的摩擦角。

（2）抗倾覆稳定安全系数 K_o：

$$K_o = 抗倾覆力矩/倾覆力矩 = (\sum Wa + P_{ay}b)/P_{ax}h \tag{3.2}$$

式中 K_o——最小抗倾覆稳定安全系数，要求≥1.5；

a——W 对墙址 O 点的力臂，m；

b——P_{ay} 对墙址 O 点的力臂，m；

h——P_{ax} 对墙址 O 点的力臂，m；

其他符号意义同前。

（3）地基承载力验算。基底应力采用下列偏心受压公式计算：

$$\sigma_{yu} = \sum W/B + 6\sum M/B^2 \tag{3.3}$$

$$\sigma_{yd} = \sum W/B - 6\sum M/B^2 \tag{3.4}$$

式中 σ_{yu}、σ_{yd}——挡土墙地基面前趾、墙踵点竖直正应力，kN/m²，σ_{yu}、$\sigma_{yd} \leqslant [R]$；

$[R]$——地基允许承载力；

$\sum W$——作用在计算截面以上的全部荷载的铅直分力之和，kN；

$\sum M$——作用在计算截面以上的全部荷载对截面形心的力矩之和，kN·m；

B——计算截面的长度，m。

软质墙基最大应力 σ_{max} 与最小应力 σ_{min} 之比：对于松软地基应小于 1.5～2，对于中等坚硬、紧密的地基则应小于 2.0～3.0。

6. 地基处理及其他

（1）基础埋置深度。根据地质条件确定基础埋置深度，一般应在冻土层深度以下，且不小于 0.25m。当地质条件复杂时，通过挖探或钻探确定基础埋置深度。埋置最小深度见表 3.1。

表 3.1　重力式挡土（渣）墙基础最小埋置深度　　单位：m

地层类别	埋入深度	距斜坡地面水平距离
较完整的硬质岩层	0.25	0.25～0.5
一般硬质岩层	0.6	0.6～1.5
软质岩层	1.0	1.0～2.0
土层	≥1.0	1.5～2.5

（2）伸缩沉陷缝。根据地形地质条件、气候条件、墙高及断面尺寸等，设置伸缩缝和沉陷缝，防止因地基不均匀沉陷和温度变化引起墙体裂缝。设计和施工时，一般将两者合并设置，沿墙线方向每隔 10～15m 设置一道缝宽 2～3cm 的伸缩沉陷缝，缝内填塞沥青麻絮、沥青木板、聚氨酯、胶泥或其他止水材料，在地质条件发生变化处应加设沉陷缝。

（3）清基。施工过程中必须将基础范围内风化严重的岩石、杂草、树根、表层腐殖土、淤泥等杂物清除。

(4) 墙后排水。当墙后水位较高时，应将土体（渣体）中出露的地下水以及由降水形成的渗透水流及时排除，有效降低墙后水位，减小墙身水压力，增加墙体稳定性，应设置排水孔等排水设施。排水孔径5～10cm，间距2～3m，排水孔出口应高于墙前水位。排水孔的设计参照《水工挡土墙设计规范》(SL 379—2007) 确定。

3.2.2.3　挡土（渣）墙典型设计案例

1. 渣场概况

南方地区某渣场为坡地型渣场，堆渣量12.65万m^3，占地面积1.14hm^2，最大堆渣高度40m，渣体边坡坡度约1∶1.7，渣场坡脚无防护措施，堆渣体坡面无植被。

2. 工程地质

该工程区基岩主要为泥盆系、石炭～二叠系炭质千枚岩、粉砂质千枚岩夹砂岩、灰岩、玄武岩等，地震基本烈度为Ⅷ度。渣场场地基础为块（漂）碎石层。渣场物理力学参数见表3.2。

表3.2　　渣场物理力学参数

项　　目	单　　位	渣场基础	渣　　料
土层名称		块（漂）碎石层	
天然密度	t/m^3	1.95～2.05	1.95～2.2
饱和密度	t/m^3	2.05～2.20	2.0～2.4
内摩擦角	(°)	31～33	28～33
黏聚力	kPa	250	0
基础承载力	kPa	300～350	

3. 工程级别

根据《开发建设项目水土保持技术规范》(GB 50433—2008)、《水利水电工程水土保持技术规范》(SL 575—2012) 有关规定，渣场规模小于50万m^3，堆渣高度40m，渣场失事危害程度较轻，渣场级别为5级，挡渣工程级别为5级。

4. 挡渣工程设计

本渣场主要防护措施为削坡、补建挡土（渣）墙。

(1) 清渣、削坡处理。为增加渣体边坡稳定性，需对本渣场部分边坡进行削坡处理，并在渣体坡面设置一条2m宽的马道。

(2) 挡土（渣）墙设计。

1) 墙型选择。本渣场所在区域块石料丰富，同时考虑渣场处地形地质条件、施工条件等，经技术经济比较后选择重力式浆砌石挡土（渣）墙。

2) 断面设计。按照重力式浆砌石挡土（渣）墙墙型初拟断面尺寸：顶宽0.50m，墙高1.5m，面坡直立，背坡1∶0.5，基础厚度0.5m，墙趾和墙踵宽0.3m。

根据《开发建设项目水土保持技术规范》《水利水电工程水土保持技术规范》等要求，按照挡土（渣）墙所处工况，进行挡土（渣）墙稳定分析。

(3) 稳定性分析。

1) 计算工况。因为工程区地震烈度为Ⅷ度，所以挡土（渣）墙稳定性分析须考虑地震工况，即计算工况为正常工况和地震工况。正常工况为渣场及挡渣工程正常运用时的工况，地震工况为正常运用时遭遇地震的工况。

2）稳定性安全系数。挡渣工程级别为 5 级，抗滑稳定安全系数：正常运用工况 1.20，地震工况 1.05；抗倾覆稳定安全系数：正常运用工况 1.40，地震工况 1.30；地基承载力安全系数：正常运用工况、地震工况均采用 1.20。

3）抗滑稳定。根据地质勘探资料，本渣场基本无软弱面，只计算沿基底面的抗滑稳定。

基底面与地基之间的滑动摩擦系数 f=0.50。

正常运用工况：滑移力=21.662kN，抗滑力=33.697kN；K_c=1.56>1.20。

地震工况：滑移力=30.742kN，抗滑力=35.863kN；K_c=1.17>1.05。

4）抗倾覆稳定。正常运用工况：倾覆力矩=13.471kN·m，抗倾覆力矩=84.395kN·m；K_o=6.27>1.40。

地震工况：倾覆力矩=19.336kN·m，抗倾覆力矩=91.792kN·m；K_o=4.75>1.30。

5）地基承载力验算。允许承载力取 300kPa，基底应力不均匀系数允许值为 3.0。

正常运用工况：

基底压应力：趾部为 28.40kPa，踵部为 38.99kPa。

最大应力与最小应力之比：38.99/28.40=1.37<3.0。

最大基底压应力：38.99kPa<300kPa×1.2=360kPa。

地基平均承载力验算满足：压应力=33.697kPa<300kPa。

地震工况：

基底压应力：趾部为 34.77kPa，踵部为 36.96kPa。

最大应力与最小应力之比：36.96/34.77=1.06<3.0。

最大基底压应力：36.96kPa<300kPa×1.2=360kPa。

地基平均承载力验算满足：压应力=35.86kPa<300kPa。

经过对挡土（渣）墙的抗滑、抗倾覆稳定和地基承载力稳定性分析，挡土（渣）墙设计断面可以满足稳定要求。

（4）细部构造设计。

1）排水设计。本堆渣以块石渣为主，挡土（渣）墙基础为块碎石土层，透水性较强，只需考虑墙身排水。

为使挡土（渣）墙后积水易于排出，在墙身布置排水孔，布孔方式为梅花形，挡土（渣）墙内设两排排水孔，排水孔比降为 5%，水平间距为 2.0m，孔内预埋 ϕ110mm 的 PVC 管材。在渗透水向排水设施逸出地带，为了防止发生管涌，在水流入口管端包裹土工布起反滤作用。

2）基础埋置深度。工程位于南方地区，冻胀问题不突出，不考虑冻结深度。挡土（渣）墙基础堤面应设在天然地面以下至少 0.5m，以保证地基具有一定的稳定性。

（5）分缝及止水。挡土（渣）墙的沉降缝和伸缩缝合并设置，沿轴线方向每隔 10～15m 设置一道缝宽 2～3cm 的横缝，缝内填塞沥青麻絮。

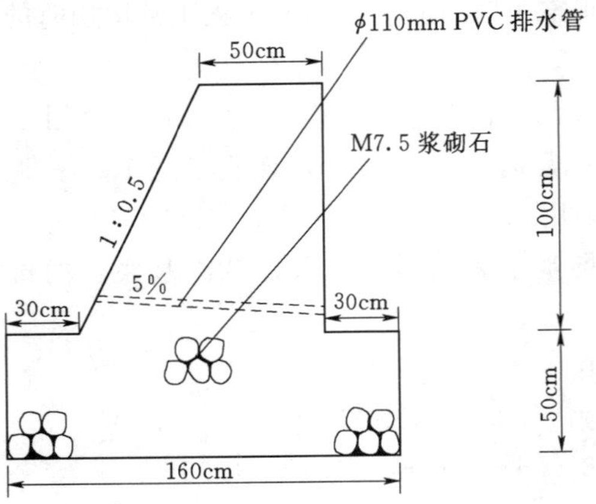

图 3.5 挡土（渣）墙剖面图

挡土（渣）墙设计如图 3.5 所示。

3.2.3 拦渣坝

3.2.3.1 拦渣坝的类型

拦渣坝布置在沟道堆渣体的下游，分为滞洪式拦渣坝和截洪式拦渣坝。

滞洪式拦渣坝既有拦渣作用，又有滞蓄上游洪水作用；截洪式拦渣坝仅拦渣不滞洪，其上游洪水由排洪涵洞等排洪建筑物排出。水土保持工程中常用拦渣坝一般采用低坝，其中滞洪式拦渣坝坝高不大于 30m，截洪式拦渣坝坝高不大于 15m，如图 3.6 所示。

图 3.6 拦渣坝

3.2.3.2 拦渣坝的设计

1. 坝址选择

选择拦渣坝坝址应综合考虑以下几个方面的因素：

(1) 河（沟）谷地形平缓，河（沟）床狭窄，有足够的库容拦挡洪水、泥沙和废弃物。

(2) 两岸地质地貌条件适合布置溢洪道、放水设施和施工场地。

(3) 坝基宜为新鲜岩石或紧密的土基，无断层破碎带，无地下水出露。

(4) 坝址附近筑坝所需土、石、砂料充足，且取料方便，水源条件能满足施工要求。

(5) 排废距离近，库区淹没损失小，废弃物的堆放不会增加对下游河（沟）道的淤积，并不影响河道的行洪和下游的防洪。

2. 总库容确定

滞洪式拦渣坝总库容由拦渣库容、拦泥库容、滞洪库容三部分组成。坝顶高程应按总库容在水位-库容曲线上对应水位，加上安全超高确定。截洪式拦渣坝不考虑滞洪库容。

3. 防洪标准的确定应遵循下列原则

(1) 项目及工矿企业的拦渣坝根据库容或坝高的规模可分为五个等级，防洪标准可按国家标准《防洪标准》（GB 50201—2014）中的规定选择确定，同时沟道中的拦渣坝防洪标准还应符合水土保持治沟骨干工程的规定。

（2）当拦渣坝一旦失事对下游的城镇、工矿企业、交通运输等设施造成严重危害，或有害物质会大量扩散时，应比规定确定的防洪标准提高一个等级或两个等级。对于特别重要的拦渣坝，除采用Ⅰ等的最高防洪标准外，还应采取专门的防护措施。

4. 坝型选择

拦渣坝坝型主要根据拦渣的规模和当地的建筑材料来选择。一般有土坝、干砌石坝、浆砌石坝等型式。选择坝型时，应进行多方案比较，做到安全经济。

5. 以浆砌石拦渣坝为例进行稳定及应力计算

（1）作用力计算。作用在单位坝长上的力，按其性质不同分为坝体自重，坝上游面的淤积物重，坝前水压力及废渣冲击压力等。坝体受力分析如图 3.7 所示。

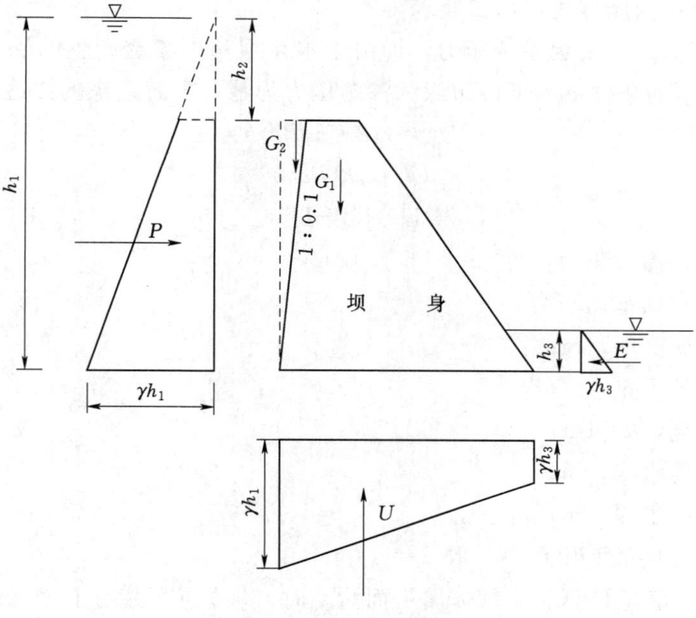

图 3.7 坝体受力分析图

1）坝体重力。

$$G=V\gamma_d b \tag{3.5}$$

式中 G——坝体重力，t；

V——坝体横断面积，m^2；

γ_d——坝体容重，t/m^3；

b——单宽，$b=1m$。

2）淤积物重力。作用在坝体上游的淤积物重力等于淤积物体积乘以淤积物容重。

3）水压力。

$$P=\gamma/2\cdot b(h_1^2-h_2^2) \tag{3.6}$$

$$E=\gamma/2\cdot h_3^2 b \tag{3.7}$$

式中　P——坝前静水压力，t；

E——坝下游静水压力，t；

γ——水的容重，t/m^3；

h_1——坝前水深，m；

h_2——坝顶以上水深，m；

h_3——下游水深，m。

4）废渣压力。坝前废渣压力可按散体渣压力计算。

$$P_{渣}=\gamma_c H^2\tan^2(45°-\varphi/2)\cdot b/2 \tag{3.8}$$

式中　b——单宽，$b=1$m；

γ_c——废渣容重，t/m^3；

H——坝前废渣的高度，m；

φ——废渣的内摩擦角，由试验求得。

5）坝基扬压力。主要为渗透压力，即由于水在坝基中渗透产生的压力。当坝体是实体坝，而又无排水的条件下，下游边缘的渗透压力为零，上游边缘的渗透压力为γh_1。

$$U_\psi=\gamma/2\cdot h_1Ba_1b \tag{3.9}$$

$$U'_\psi=\gamma h_3Ba_1b \tag{3.10}$$

$$U=U_\psi-U'_\psi \tag{3.11}$$

式中　U_ψ——单宽渗透压力，t；

U'_ψ——单宽坝基扬压力，t；

B——坝底宽度，m；

γ——水的容重，t/m^3；

b——单宽，$b=1$m；

h_1——坝前水深，m；

h_3——下游水深，m；

a_1——基础接触面积系数，取$a_1=1$。

（2）坝体抗滑稳定计算。当坝体属平面滑动时，坝的抗滑稳定计算公式为：

$$K_e=f\sum W/\sum P \tag{3.12}$$

式中　$\sum W$——坝体所受铅直向力的合力（向上为正，向下为负）；

$\sum P$——坝体所受水平向力的合力（向下游为正，向上游为负）；

f——坝体基础的摩擦系数（对于浆砌石坝或混凝土坝参考下列数值：火成岩$f=0.65\sim0.75$；石灰岩及砂岩$f=0.5\sim0.65$，必要时应勘探试验确定）。

（3）坝基应力计算。对于浆砌石坝，由于浆砌块石的抗拉强度很低，如果坝体上游面出现拉应力则容易产生裂缝，水流渗入裂缝，影响坝体强度。因此，在浆砌石坝设计时，不容许坝体上游面出现拉应力。如果坝脚上下游垂直应力不超过允许值，就认为满足强度要求。计算公式为：

$$\sigma_{yu}=\sum W/B+6\sum M/B^2 \tag{3.13}$$

$$\sigma_{yd}=\sum W/B-6\sum M/B^2 \tag{3.14}$$

$$e=\sum M/\sum W,\ e\leqslant B/6$$

式中 σ_{yu}——上游面坝基应力，当$\sigma_{yn}>0$时，不产生拉应力，kg/cm^2；

σ_{yd}——下游面坝基应力，kg/cm^2；

B——坝底宽，m；

e——合力作用点至坝底中心点的距离，m；

$\sum M$——所有作用在坝上的各力对坝底中心点力矩的代数和，t·m，顺时针为负，逆时针为正；

$\sum W$——坝体所受铅直向力的合力。

6. 排洪与放水建筑物

根据坝址两岸地形和地质条件、泄洪流量等因素，确定溢洪道、放水工程的型式。溢洪道分为明渠式溢洪道、溢流堰式溢洪道两种型式。放水工程分为卧管式、竖井式两种型式。

7. 基础处理

根据坝型、坝基的地质条件、筑坝施工工艺等，采取相应的基础处理方法。

水坠坝基础处理参照《水坠坝设计规范》(SL 302—2004) 中的要求执行。

碾压基础处理参照《碾压式土石坝设计规范》(SL 274—2001) 第六章中的规定执行。

浆砌石坝基础处理参照《浆砌石坝设计规范》(SL 25—2006) 第八章中的规定执行。

3.2.3.3 拦渣坝典型设计案例

1. 渣场概况

某渣场位于某支沟下游，弃渣量约 15.30 万 m^3，坝址以上流域面积 13.7km^2，流域长度 7.3km，流域平均宽度 1.89km，流域平均坡度 38.9‰。

2. 工程地质

拦渣坝坝址位于渣场下游约 50m 处，左岸为黄土梁，右岸为黄土台地，沟横断面为 U 形，谷底平坦，宽约 12m。坝基为第四系全新统坡积物，岩性为碎石土，结构松散，左右两坝肩均为第四系松散堆积物，坝基碎石土厚度大于 7m，该坝址宜修建土石类坝型。

3. 工程级别及洪水标准

渣场堆渣量 15.30 万 m^3，渣场失事危害程度较轻，渣场级别为 5 级，拦挡工程级别为 5 级，设计洪水标准采用 20 年一遇，洪峰流量为 150m^3/s，校核洪水标准采用 50 年一遇，洪峰流量为 190m^3/s。

4. 拦渣坝设计

(1) 坝型选择。根据坝址处工程地质条件分析，左右两坝肩均为第四系松散堆积物，坝基碎石土厚度大于 7m，宜修建碾压石渣坝，筑坝材料来源于弃渣。

(2) 断面设计。根据地形条件，并经多方案比较，最终确定拦渣坝总长 45m，坝顶宽 4m，坝高 11m，设计洪水位 1287.76m。大坝分为三段：非溢流坝段、溢流坝段、非溢流坝段。溢流堰顶高程 1285.0m。大坝上游边坡为 1∶2.5，下游边坡 1∶3.0，从上游坝坡 1283.4m 高程开始至坝后消力坎全部用铅丝石笼防护，铅丝石笼厚 1.0m。铅丝石笼下做坝体反滤。消力坎用浆砌石砌筑，顶宽 0.5m，底宽 1.5m，高 3.0m。消力坎之后再做长 5m，厚 1.0m 铅丝石笼防冲海漫。铅丝网用 8 号铅丝，网格大小为 8cm×8cm。石料选用质地坚硬、表面无风化的新鲜岩石，粒径不小于 10cm。

（3）拦渣坝溢流堰设计。溢流堰为宽顶堰，下泄流量计算公式如下：

$$Q=\sigma_c mnb(2g)^{1/2}H_0^{3/2} \tag{3.15}$$

式中　Q——下泄流量，m^3/s；

b——溢流堰每孔净宽，$b=20m$；

n——孔数，$n=1$；

H_0——包括行进流速水头的堰前水头，m；

m——自由溢流流量系数；

σ_c——侧收缩系数。

计算结果见表3.3。

表3.3　溢流堰水位-流量关系表

H/m	0.5	1	1.5	2	2.5	3	3.5
Q/(m^3/s)	10.81	30.65	56.45	87.15	121.81	158.75	200.05

经计算，溢流堰顶宽度20m，堰顶水头3.5m，堰高采用4.0m。

渣场拦渣坝设计图如图3.8～图3.10所示。

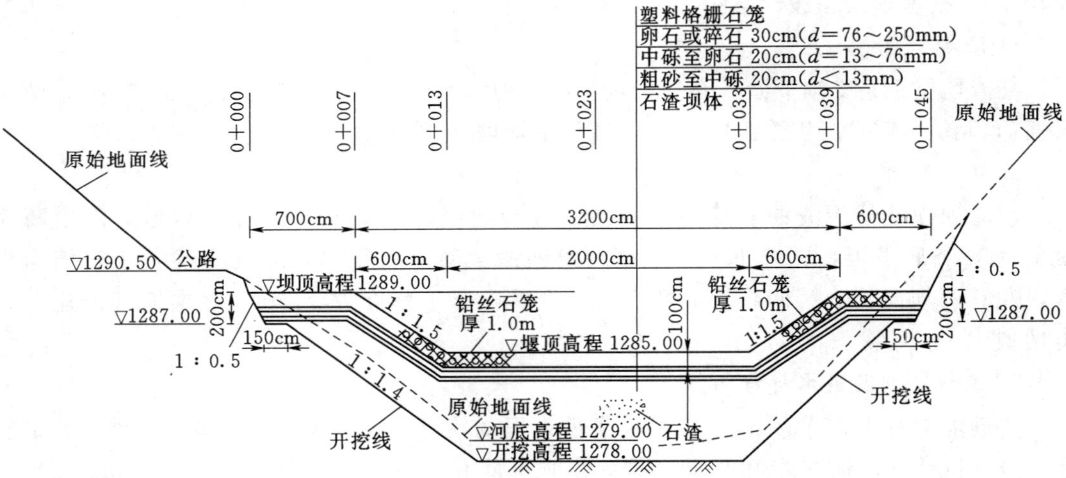

图3.8　弃渣场拦渣坝轴线纵剖面（高程单位：m）

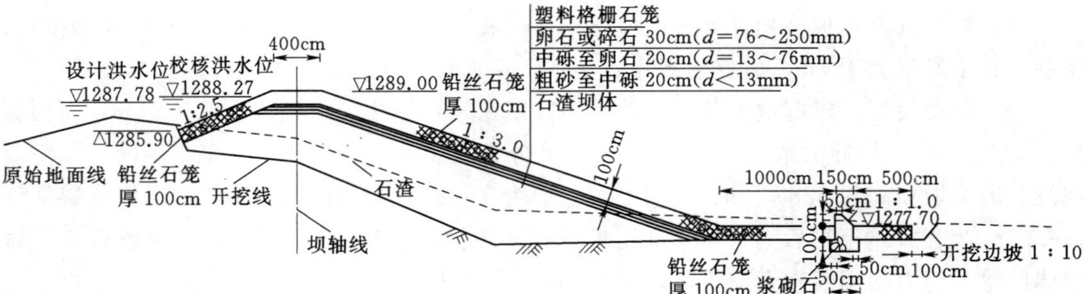

图3.9　弃渣场拦水坝段横剖面（高程单位：m）

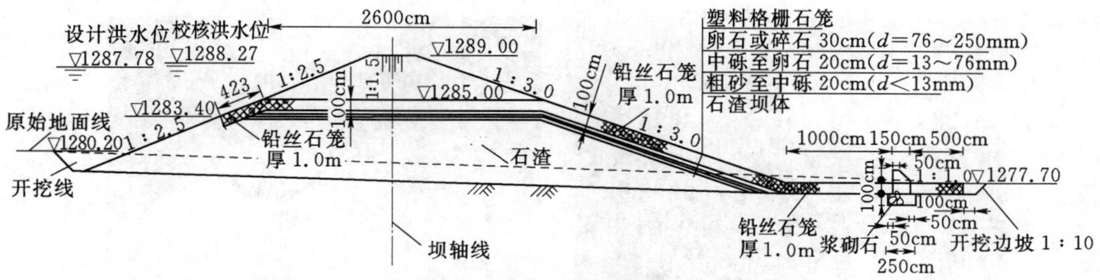

图 3.10　弃渣场拦水坝段横剖面（高程单位：m）

3.3 防洪排导工程

3.3.1 防洪排导工程类型及适用条件

防洪排导工程就是运用工程措施，防止山洪及泥石流的发生。项目建设在基建施工和生产运行中，由于损坏地面或弃土、弃石、弃渣，易遭受洪水危害，必须修建防洪排导工程，以防害减灾。防洪排导工程主要包括排洪渠、拦洪坝、排洪涵洞、防洪堤、护岸护滩、清淤清障等工程。

根据洪水的来水量及其危害程度，采取不同的防洪工程：

（1）项目区上游有小流域沟道洪水集中危害时，应在沟道中修建拦洪坝。

（2）项目区一侧或周边坡面有洪水危害时，应在坡面与坡脚修建排洪渠，并对坡面进行综合治理。项目区内各类场地、道路以及其他地面排水，应与排洪渠衔接顺畅，形成有效的洪水排泄系统。

（3）当坡面或沟道洪水与项目区的道路、建筑物、堆渣场等发生交叉时应采取涵洞或暗管进行地下排洪。

（4）项目区紧靠沟岸、河岸，洪水影响项目区安全时，应修建防洪堤。

（5）项目区内沟岸、河岸在洪水作用下易发生坍塌时，应布置护岸护滩工程。

（6）对泥石流沟道应实施专项治理工程。

本节主要介绍洪渠、拦洪坝、排洪涵洞的类型及设计相关内容。

3.3.2 排洪渠

3.3.2.1 排洪渠的类型

排洪渠是为了保证项目区生产建设的安全，而兴建的排除周边坡面及区域内的洪水危害的工程。排洪渠一般修建在项目区周边，同时要求项目区内各类场地、道路和其他地面排水，应结合排洪渠统一布置。

根据排洪渠建筑材料的不同，可分土质排洪渠、三合土排洪渠和浆砌石排洪渠等 3 种类型，如图 3.11 所示。

1. 土质排洪渠

在有洪水危害的山坡的坡面或下部，按设计断面半挖半填，修成土质排洪渠，不加衬

图 3.11　排洪渠

砌，结构简单，就地取材，节省投资。适用于坡面洪水流量较小，危害不大的地方。

2. 三合土排洪渠

排洪渠的土堤部分用土、砂和石灰（比例为 6∶3∶1）分层填筑，夯实而成。适用于有高含沙山洪的地方。

3. 浆砌石排洪渠

适合于排泄冲刷力强的山洪。浆砌石衬砌的方式有两种：一种是边坡衬砌；另一种是边坡和沟底衬砌。浆砌块石衬砌多用于半挖半填的排洪渠中，衬砌厚度一般为 0.3～0.5m。

3.3.2.2　排洪渠的设计

1. 防洪标准

排洪渠设计应遵循安全、经济同时兼顾的原则，确定合理的防洪标准。防洪标准可参照表 3.4。

表 3.4　工矿企业等级和防洪标准

等　级	工矿企业规模	防洪标准（重现期）/a	等　级	工矿企业规模	防洪标准（重现期）/a
Ⅰ	特大型	200～100	Ⅲ	中型	50～20
Ⅱ	大型	100～50	Ⅳ	小型	20～10

注　1. 各类工矿企业的规模，按国家现行规定划分。
2. 如辅助厂区（或车间）和生活区单独进行防护的，其防洪标准可适当降低。

2. 渠道断面设计

（1）渠道横断面的确定。常用的渠道横断面形式有梯形、矩形、U 形和复式断面等，排洪渠宜采用挖方渠道，一般采用梯形断面。

梯形填方渠道断面，渠堤顶宽 1.5～2.5m，内坡坡比 1∶1.5～1∶1.75，外坡坡比 1∶1～1∶1.5。根据最大流量计算排洪渠过水断面，按明渠均匀流公式计算：

$$Q=\omega C\sqrt{Ri} \tag{3.16}$$

$$R=\omega/\chi$$

$$C=\frac{1}{n}R^{\frac{1}{6}} \tag{3.17}$$

式中　Q——需要排泄的最大流量，m^3/s；

R——断面水力半径，m；

i——排洪渠纵坡；

C——谢才系数，$m^{1/2}/s$；

ω——过水断面面积，m^2；

χ——湿周，m；

n——糙率。

（2）纵坡及纵断面设计。排洪渠设计纵坡应根据渠线、地形、地质以及与山洪沟连接要求等因素确定。当自然纵坡大于1∶20或局部高差较大时，应设置陡坡式跌水。排洪渠纵断面设计应将地面线、渠底线、水面线、渠顶线绘制在纵断面设计图中。

排洪渠断面变化时，应采用渐变段衔接，其长度可取水面宽度变化之差的5～20倍。

（3）排洪渠进出口平面布置。宜采用喇叭口或八字形导流翼墙。导流翼墙长度可取设计水深的3～4倍。出口底部应设置防冲、消能等设施。

（4）防冲措施。当排洪渠水流流速大于土壤最大允许流速时，应采用防护措施防止冲刷。防护形式和防护材料，应根据土壤性质和水流流速确定。

（5）安全超高。排洪渠的安全超高可参考表3.5确定，在弯曲段凹岸应考虑水位壅高的影响。

表3.5　排洪渠建筑物安全超高

排洪渠建筑物级别	1	2	3	4	5
安全加高/m	1.0	0.9	0.7	0.6	0.5

（6）排洪渠弯曲段和弯曲半径。排洪渠弯曲段和弯曲半径不得小于最小允许半径及渠底宽度的5倍。最小允许半径可按下式计算：

$$R_{\min}=1.1v^2\sqrt{w^{0.5}}+12 \tag{3.18}$$

式中　$R_{\min}$——最小允许半径，m；

v——渠道中水流流速，m/s；

w——渠道过水断面面积，m^2。

3. 洪峰流量的确定

（1）清水洪峰流量根据各地水文手册中的有关参数，按以下公式计算。

$$Q_b=0.278KIF \tag{3.19}$$

式中　Q_b——最大清水洪峰流量，m^3/s；

K——径流系数；

I——平均1h降雨强度，mm/h；

F——山坡集水面积，km^2。

（2）高含沙洪峰流量山洪密度为1.1～1.5t/m^3时，采用下式计算：

$$Q_s=Q_b(1+\varphi) \tag{3.20}$$

$$\varphi=(\gamma_c-1)/(\gamma_h-\gamma_c) \tag{3.21}$$

式中　Q_s——高含沙山洪洪峰流量，m^3/s；

Q_b——最大清水洪峰流量，m^3/s；

γ_c——高含沙山洪容重，t/m^3；

γ_h——高含沙山洪中固体物质容重，t/m^3；

φ——修正系数。

3.3.2.3　排洪渠典型设计案例

1. 弃渣场概况及设计条件

某弃渣场集水面积 $2.767km^2$，弃渣场占地面积 $28.96hm^2$，占地类型主要为林地和耕地，堆渣高程 435～505m，容渣量 450.00 万 m^3，拟堆渣量 382.48 万 m^3。

弃渣场地地形呈近圆形的小盆地，四周山体雄厚，植被发育，山顶高程都在 800m 以上，西南侧有一垭口，为水流集中出口处，盆地内小冲沟发育，在盆地底部汇流为主沟，常年流水，主沟底部高程在 430.0～480.0m，四周山坡坡度 15°～25°，局部较陡区域约 25°～35°，底部较平缓区域为 10°～15°。渣场内覆盖层厚度一般 2～3m，底部平缓地带厚度较大，为 5～10m，两侧山坡覆盖层较薄，渣场范围地质条件较好，场地无滑坡、泥石流等不良地质现象。

弃渣场所在地区属亚热带海洋性季风气候区，温暖湿润，雨量充沛，多年平均气温 21.1℃，极端最高气温 37.6℃，极端最低气温 0℃，多年平均年降水量 1526.4mm，降水主要集中在 3—9 月，约占全年的 80%。

根据降水观测资料，弃渣场范围不同频率的 1h、3h、6h、12h 和 24h 降水量成果见表 3.6。

表 3.6　各频率降水量成果　　单位：mm

时段/h \ 频率/%	1	2	5	10	20
1	119	110	96.6	85.8	74.4
3	239	215	182	156	129
6	345	306	254	213	172
12	488	431	354	295	237
24	679	595	487	403	319

2. 排洪渠布置

弃渣场防洪标准按照 50 年一遇设计，根据弃渣场堆渣形态、冲沟分布及周边地形情况，弃渣场上游主要汇水通过渣场后部的 1 号排洪渠、左侧的 2 号排洪渠［图 3.12 (a)、(b)］排导，渣场右侧汇水通过 3 号排洪渠排导，同时，为了使汇水汇入排洪渠，共设置两座拦洪坝。

3. 排洪渠设计

经水文计算，弃渣场各段排洪渠上游汇水对应的设计洪峰流量详见表 3.7。

根据洪水过程，排洪渠过流能力按明渠均匀公式计算，初拟各段排洪渠断面尺寸和比降等参数，根据以上公式计算弃渣场排洪渠的过流能力，复核其是否满足设计洪水要求，经试算，弃渣场各段排洪渠过流能力均能满足要求，具体计算结果见表 3.8，设计图见图 3.12。

表 3.7　　弃渣场各段排洪渠设计洪峰流量计算表

设计洪水 弃渣场	频率 P/%	洪峰流量/(m^3/s)
1号排洪渠	2	46.8
2号排洪渠	2	93.1
3号排洪渠	2	35.8

表 3.8　　弃渣场各段排洪渠过流能力计算表

弃渣场	排洪渠尺寸		过流能力/(m^3/s)	比降	断面形式（坡比）
	深/m	底宽/m			
1号排洪渠	3.0	3.0	47.31	0.015	矩形
2号排洪渠	4.0	4.0	97.12	0.015	矩形
3号排洪渠	3.0	3.0	37.72	0.01	梯形（1：0.5）

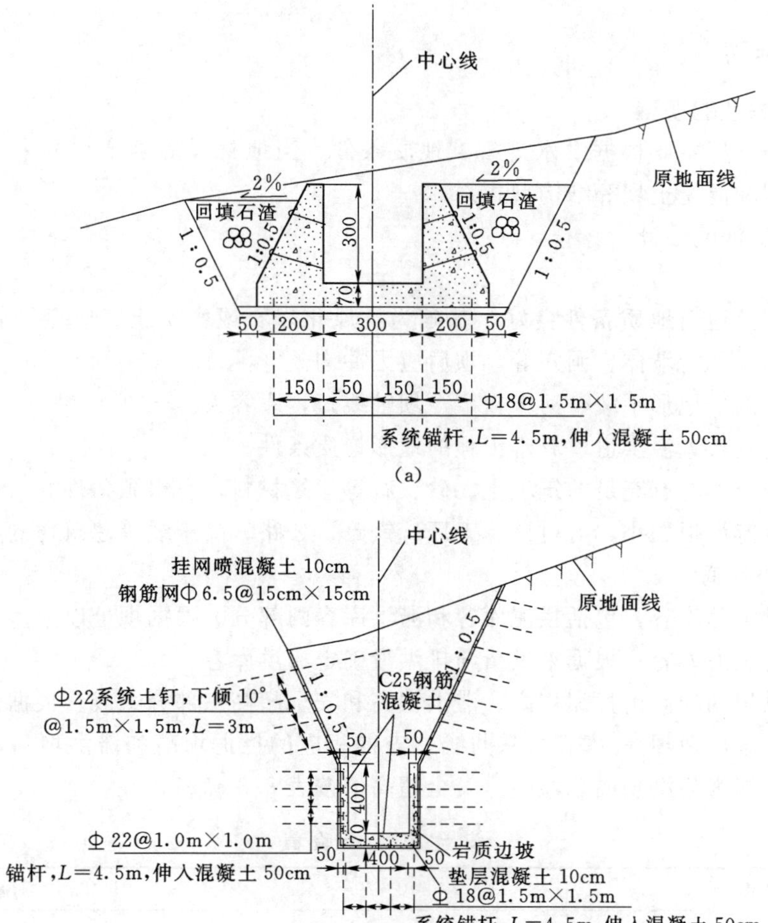

图 3.12（一）　排洪渠典型剖面图

（a）1号排洪渠；（b）2号排洪渠

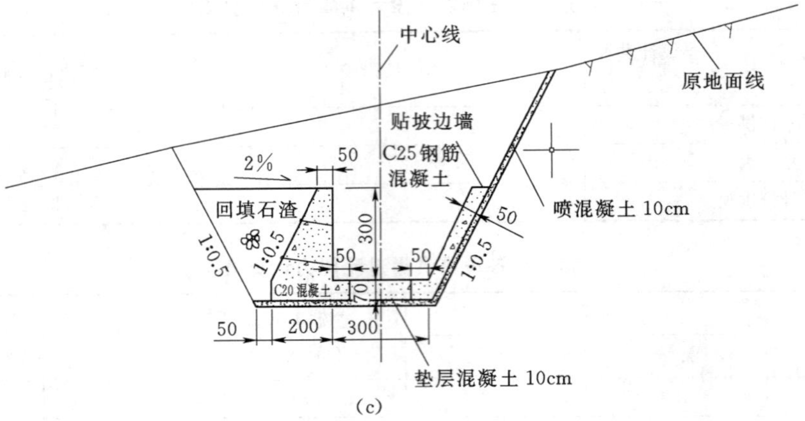

图 3.12（二）　排洪渠典型剖面图
（c）3号排洪渠

3.3.3　拦洪坝

3.3.3.1　拦洪坝的坝型

拦洪坝的坝型主要根据洪水规模、地质条件、当地材料等确定，可采用土坝、堆石坝、浆砌石坝和混凝土坝等结构型式。

3.3.3.2　拦洪坝的设计

1. 坝址选择

（1）坝址处地形地质条件良好，基础为抗风化岩石或密实土。应避开较大弯道、跌水、泉眼、断层、滑坡体、洞穴等，坝肩应无冲沟。

（2）河（沟）地形平缓，河床较窄，坝轴线短，库容大。

（3）有适宜布置溢洪道、放水工程的地形地质条件。

（4）坝址上下游有充足的筑坝土、砂、石等建筑材料，有水源条件。

（5）库区淹没损失小，对村镇、工厂、铁路、公路、高压线等建筑物的安全影响小。

2. 库容与坝高

（1）拦洪坝总库容，包括拦泥库容和滞洪库容两部分。根据坝址以上多年来沙量和淤积年限，确定拦泥库容；根据来洪量与排洪量确定滞洪库容。

（2）拦洪坝的坝高由拦泥坝高、滞洪坝高和安全超高三部分组成。根据已确定的拦泥库容与滞洪库容，在坝高-库容关系曲线上查得相应的拦泥坝高和滞洪坝高，再加上相应的安全超高，即为拦洪坝的总坝高。安全超高值按表3.9确定。

表3.9　　安全超高经验值

坝高/m	10～20	＞20
安全超高/m	1.0～1.5	1.5～2.0

3. 防洪标准

拦洪坝应根据国家防洪标准，结合防护对象和防护要求选定，见表3.10。

表 3.10 拦洪坝防洪标准

工程等别	工程规模	总库容/万 m^3	防洪标准（重现期）/a				
			山区、丘陵区			平原区、滨海区	
			设计	校核		设计	校核
				混凝土坝、浆砌石及其他水工建筑物	土坝、堆石坝		
Ⅳ	小Ⅰ型	100～1000	50～30	500～200	1000～300	20～10	100～50
Ⅴ	小Ⅱ型	10～100	30～20	200～100	300～200	10	50～20

注 当山区、丘陵区水库枢纽工程挡水建筑物的挡水高度低于 15m，上下游的水头差小于 10m 时，其防洪标准可按平原区、滨海区的规定确定；当平原区、滨海区水库枢纽工程挡水建筑物的挡水高度高于 15m，上下游的水头差大于 10m 时，其防洪标准可按山区、丘陵区的规定确定。

4. 土坝的断面设计

(1) 坝顶宽度的确定。按不同的坝高和施工方法采取不同的坝顶宽度。当有交通要求时，应按通行车辆的标准确定，一般单车道为 5m，双车道为 7m。坝顶无交通要求时，坝顶宽度参照《水土保持治沟骨干工程技术规范》(SL 289—2003) 确定。

(2) 坝坡。上游坝坡应比下游坝坡缓，坝体高度越大，坝坡应越缓；水坠坝坝坡应比碾压坝坝坡的缓。坝坡比可参照《水土保持治沟骨干工程技术规范》(SL 289—2003) 中的规定，按其所提供的经验数据初步拟定，最终通过坝体稳定分析确定。

(3) 边埂。采用水坠法施工的土坝，根据建筑材料与坝高、施工方法确定。一般坝高较小和土料含沙量较大时，边埂宽度可小些；坝高较大、土料含黏量较大的，边埂宽度可大些。具体技术参照《水土保持治沟骨干工程技术规范》(SL 289—2003) 的规定。

(4) 坝体排水。在黏土、岩石地基或有清水的沟道上筑坝，在下游坝坡坡脚应设置排水设施。根据不同条件，分棱体排水、贴坡排水等形式。具体参照《碾压式土石坝设计规范》(SL 274—2001) 的规定执行。

5. 应力计算与稳定性分析

(1) 坝体稳定依照《碾压式土石坝设计规范》(SL 274—2001) 第八章的要求及其附录 A 中提供的方法计算。水坠坝边埂自身稳定计算等参照《水土保持治沟骨干工程技术规范》(SL 289—2003) 中的规定。

(2) 水坠坝应对施工中和施工后期坝坡整体稳定及边埂自身稳定进行计算，竣工后进行稳定渗流期下游坝坡稳定计算和上游库水位骤降时坝坡稳定验算。

(3) 碾压式土坝应对运用期下游坝坡稳定性及上游库水位骤降时坝坡稳定性进行验算。

6. 放水建筑物

(1) 卧管式放水工程。卧管式放水工程适用于坝上游岸坡基础条件较好，坡度为 1∶2～1∶3。包括卧管、涵管及消力池三部分，具体技术要求参照《水土保持治沟骨干工程技术规范》(SL 289—2003) 的规定。

(2) 竖井式放水工程。竖井式放水工程适应于布置在土坝上游坝坡上，且坝体基础较好。包括竖井、消力井及涵管设计，具体技术参照《水土保持治沟骨干工程技术规范》

（SL 289—2003）中的规定。

7. 溢洪道设计

（1）陡坡式溢洪道。陡坡式溢洪道适用于坝高20m以上、库容50万m^3以上的较大型坝库。由进口段、陡坡段和消力池三部分组成，具体技术参照《水土保持治沟骨干工程技术规范》（SL 289—2003）中的规定。

（2）明渠式溢洪道。明渠式溢洪道适用于坝高20m以下，库容50万m^3以下的中小型坝库。具体技术参照《水土保持治沟骨干工程技术规范》（SL 289—2003）中的规定。

8. 基础处理

（1）根据坝型、坝基的地质条件、筑坝施工方式等，采取相应的基础处理方法。

（2）水坠坝基础处理参照《水坠坝技术规范》（SL 320—2004）第八章中的规定执行。

（3）碾压坝基础处理参照《碾压式土石坝设计规范》（SL 274—2001）第六章中的规定执行。

3.3.4 排洪涵洞

3.3.4.1 排洪涵洞的类型

根据其洞内水流的状态，排洪涵洞可分为有压、无压两种。按构造材料，涵洞一般分为浆砌石拱形涵洞、钢筋混凝土箱形涵洞、钢筋混凝土盖板涵洞和圆形管涵4种。

1. 浆砌石拱形涵洞

涵洞的底板和侧墙用浆砌块石砌筑，顶拱用浆砌粗料石砌筑。当拱上垂直荷载较大时，采用矢跨比为1/2的半圆拱；当拱上荷载较小时，采用矢跨比小于1/2的圆弧拱。

2. 钢筋混凝土箱形涵洞

涵洞的顶板、底板及侧墙为钢筋混凝土整体框形结构，适合布置在项目区内地质条件复杂的地段，排除坡面和地表径流。箱形涵洞洞顶可填厚土。箱形涵洞跨度可根据排水量确定，单孔跨度应小于2～3m，大于此值应作成双孔或多孔。单孔箱涵壁厚一般为跨度的1/12～1/8；双孔顶板厚度为其跨度的1/10～1/9，侧墙厚度为其高度的1/13～1/12，隔墙可小些。

3. 钢筋混凝土盖板涵洞

涵洞边墙和底板由浆砌块石（或混凝土）砌筑，顶部用预制的钢筋混凝土板覆盖。盖板涵洞应考虑填土的抗力，以节省工程量。底板视地基条件，可分为分离式和整体式。盖板厚度为跨径的1/12～1/5，盖板设2%的坡度向两侧倾斜，以利排水。

4. 圆形管涵

多采用混凝土和钢筋混凝土修筑。管涵水力条件和受力条件较好，结构简单，工程量小，施工方便，可根据需要采用单管、双管或多管。

3.3.4.2 排洪涵洞的设计

1. 设计流量标准

排洪涵洞设计流量标准应与所属建筑工程洪水标准一致。涵洞过水流量应根据水土保持工程的建筑物规模、重要性及洪水超过标准后引起的危害程度来确定。

2. 排洪涵洞断面设计要求

涵洞的孔径及下游连接段的型式和断面尺寸由水力计算确定。在水力计算之前首先应了解水流状态。无压涵洞洞身断面尺寸较大，但进水口壅高较小；有压涵洞洞身断面尺寸较小，进水口壅高较大。

当上游来水面积较大，洪水历时长时，应采用无压涵洞的水力计算确定断面尺寸；排洪涵洞一般不采用有压涵洞，应尽可能设计为无压涵洞，以便涵洞有较大的比降，利于洪水和淤积物的排出，一般选择在1∶500～1∶100范围内。涵洞净高应在水力计算的水深 h 基础上，加一定高度的安全超高。

3. 涵洞断面尺寸确定

（1）涵洞中水流流态按明渠均匀流计算。由于边墙垂直、下部为矩形渠槽，其过水断面按式（3.22）与式（3.23）计算：

$$A=bh \tag{3.22}$$

$$Q=vA \tag{3.23}$$

式中 A——过水面积，m^2；

Q——最大排洪流量，m^3/s；

v——水流流速，m/s；

b——涵洞底宽，m；

h——最大水深，m。

（2）水流流速 v 的计算，分别选用式（3.24）与式（3.25）。

$$v=C(Ri)^{1/2} \tag{3.24}$$

$$v=n^{-1}\cdot R^{2/3}\cdot i^{1/2} \tag{3.25}$$

式中 R——水力半径，m；

v——水流流速，m/s；

i——涵洞纵坡比降；

n——涵洞糙率；

C——谢才系数，$C=R^{1/6}/n$，$m^{1/2}/s$。

A 与 R 通过试算求解。

（3）涵洞高度的确定。涵洞高度的计算采用用式（3.19）求得的过水断面，其水深 h 加上不小于0.3m超高，即为涵洞净高。

（4）涵洞纵坡比降的确定。排洪涵洞应有较大的比降，以利于淤积物的下泄。沟道入口衔接段在渡槽进口前需有15～20倍槽宽的直线引流段，与渡槽进口平滑衔接。

3.4 降水蓄渗工程

降水蓄渗工程是指针对建设屋顶、地面铺装、道路、广场等硬化地面导致区域内径流量增加，所采取的雨水就地收集、入渗、储存、利用等措施。该措施既可有效利用雨水，解决人、畜用水，也可以减少地面径流，防治水土流失。

项目建设施工活动和生产运行，扰动了原地貌，使土壤性状、土壤湿度、土层剖面特性、植被、地形、土地利用等下垫面条件发生变化，硬化地面、开挖裸露面等使地面糙率和入渗系数降低，入渗减少，冲刷能力加剧，地下水补给减少，破坏了局地水文循环。施工期间的回填土方、堆置土方等因排水不良，对边坡稳定产生不利影响。项目建设可能导致地面漫流大大增加，排洪量加剧，河流汇流量暴涨，加剧防洪压力。因此，项目建设采用降水蓄渗工程，具有改善局地水循环、节约用水、减免雨洪灾害等重要作用。

3.4.1 降水蓄渗工程的类型及适用条件

降水蓄渗工程根据利用方式的不同通常可分为降水集蓄工程和降水入渗工程两类。

1. 降水集蓄工程

降水集蓄工程主要收集蓄存项目建设区域内可集流面上的降水，适用于项目主体工程永久占地区、渣场、料场、道路及工程永久办公生活区内的植被种植和养护。

2. 降水入渗工程

降水入渗工程主要用于减轻项目建设区所增加硬化面后的防洪压力、回补地下水及改善生态环境等。

3.4.2 降水集蓄工程

3.4.2.1 雨水集蓄方式

雨水的集蓄方式与坡面及地形条件有关，一般能产生径流的坡面，应根据地形条件，采取水平阶、窄条梯田、鱼鳞坑等蓄水工程；对径流汇集的局部坡面，应根据地形条件，采取水窖、涝池、蓄水池、沉沙池等径流拦蓄工程；项目区位于干旱、半干旱地区及西南石质山部分地区，应结合项目供水排水系统，布置专用于植被绿化的引水蓄水、灌溉工程。对于工程建设项目降水集蓄利用方式主要体现在：

(1) 对于建筑物屋顶，其雨水应集中引入地面透水区域（如绿地、透水路面等）形成蓄渗回灌，也可引入储水设施蓄存利用。

(2) 对于庭院、广场、停车场、人行道、步行街和自行车道等地面硬化场地，应首先按照建设标准选用透水材料铺装，直接形成蓄渗回灌，也可设计构筑汇流设施，将雨水引入透水区域实现蓄渗回灌，或引入储水设施蓄存利用。

(3) 对于城市主干道、交通主干道等基础设施路面雨水应结合沿线的绿化灌溉，设计构筑雨水利用设施。

(4) 建设工程的附属设施应与雨水利用工程相结合；景观水池应设计为雨水储存设施；草坪绿地应设计为雨水滞留设施。用于滞留雨水的绿地须低于周围地面，但与地面高差最大不应超过 20cm。

3.4.2.2 蓄水设施

1. 水窖

我国中西部干旱半干旱地区地形复杂，荒山、荒沟、荒坡、道路以及庭院等均有收集天然降水的自然条件。选择窖体位置应按照因地制宜的原则，综合考虑窖址的集流、灌溉和建窖土质三方面条件，即选择降水后能形成地表径流且有一定集水面积；窖应选在被灌农田附近，引水、取水都比较方便的位置，山区要充分利用地形高差大的特点尽可能地多建自流灌溉窖；同时窖址应注意选择在土质条件较好的地方，避免在容易形成山洪的沟边、陡坡、陷穴等地点打窖，也不宜把窖打在大树和崖坎附近，一般应要求远离其 5m 以外，窖群之间相互外壁距离不能小于 4m。利用公路作集流面时，水窖远离国道 20m 以外、省道 15m 以外、县乡公路 10m 以外。布设群窖时要注意和一定集雨能力的集流面积相适应，不能太密，以免蓄不上水或蓄不满水而造成浪费。另外，对不同土质条件的地区要注意选择与之相适应的窖型结构，如土质密实的黄土、红土地区可选择水泥砂浆薄壁窖，而土质较疏松的轻质土（如砂壤土）地区则布置混凝土窖或浆砌石窖（混凝土盖）。

2. 塘坝

塘坝的主要作用是拦蓄上游小流域内两侧土石山体集流面汇集起来的雨水，选址时应考虑在能够控制设计灌溉范围的前提下，布置在地形上口小肚大、沟道平缓、工程量小、蓄水容积大的地方。坝址注意选在岔口或弯道的下方、跌水的上方，坝体两端坡面没有较大的冲沟，以避免山洪冲击坝身。当地有较充足的土、砂石料时，尽量做到就地取材。坝基必须坐落在坚硬的基岩或不透水的土层上，不能在虚土或乱石堆上筑坝。除此之外，还应考虑并布置好塘坝的溢洪方式和取供水设施，塘坝上游的小流域沟道内要注意配置足够数量的谷坊，以起到拦蓄泥沙、延长塘坝使用寿命的作用。

3. 蓄水池

一种在平地上开挖的蓄水设施叫蓄水池。它的主要作用是蓄存和调节雨水资源，供旱时生产生活需用。常见结构形式有梯形、矩形等。蓄水池水深一般控制 2～5m，防渗措施也因其要求不同而异，常用的是浆砌石、水泥砂浆抹面、黏土拍实、土工膜（布）等。对蓄水池的选址应注意：

(1) 建池位置应尽量选在地面较低处，以有利于控制较大的集水面积，但对所灌农田应尽可能做到自流灌溉（一般自流的可高于被灌地面 2～3m，用于滴灌、微喷灌的应高出被灌田面 5～8m 或更高)，同时还要重视排水及来水区的水土保持，以防池顶漫溢或泥沙入池，降低蓄水效能。

(2) 有小股泉水出露地表的地方，可在其附近选择合适地点修建蓄水池；以起到长蓄短灌的作用。

(3) 蓄水池的基础应坐落在坚实的土层上，边缘四周距崖坎应保持有至少 5m 以上的安全距离，且池壁以外 4m 以内不应有根系发达的树木存在。

(4) 注意利用有坡度的低凹地点，以减少开挖工程量。

(5) 注意配置沉沙池等附属设施，以减少泥沙杂质进入池塘。

4. 大口井

大口井是开采利用浅层地下水的一种简易办法，一般多见于山前冲积扇、河漫滩及一级阶地、干枯河床和古河道等地段，需配套动力机械将水抽出地面供农田灌溉或人畜饮用。

5. 人字闸坝与截潜流

人字闸坝的结构型式主要由人字架、活动挡水面板、基础、翼墙四部分组成。一般由固定钢筋混凝土或型钢人字支撑架和可活动的钢筋混凝土挡水面板而组成可以自由拆装的活动坝，其运行方式为蓄水泄洪，主要作用是通过拦蓄小泉小水资源，调节季节性沟河干旱时的供水量。

截潜流是将水源工程由传统的河岸洼地迁至河内，取水方式由露天改为封闭，且潜伏在河床砂卵石之内，它是低山丘陵干旱缺水地区值得推广且前景广阔的一种新水源工程。

3.4.3 降水入渗工程

降水入渗工程是一项新技术，便于在城区及生活小区设置，对于我国大城市和开发区及大型开发建设项目，由于地面硬化、地下水开采过度等导致水循环破坏，通过降水入渗工程，既可补充地下水，又可以减少泄洪径流、减轻城市防洪压力。

3.4.3.1 渗水管

渗水管是多孔管材，雨水通过埋设于地下渗水管向四周土壤层渗透。其主要优点是占地面积少，管材四周填充粒径 20～30mm 的碎石或其他多孔材料，有较好的调蓄能力。缺点是发生堵塞或渗透能力下降时，很难清洗恢复；此外不能利用土壤表层的净化作用。该方法对水质有一定要求，应不含悬浮固体。在用地紧张的城区，表层土壤渗透性差而下层土壤渗透性好的地区、旧排水管网改造利用地区和水质较好的地区适用该法。

3.4.3.2 渗水沟

渗水沟是采用多孔材料或是自然的带植物的浅沟，底部铺设透水性好的碎石。屋顶花园＋浅草沟雨水处理系统是典型的雨水渗透处理利用系统。屋面雨水先流经屋顶花园进行渗透净化，而后与道路雨水一并进入凹式绿地，流入浅草沟。浅草沟由上至下可分为 2 层，上层为种植草类植物的浅水洼，下层为渗透渠。通常水洼层铺设活土，深度不超过 0.3m，通过土壤与植物的处理作用净化雨水，同时种植的植被绿色可以很好融入到建筑周围的生态景观当中。下层渗透渠一般填充高渗透性的棱柱状颗粒，如砾石或熔岩颗粒等，可储存大量雨水，并逐渐将雨水释放以补充地下水，超过渗透能力的雨水排人市政管网。

3.4.3.3 渗水地面

渗水地面在现代城市建设中已得到越来越广泛的应用，渗水地面分为天然渗水地面和人工渗水地面。

天然渗水地面以绿地为主，其透水性好，能美化环境并对雨水中的污染物有较强的截留和净化作用，但其渗透流量受土壤性质的限制。

人工透水地面是人工铺设的透水性地面，如多孔沥青地面、碎石地面和草坪砖地面等，多铺设在道路两侧的透水人行道、停车场等地段。其主要优点是利用了表层土壤对雨水的净化能力，对预处理要求低，技术简单；缺点是渗透能力受土质所限，需要较大的透水面积。

3.4.3.4 渗水洼塘

渗水洼塘即利用天然或人工修筑的池塘或洼地进行雨水渗透，补给地下水。种植草坪的洼地对雨水不仅有调蓄作用，还可以去除水中的污染物，同时具有很好的观赏价值。渗水池塘一般是人工修建的比洼地深的雨水滞蓄和入渗设施，其周围一般种植树木，也有较好的景观效果。

3.4.3.5 渗井

渗井类似于普通的检查井，但井壁做成透水的，在井底和四周铺设 10～30mm 的碎石，雨水通过井壁、井底向四周渗透。其主要优点是占地面积和所需的空间小，便于集中管理；缺点是净化能力低，不能含过多的悬浮固体，需要预处理。适用于拥挤的城区地面和地下可利用空间小，表层土壤渗透性差而下层土壤渗透性好的场合。浅水井的另一作用是雨水地下入渗。地下入渗是在土地有限的情况下，或者表层有较浅的不透水层时，挖穿不透水层，在透水层开入渗沟，沟内铺设带孔的透水管，周围填装直径 16～32mm 的砾石，透水管连接浅水井。浅水井将收集到的屋顶或道路等不透水地面产生的雨水，用管道输送到入渗沟内的透水管，沟内充填的砾石和管道有一定的蓄水空间，可存储一部分雨水，并使雨水通过周围的土壤下渗。

以上工程可以与雨水收集结合，经自然净化处理排入预定入渗区域。这种整体的雨水收集与入渗系统可分散控制，来缓解城市排水管网的负担，并涵养地下水资源。该技术较符合我国实际情况，可广泛应用于以生态建设为目标的城市。但是，这种技术完全依赖自然的净化机理处理雨水，它需要占用较多的城市空间，无法适应建筑密度高且改建困难的城市；另一方面，由于该技术对雨水的净化效果有限，所以当地雨水回用水质要求较高时，就必须经过进一步的深度处理才能使用。

3.4.4 集流场规划及面积的确定

3.4.4.1 集流场规划

(1) 考虑利用现有的集流面，尤其是透水性较弱的表面如天然坡面、场院、道路路面等。若现有的集流面面积小，不能满足集水量要求时，再考虑修建人工防渗集流面作补充。

(2) 生活用水的集流面应尽量先利用屋面，集雨量不够时再考虑使用庭院地面作补充，并最好能够对其进行硬化处理。庭院外的土质集流面和沥青公路路面上收集的雨水，不宜用作生活用水。

(3) 修建人工防渗集流面时应优先考虑就地取材，并尽可能不破坏原有植被，如人均耕地较多的地方可采用土地轮休的办法，用塑膜覆盖部分休闲地作为集流面，第二年该集流面再轮为耕地。

(4) 选择集流场时应尽可能和水土保持小流域治理相结合，利用荒山坡地作为集流面，并按设计要求修建沟道截流坝，把水引入蓄水设施。

(5) 利用山坡地作为集流场时，要考虑依地势每隔 20～30m 沿等高线布置截流沟。截流沟可采用土渠，坡度宜为 1/50～1/30，且与输水沟连通。输水沟宜垂直于等高线布置，可采用矩形和 U 形素混凝土或砖石砌成，目前在缺沙地区，广泛采用 REC 固化土砌筑。

(6) 因地形条件限制，集流场远离蓄水设施时，应考虑修建渠道输水，确保工程能够长期使用。

(7) 集流场与蓄水工程的结合部一般应规划有沉沙池。微型集流场（如庭院屋顶接水），如经过硬化防渗处理，使雨水中无泥沙杂质，也可不设沉淀池，而将雨水直接送入蓄水设施。

(8) 考虑工程综合运用，如灌溉结合人畜饮水、发展庭院经济等。

(9) 立足当前，着眼长远，统一规划，分期实施，有利于工程技术发展与效益提高的可持续性。

3.4.4.2　单位面积年集水量的确定

全年单位集水面积可集水量按下式计算：

$$W=K\cdot P_p/1000 \tag{3.26}$$

式中　W——保证率等于 P 的年份单位面积全年可集水量，m^3；

K——不同材料集流面全年集流效率，%；

P_p——设计保证率 P 的年降水量，mm。

3.4.4.3　集流场面积的确定

根据水利水文计算确定出年集水量后，可用下式推求集流面积：

$$S=1000V_p/P_p\cdot K \tag{3.27}$$

式中　S——集流场面积，m^2；

V_p——设计年集水量，m^3；

P_p——设计保证率 P 的年降水量，mm；

K——不同材料集流面全年集流效率，%。

3.4.4.4　集流场面积计算案例

根据某地区气象站历年降水量资料统计分析：多年平均年降水量为 976mm，设计频率 $P=75\%$，典型年降水量为 874mm（$C_v=0.15$，$C_s/C_v=2$）。集流面采用天然坡面，年集流效率取 0.15，设计年可集水量 6.745 万 m^3，求集流场面积？

方法一：由式（3.26）求得全年单位集水面积可集水量为：

$$W=K\cdot P_p/1000=0.15\times874/1000=0.1311(m^3)$$

则集流场面积为：　$S=6.745\times10^4/0.1311=51.45(hm^2)$

方法二：由式（3.27）求得集流场面积为：

$$S=1000V_p/P_p\cdot K=1000\times6.745\times10^4/(874\times0.15)=51.45(hm^2)$$

3.4.5　集流面材料的选择

若当地砂石料丰富，运输距离较近，且不需要较大面积的集流面时，可优先考虑选用混凝土和水泥瓦集流面。这类材料吸水率低，渗水速度慢，渗透系数小，在较小的雨量和雨强下即能产生径流，在全年不同降水量水平下，集雨效率比较稳定，可达到 70%～80%，而且寿命长，集水成本低，施工简单，水质卫生。

3.4.5.1　混凝土集流面

混凝土集流面一般应选用 C15 混凝土现浇而制，厚度 5～8cm，横向坡度 1/50～1/10，纵向坡度 1/100～1/50。整个集流面的分块尺寸宜控制在 1.5m×1.5m～2.0m×2.0m 之间，块与块间缝宽 1.0～1.5cm，缝间可填塞浸油沥青砂浆牛皮纸、3 毡 2 油沥青油毡、水泥砂浆或细石混凝土、红胶泥等，具体细部结构如图 3.13 所示。

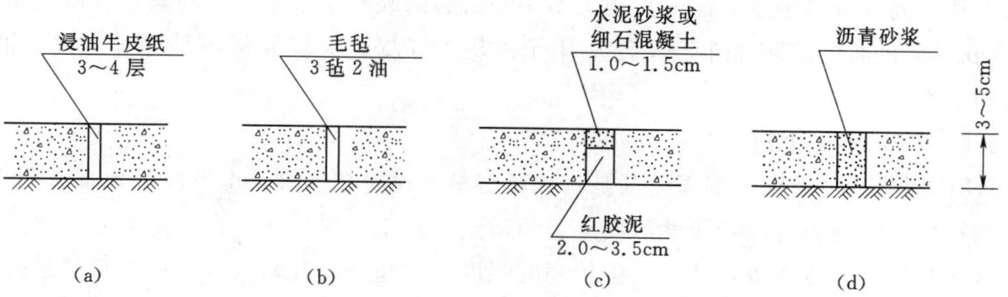

图 3.13 混凝土集流面伸缩缝示意图

3.4.5.2 瓦片集流面

用作集流面的瓦有水泥瓦、机瓦、手工青瓦等种类。水泥瓦的集雨效率比机瓦和青瓦高出 1.5～2 倍，故应尽量采用水泥瓦做集流面。用于庭院灌溉和人畜生活饮水的要与建房结合进行设计施工。一般瓦屋面坡度比为 1/4，也可模拟屋面修建斜土坡，然后铺瓦作为集流面，瓦与瓦之间应搭接良好，屋檐处应设滴水。

3.4.5.3 片（块）石衬砌集流面

利用片（块）石衬砌坡面作为集流面时，应根据片（块）石的大小和形状采用不同的衬砌方法。片（块）石尺寸较大且形状较规则的，可以水平铺垫，铺垫时要对地基进行翻整处理，翻整厚度以不小于 30cm 为宜，夯实后干容重不小于 $1.5t/m^3$。若片（块）石的尺寸较小，形状也不规则，则应采用竖向按次序砸入地基的方法，其厚度一般不应小于 5cm。

3.4.5.4 水泥土及原状土集流面

水泥土是仅次于混凝土和水泥瓦的一种集流材料，具有较高的集流效率。水泥土从其材料性能与混凝土比较有较大的差异，但由于其成本较低，所以比较适用于缺少砂石料的地区；相同条件下，原状土夯实比水泥土集流的径流要少，集流效率要低。原因是土壤表面的抗蚀力一般较弱，固结程度差，促使土壤下渗速度加快，下降量增大，因而地表径流就相对减少，集流效率一般都在 30％以下。

3.4.5.5 防渗膜（布）集流面

当地人均耕地较多时，可采用土地轮休的办法，用防渗膜覆盖部分耕地作为集流面，第二年该集流面转成耕地，再选另一块耕地作为集流面。防渗膜（布）集流面集流效率较高，但个别材料寿命较短。

常用的膜（布）防渗材料有聚乙烯塑料薄膜、复合型石油沥青玻璃布油毡、机织防渗布等。

(1) 聚乙烯塑料薄膜。优点集流效率较高，但抗顶强度低，易被杂草顶破，影响集流效率。不过，一些高抗顶强度塑料薄膜已开发成功，正在进行推广。

(2) 复合型石油沥青玻璃布油毡。该材料是一种新型的防水材料，具有较高的柔度和耐久力及较强的抗拉、抗老化能力，对温度的变化和地基的变形有很好的适应能力，已得到广泛应用。

(3) 机织防渗布。机织防渗布是采用反滤布涂上聚乙烯或聚氯乙烯薄膜制成，具有高强力、低延伸、高防渗、抗老化、防微生物等独特的理化性能，同时具有延伸率小、承受载荷大和很高的顶破强度，能避免施工不小心引起的破损或杂草顶破现象，其渗透系数为10^{-11}cm/s。目前机织防渗布已广泛应用于河堤、江堤、海堤和涵洞隧道、水库、油库、等防漏工程。

3.4.5.6　HEC固化土料

HEC固化土料系列土壤固化剂是一种新材料，目前在三峡、小浪底工地都有用HEC修建的路面。该材料可固结天然沙质土、粉质土、黏土、粉煤灰、含硫尾矿沙、含泥碎石风化沙和其他工业废渣等，使之产生较高的强度、水稳定性及耐久性。该材料的最大优点是对骨料没有限制，既可作土壤固化剂使用，又可和水泥一样以砂、石碎屑为骨料按一定比例加水振捣成型，其强度与混凝土近似，因此非常适宜就地取材，从而减少了砂石料的费用，降低了综合造价。

3.4.5.7　自然土石山体集流面

自然土石山体这种形式的集流面一般是对应有较大容积的蓄水工程（如拦沟坝）。这种集流面一般具有面积大、有一定坡度和植被，山体坡面土石固结较好，不易也不必要进行坡面处理，地表汇流效率比土质集流面高，同片（块）石衬砌的集流面相近。这种集流面汇流的最大优势条件是面积大。豫西汝阳、栾川、嵩县等地区近年建造的集雨节灌工程大多采用这种形式的集流面。

根据以上分析，常用防渗材料集流面处理指标、施工技术要求和适用范围可归结如表3.11所示。实际工作中选用集流场的防渗材料除主要考虑其技术指标外，还应同时重视其经济适应性。

表3.11　不同防渗材料集流面处理技术简介

技术方法	材料种类	厚度	指标	施工技术要求	适用情况
物理处理技术	混凝土	3～5cm	C15	土基翻夯不小于30cm，骨料干净，拌和均匀，振捣密实，分块尺寸1.5m×1.5m～2m×2m，成型后要表面平整光滑，养护及时，留有伸缩缝，缝宽1～1.5cm，充填处理不漏水	砂石料丰富地区
	浆砌片（块）石			坐浆水泥砂浆不宜低于M7.5，勾缝砂浆不低于M10	石料丰富地区
	聚乙烯塑料薄膜	0.06～0.12mm	容重为0.91～0.93g/cm^3，抗拉强度大于10MPa，拉断时的延伸率大于280%	地表平整、无杂草，应洒除草剂，铺设时要求平整、拉直，膜之间搭接要求大于10cm，要折叠或焊结严密，不能漏水	活动集流场
	复合型石油沥青玻璃布油毡	0.5～1mm		地表平整、无杂草，应洒除草剂，铺设平整、拉直，油毡之间搭接大于10cm，并用特定黏合剂黏结严密，不能漏水	活动集流场
	黄土夯实	10cm	干密度1.60g/cm^3	将地表挖松，除去杂草与杂物，保证夯实密度。夯实后的地表处理平整	经济条件较差
	自然土石山体				对应有拦沟坝

续表

技术方法	材料种类	厚度	指　标	施工技术要求	适用情况
化学处理技术	灰土	10cm	二级或三级石灰，石灰：土为3：7，干密度1.55g/cm³	土基翻夯木小于30cm，石灰与地表土混合后一定要拌和均匀，再铺平，保证夯实密度，表面要平整	缺砂石料地区
	水泥土	5cm	325号或425号水泥，水泥：土为1：8，或水泥占10%，最优含水量19%～20%，密度1.6g/cm³	土基翻夯不小于30cm，土与水泥混合一定要拌和均匀，再铺平夯实到要求厚度，保证夯实后密度，表面要平整	缺砂石料地区
	HEC固化土	5cm	HEC：土为1：8或1：6，干密度1.60g/cm³，最优含水量19%～20%	土基翻夯不小于30cm，HEC与水、土混合一定要拌和均匀，应用强制式搅拌机，再铺平夯实到要求厚度，保证夯实后密度，最后要表面平整、光滑	缺砂石料地区

3.4.6 降水蓄渗工程设计

3.4.6.1 降水蓄渗工程的设计原则

建设项目的建设和生产运行都可能会引起坡面漫流和河槽汇流增大等问题，采取必要的降水蓄渗措施，如渗水方砖、框格种草、集雨工程等，并与其他工程相结合，形成完整的防御体系，不仅能有效防止径流损失，而且对雨水加以利用，具有重要意义。

降水蓄渗工程的设计原则：

（1）硬化面积宜限制在项目区空闲地总面积的1/3以下，地面和人行道路的硬化结构宜采用透水形式。

（2）应恢复并增加项目区林草植被覆盖率、植被恢复面积，以达到项目区空闲地总面积的2/3以上。

3.4.6.2 降水蓄渗工程的设计要求

1. 可行性研究阶段设计要求

（1）结合工程总体布置，进行相应的水文计算，初步确定硬化面积、入渗产流值等，收集资料，对项目区及周边降水来水情况进行调查，计算径流损失量及可能的集水量。

（2）进行降水蓄渗工程的总体规划，初步确定工程总体布置。

（3）对不同型式的降水蓄渗工程进行分类典型设计，初步确定断面尺寸，计算工程量。

2. 初步设计阶段设计要求

（1）根据降水蓄渗利用有关规范，复核调整总体布置及水文计算。

（2）确定各种不同型式的降水蓄渗工程位置，查明地质条件，确定断面尺寸及基础处理方式，做出施工组织设计。

在水土保持工程建设实际应用中，为充分开发利用水资源短缺地区的降水资源，缓解水资源的不足，降水集蓄工程的开发利用较多，而降水入渗工程则根据建设区域的特别要求而设。本节仅对降水集蓄工程设计进行介绍。

3.4.6.3 降水集蓄工程规划与设计

1. 资料收集和调查

(1) 建设降水集蓄利用工程，应收集工程所在地区年降水量和多年平均年蒸发量资料，并分析计算得出多年平均保证率为50%、75%及90%的年降水量。无实测资料地区，可查本省（自治区、直辖市）多年平均降水量、蒸发量等值线图求得。

(2) 对拟作为集流面的屋顶、庭院、广场、公路、道路等的硬化地面面积进行测算。

(3) 一般情况下可不测绘地形图，但应有蓄水设施及灌溉土地之间的相对位置和高差资料以及拟建工程位置的土质或岩性，必要时宜有1/500的局部地形图。

(4) 对相邻区域内已建集雨工程的集流效率，蓄水设施的种类、结构和容积，提水设备、节水灌溉设施以及节水灌溉制度和工程运行管理情况进行调查。

(5) 对工程实施范围内可利用雨水进行灌溉的绿地种类、面积与需水、灌溉情况以及土壤质地应进行调查。

(6) 对当地水泥、钢筋、石灰、防渗膜料以及砂、石、砖、土料等建筑材料的储（产）地、储（产）量、质量、单价、运距等应进行调查。

2. 集水工程规划

(1) 供水标准的确定。工程建设项目硬化地面集蓄的雨水，一般存在轻度或轻微污染，只考虑作为绿地灌溉、小型加工业和工业供水水源。

1) 绿地灌溉供水量应根据本地区树、草的需水特性和可能集蓄的水量，采用非充分灌溉的原理，确定补充灌溉的次数及每次补灌量。缺乏资料时，灌水次数和每次灌水定额可参照表3.12的规定取值。

表3.12　树木、果树集雨灌溉次数和定额

灌水方式	降水量250～500mm地区的灌水次数	灌水定额/(m^3/hm^2)
滴管	2～5	120～150
小管出流灌	2～5	150～225
微喷灌	2～5	150～180
点灌（穴灌）	2～5	150～180

全年灌溉水量用下式计算

$$M_d=\beta(N-10P_e-W_s)/\eta \tag{3.28}$$

式中 M_d——全年灌溉水量，m^3/hm^2；

β——非充分灌溉系数，取0.3～0.6；

N——农作物、果树或林草全年需水量，m^3/hm^2；

P_e——农作物、果树或林草生育期有效降水量，mm；

W_s——灌溉前土壤有效储水量，缺乏实测资料的地区可按N的15%～25%估算；

η——灌溉水利用系数，可取0.8～0.95。

2) 小型加工业供水应按照节约用水、提高回收利用率的原则，根据生产实际需要确定，或参照《农村给水设计规范》(CEC 82：96) 确定。

3) 工业供水应按照节约用水、提高回收利用率的原则，根据生产实际需要确定。

(2) 工程规模的确定。

1) 集流面面积确定。

a. 供水保证率应按表 3.13 的规定取值。

表 3.13 雨水集蓄利用工程供水保证率

供水项目	集雨灌溉	小型加工业
保证率/%	50~70	75~90

b. 仅有 1 种用途的雨水集蓄利用工程集流面的面积按下式计算：

$$\sum_{i=1}^{n} S_i K_i \geqslant \frac{1000W}{P_p} \tag{3.29}$$

式中 W——1 种用途的年供水量，m^3；

S_i——第 i 种材料的集流面面积，m^3；

P_p——保证率为 P 时的年降水量，mm；

K_i——第 i 种材料的年集流效率，%；

n——材料种类数。

c. 几种用途降水集蓄利用工程的集流面总面积按下式计算：

$$S_i = \sum_{j}^{m} S_{ij} \tag{3.30}$$

式中 S_i——第 i 种材料集流面总面积，m^2；

S_{ij}——第 j 种用途第 i 种材料的集流面面积，m^2。

d. 年集流效率应根据各种材料在不同降水情况下试验观测资料确定。缺乏资料时，可参考表 3.14 取值。

表 3.14 不同材料集流面在降水量 200~500mm 地区的年集流效率

集流面材料	年集流效率/%	集流面材料	年集流效率/%
混凝土	75~85	浆砌石	70~80
水泥瓦	65~80	良好的沥青路面	70~80
机瓦	40~55	乡村常用土路、土碾场和庭院地面	15~30
手工制瓦	30~40	水泥地面	40~55

2) 蓄水工程容积的确定。蓄水工程容积可按下式计算：

$$V = \frac{KW}{1-\alpha} \tag{3.31}$$

式中 V——蓄水容积，m^3；

W——全年供水量，m^3；

α——蓄水工程蒸发、渗漏损失系数，取 0.05~0.1；

K——容积系数，半干旱地区灌溉供水工程可取 0.6~0.9，湿润、半湿润地区可取 0.25~0.40。

3. 集流工程设计

集流工程由集流面、汇流沟和输水渠组成。当集流面较宽时，宜修建截流沟拦截降雨径流并引入汇流沟。

屋顶集流面可采用接水槽或在屋檐下的地面上修建汇流沟汇流。利用道路、广场等硬化地面作为集流面时，应修建汇流沟。汇流沟可采用混凝土现浇或预制、块（片）石、砖衬砌的矩形、U形渠或土渠。汇流沟的纵向坡度应根据地形确定，衬砌渠（沟）一般不宜小于1/300，土渠（沟）不宜小于1/500，断面尺寸应按汇流量确定。

4. 蓄水工程设计

（1）蓄水工程位置的选择。选择蓄水工程位置时应综合考虑集流、灌溉和地质3个方面，一般应具备下列条件：

1）蓄水工程位置要选择在有较大来水面积和径流集中的地方。

2）要有深厚坚硬的土层，以质地坚硬、均一、黏结性强的胶土最好，硬黄土次之。

3）充分利用地形高差大的特点多建自流灌溉的蓄水工程。

4）应在灌溉农田附近，引水、取水都比较方便的位置。

5）要有良好的地形和环境条件，要尽可能地临近井、渠、涝池和抽水站等水利设施，余缺互济，增加蓄水工程的复蓄次数，充分利用水资源。

（2）蓄水工程容积确定的一般要求。蓄水工程容积确定主要考虑地形、地质、使用要求以及当地经济水平和技术能力，同时根据设计年降水量、集水面积、集流效率来确定蓄水工程容积。容积过大造成浪费，过小则不能满足收集的集水量储存而排弃同样是浪费。

1）根据地形、土质条件确定水窖容积。水窖作为地下集水建筑物，其容积大小根据当地地形条件和土质条件确定，当土质为质地密实、坚硬的红胶土、硬黄土时，其容积可适当大一些；当土质比较疏松时，如砂土、黄绵土等，水窖容积不宜过大，一些地方因土质过差甚至不宜建窖。根据使用要求选择窖型和容积：①人畜饮水的水窖大都采用传统的缸式窖、瓶式窖，其容积一般为15～30m^3。一般尺寸为水窖深等于旱窖深等于水旱窖连接处的直径，这种水窖称为“三头停窖”，经久耐用，防渗性能好；②用于农田灌溉的蓄水工程一般要求容积较大，窖身需要采取加固措施。常用的窖型为水泥薄壳窖和蓄水池，其容积一般为30～100m^3，对于土质条件好的崖面可挖窑窖，这种窖施工方便，投资省，容积一般为50～100m^3，个别容积可达数百立方米。

2）根据当地经济水平和投入能力确定蓄水工程容积。蓄水工程的型式和容积不同，其建材用量又各不相等，同时由于建筑材料价格各异，因此不同蓄水工程建设成本差异很大。修建蓄水工程既要考虑适宜的型式和容积，又要考虑当地政府的投入和农户经济状况。蓄水工程容积的确定可参考表3.15。

表3.15　　蓄水工程容积

土质条件	适宜窖型	建窖容积/m^3
土质条件好的红土、硬黄土地区	传统土窖	20～40
	水泥薄壳窖	40～80
	窑窖	50～100
土质条件一般的壤质土区	水泥薄壳窖	30～50
土质疏松的砂质土区	不宜建窖，宜建蓄水池	50～100

(3) 蓄水工程安全超高。顶拱采用混凝土支护的水窖水位距地面的高度应大于0.5m，并符合防冻要求；顶拱采用薄水泥砂浆或黏土防渗的水窖水位应低于起拱线0.2m，水池超高应符合一般规定。见表3.16。

表3.16　　蓄水工程安全超高

蓄水容积/m^3	<100	100～200	200～500
超高/cm	30	40	50

3.5 斜坡防护工程

斜坡指人工扰动形成的边坡即人工再塑作用下形成的各种斜坡面。按照组成物质可分为土质边坡、石质边坡、土石混合边坡三类；按照形成过程可分为堆垫边坡、挖损边坡、构筑边坡、滑动体边坡和塌陷边坡等五类；按照固结稳定状况可分为松散非固结不稳定边坡、坚硬固结较稳定边坡和固结非稳定边坡三类。

在水利水电工程边坡中对主体工程安全有影响的边坡一般是指为修建建筑物而开挖回填形成的边坡、弃渣场、取料场、施工道路边坡等。本节主要介绍斜坡防护工程措施设计的相关内容。

3.5.1 斜坡防护工程类型及适用条件

斜坡防护是防止边坡滑移、垮塌，维持稳定的工程措施，主要包括削坡开级工程、工程护坡工程、植物护坡工程、综合护坡工程及滑坡地段的护坡工程。

对边坡高度大于4m、坡度陡于1∶1.5，应采取削坡开级工程。对堆置物或山体不稳定处形成的高陡边坡，或坡脚遭受水流淘刷，应采取工程护坡措施。对边坡缓于1∶1.5的土质或沙质坡面，可采取植物护坡工程。对条件较复杂的不稳定边坡，应采取综合护坡工程。对易风化岩石或泥质岩层坡面，采用稳定边坡措施后，还应采取锚喷工程支护，控制岩石变形，同时将松动岩块胶结，防止岩石风化，堵塞渗水通道，填补缺陷和平整表面。对滑坡地段应采取滑坡治理工程。

3.5.2 削坡开级工程

3.5.2.1 土质边坡的削坡开级

土质高陡边坡的削坡开级形式主要有4种，即直线形、折线形、阶梯形和大平台形。

1. 直线形

直线形实际上是从上到下，对边坡整体削坡（不开级），使边坡坡度减缓，并成为具有同一坡度的稳定边坡的削坡方式。其适用于高度小于15m、结构紧密的均质土坡；或高度小于10m的非均质土坡。对有松散夹层的土坡，其松散部分应采取加固措施。

2. 折线形

折线形是仅对边坡上部削级，保持上部较缓下部较陡，剖面呈折线形的一种削坡方式。其适用于高12～15m、适用于上部结构较松散、下部结构较紧密的土坡。折线形削坡的高度和坡比，应根据边坡坡型、上下部高度、结构、坡比和土质情况经具体分析确定，以削坡后能保证稳定为原则。

3. 阶梯形

阶梯形就是对非稳定边坡进行开级，使之成为台、坡相间分布的稳定边坡，对于陡直边坡，可先削坡然后再开级。其适用于高 12m 以上，结构较松散；或高 20m 以上，结构较紧密的均质土坡。阶梯形开级的每一阶小平台的宽度和两平台间的高差，根据当地土质与暴雨径流情况，具体研究确定。一般小平台宽 1.5～2.0m，两台间高差 6～12m。干旱、半干旱地区，两台间高差可以适当大些；湿润、半湿润地区，两台间高差要小些。开级后应保证土坡稳定。

4. 大平台形

大平台形是开级地特殊形式，其适用与高度大于 30m，或在地震烈度Ⅷ度以上的高烈度地震区的土坡。大平台一般开在土坡中部，宽 4m 以上，以达到稳定边坡地目的；也可在削坡的基础上进行。平台具体位置与尺寸，需根据《地震区建筑技术规范》对土质边坡高度的限制，结合边坡稳定性验算，慎重确定。

3.5.2.2　石质坡面削坡

石质边坡的削坡适用于坡度陡直或坡型呈凸型，荷载不平衡；或存在软弱交互岩层，且岩层走向沿坡体下倾的非稳定边坡。除岩石较为坚硬，不易风化的边坡外，一般削坡后的坡比应小于 1∶1。石质边坡一般只削坡，不开级，但应留出齿槽，齿槽间距 3～5m，齿槽宽度 1～2m。在齿槽上修筑排水明沟和渗沟，深 10～30cm，宽 20～30cm。

3.5.2.3　坡脚防护

削坡后因土质疏松而产生岩屑、碎石滑落或发生局部塌方的坡脚，应修筑挡土墙予以保护，具体技术可参照第 3.2.2 节关于“挡土（渣）墙”的内容。无论土质削坡或石质削坡，都应在距坡脚 1m 处开挖防洪排水沟，深 0.4～0.6m，上口宽 1.0～1.2m，底宽 0.4～0.6m；具体尺寸应根据坡面来水情况径流量计算来确定。

3.5.2.4　坡面防护

（1）削坡开级后的坡面，应采取植物护坡措施。在阶梯形的小平台和大平台形的大平台，应根据土质情况，因地制宜种植草本、灌木或乔木，其余坡面可种植草本或灌木。植物护坡的有关技术，可参照第 4 章。

（2）在坡面上方距开挖（或填筑）边缘线 5m 以外布置山坡截水沟工程；在阶梯形和大平台形削坡平台布置平台截水沟；顺削坡面或坡面两侧布置急流槽或明（暗）沟工程，将山坡截水沟和平台截水沟中径流排泄至排水边沟，防止削坡坡面径流及坡面上方地表径流对坡面的冲刷。

3.5.3　工程护坡

斜坡防护工程应重点考虑与坡体稳定性有关的各项特征因子，进行稳定分析，并根据周边防护设施的安全要求，确定合理的稳定性设计标准；坡脚易遭受洪水冲刷的应进行水文计算。然后比选斜坡防护工程方案，明确工程布设、结构型式、断面尺寸及建筑材料。

对堆置固体废弃物或山体不稳定的地段，或坡脚易遭受水流冲刷的地方，应采取工程护坡，防止风化、碎石崩落、崩塌、浅层小滑坡等，保护边坡的稳定。

工程护坡主要包括砌石护坡、抛石护坡、混凝土护坡和喷浆护坡等几种形式。

3.5.3.1 砌石护坡

砌石护坡有干砌石和浆砌石两种形式，干砌石适用于不易受冲刷、有地下水渗流的土质边坡，稳固性较差，但投资低；浆砌石护坡坚固，适宜于多种情况，但投资高。

1. *干砌石护坡*

(1) 对坡度较缓（1∶2.5～1∶3.0），坡下不受水流冲刷的坡面，采用单层干砌块石护坡；重要地段，采用双层干砌块石护坡，如图 3.14 所示。

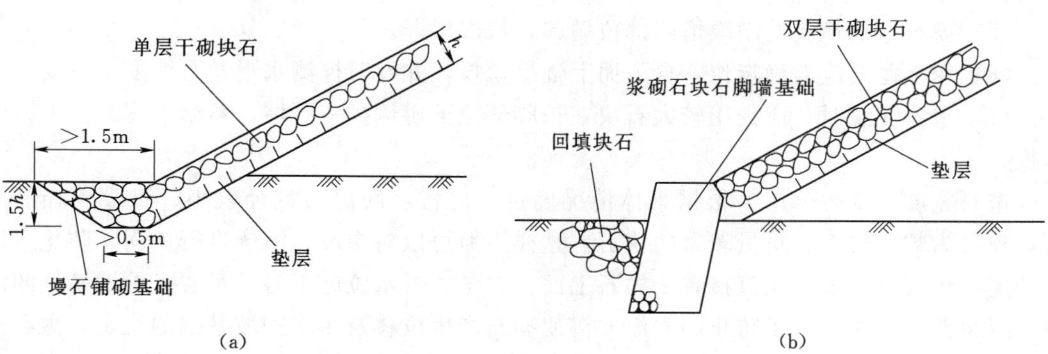

图 3.14 干砌石护坡断面图

(2) 坡度小于 1∶1，坡体高度小于 3m，坡面涌水现象严重时，应在护坡层下铺厚 15cm 以上的粗砂、砾石或碎石作为反滤层，封顶处用平整块石砌护。

(3) 干砌石护坡的坡度，应根据边坡土体的性质、结构而定，土质紧实的砌石坡度开陡些，否则砌石坡度应缓些。一般坡度 1∶2.5～1∶3.0，个别可为 1∶2.0。

2. *浆砌石护坡*

(1) 坡度在 1∶1～1∶2.0 之间，或坡面可能遭受水流冲刷，且冲击力强的地段，宜采用浆砌石护坡。

(2) 浆砌石护坡面层块石下应铺设反滤垫层。垫层分单层和双层，单层厚 5～15cm，双层厚 20～25cm（下层为黄砂，上层为碎石）；面层铺砌厚度为 25～35cm。原坡面如为砂、砾，卵石，可不设垫层。

(3) 浆砌石石料应选择坚固的岩石，不得采用风化、有裂隙、夹泥层的石块，砂浆标号及要求参见有关浆砌石规范。

(4) 对横坡方向较长的浆砌石护坡，应沿横坡方向每隔 10～15m 设置一道宽的 2cm 的纵向伸缩缝，并用沥青或木板填塞。

3.5.3.2 抛石护坡

当边坡坡脚位于河（沟）岸，暴雨条件下可能遭受洪水淘刷作用时，对枯水位以下的部分采取抛石斜坡防护工程。抛石的范围和粒径应根据水深、流速来确定，坡度不应陡于所抛石料浸水后的天然休止角，石料应符合质地坚硬、不易风化的要求。常见的主要形式有散抛块石、铅丝石笼和草袋抛石 3 种，根据具体情况选择采用。

1. 散抛块石护坡

坡脚因受流水冲淘，坡下出现均匀沉陷时，应采取散抛块石固定坡脚，此种方法适宜于在沟（河）水流速为3～5m/s的情况下采用。散抛块石护坡应遵循以下原则：

（1）抛投时机宜在枯水期内进行。

（2）抛石前，应测量抛投区的水深、流速、断面形状等基本情况。

（3）石料尺寸和质量应符合设计要求。散抛块石护坡一般采用粒径为0.2～0.4m，质量为30～50kg的石料。

（4）抛石厚度一般为0.6～1.0m，接坡段和近岸护坡段应加厚，掩坡段可薄些。抛石后的稳定坡度应不陡于1∶1.5。必要时应通过试验掌握抛石位移规律。

（5）抛石应从最能控制险情的部位抛起，依次展开。

（6）船上抛石应准确定位，自下而上逐层抛投，并及时探测水下抛石坡度、厚度。

（7）水深流急时，应先用较大石块在护脚部位下游侧抛一石埂，然后再逐次向上游侧抛投。

抛石宽度、是否分层需根据具体情况确定。通常，底层为粒径较小、重量较轻的片石，顶层为粒径较大、重量较重的块石。这样不但可以对岸坡、河床进行加固，防止水流的冲淘，也可将护坡基础直接置于抛石上面。在冬季低水位施工时，可省去护坡基础的围堰，减少施工工序。为了防止因水流冲淘使抛石产生位移及影响护坡基础的稳定，抛石前先在护坡基础范围底打多排钢筋混凝土预制桩。预制桩打入河床3m，外露1.5m，间距2m，一般呈梅花形布置。

2. 铅丝石笼护坡

对坡度较陡，坡脚易受洪水冲淘，流速大于5m/s的坡段，应采取铅丝石笼抛石护坡。但在坡脚有滚石的坡段，不得采用此法。铅丝石笼抛石具有很好的柔韧性、透水性、耐久性以及防浪能力等优点，而且具有较好的生态性。它的结构能进行自身适应性的微调，不会因不均匀沉陷而产生沉陷缝等，整体结构不会遭到破坏。

铅丝石笼护坡应注意：

（1）根据当地材料情况，可选用铅丝、竹篾、木板、荆条、柳条等作成不同形状的笼状物，内装石料。目前因竹篾、木条等材料及编织工艺缺乏，故多采用铅丝织笼。笼之网孔大小，以不漏石为宜。石笼大小视需要和抛投手段而定，石笼体积以1.0～2.5m^3为宜。

（2）石笼应从坡脚密集向上排列，上下层呈品字形错开，并在坡脚打桩，用铅丝向上拉紧，将各层石笼固定。石笼铺设厚度不得小于0.4～0.6m。

（3）石笼护坡的坡度不得小于1.0∶1.5～1.0∶1.8，可等于或略陡于饱和情况下的稳定坡度，但不应陡于临界休止角。

（4）可依次扩展抛石范围，适时进行水下探测，坡度和厚度应符合设计要求；抛完后，须用大石块将笼与笼之间不严密处抛填补齐。

3. 草袋抛石护坡

适宜于坡脚不受洪水冲淘，边坡陡于1.0∶1.5的坡段。坡下有滚石的坡段不得采用此法。应注意：

（1）草袋的孔径大小，应与土（砂石料）粒径相匹配。草袋的石料粒径一般为1～3cm，砂土料粒径一般为0.02～1.0cm。草袋的充填度以70～80为宜，每袋不应少于50kg，封口绑扎应牢固。

（2）草袋应从坡脚向上，呈"品"字形紧密排列，并在坡脚打桩，用铅丝向上拉紧，将各层草袋固定。岸上抛投宜用滑板，使草袋准确入水叠压；船上抛投袋，如水流流速过大，可将几个土袋捆绑抛投。

（3）铺设厚度一般0.4～0.6m，铺后坡度不应陡于1.0∶1.5～1.0∶1.8。

（4）根据情况，也可用尼龙袋代替草袋装砂土抛石。

3.5.3.3 混凝土护坡

在边坡极不稳定时，坡脚可能遭受强烈洪水冲淘的较陡坡段，应采用混凝土（或钢筋混凝土）护坡，必要时需加锚固定。常见的混凝土护坡主要有编织布模袋混凝土护坡和预制混凝土块护坡。

1. 编织布模袋混凝土护坡

编织布模袋混凝土因属柔性防护而应用较多。编织布模袋有两种类型：一种为有排水点型，适用于平均厚度15cm以下的斜坡防护工程；另一种为无排水点型，适用于平均厚度16cm以上的斜坡防护工程。编织布模袋只是一种使混凝土或砂浆按设计形状要求成形的临时模具，耐久性差，接缝多，不能保证地基长期稳定。因此，必须在下面铺设织物滤层，以防止基土流失。滤层一般采用针刺无纺土工布（透水无纺布），单值重300～400g/m^2。土工模袋混凝土在正式浇注之前，要进行现场混凝土配比试验，最终确定施工所用的混凝土配比。按设计要求平整护坡，坡基础要平整牢固。施工前要放线定位，挖好水上加固齿槽。在齿槽处打固定钢桩，桩深1m，间距2m，在坡脚处打定位木桩，桩深0.8m，间距1m。展开膜袋铺平，模袋上预留孔，水平插入钢管，用粗绳将钢管与钢桩固定，调整好距离，保证充灌后模袋的尺寸位置与设计一致。混凝土输送管可根据输送距离不同进行调整，输送管最末端要安装一条软管，便于移动对准进料口。搅拌后的混凝土，输入混凝土泵，再经管道灌入模袋。每次充灌前先拌制砂浆以润滑管道，防止堵塞，充灌完毕后，要清洗管道。

2. 预制混凝土块护坡

在边坡坡脚可能遭受洪水强烈冲刷的陡坡地段，应采取混凝土或钢筋混凝土护坡，必要时加筋固定。

（1）坡度在1∶1～1∶0.5、高度小于3m边坡，采用混凝土砌预制块护坡，砌块长宽各30～50cm，边坡陡于1∶0.5时采用钢筋混凝土护坡。

（2）坡面有涌水时，在砌块与坡面间设置粗砂、碎石、砾石或卵石反滤层。涌水量较大时修筑盲沟排水。在涌水处下端水平设置盲沟，宽20～50cm，深20～40cm。

3.5.3.4 喷浆护坡

在易风化岩石或泥质岩层坡面，若基岩只有细小裂隙，且无大崩塌危险，可采用喷浆机进行喷浆或喷混凝土护坡，以防止基岩风化剥落。通常在采用削坡卸荷稳定边坡之后，便可采取喷浆护坡，使岩石与喷浆在共同变形的过程中取得自身的稳定，有效控制岩石变形，使部分砂浆渗入岩石的节理、裂隙，重新将松动岩块胶结起来，起到加固岩石的作用，防止岩石风化，堵塞渗水通道，填补缺陷和平整表面。在有涌水和冻胀严重的坡面，不得采用此法。

对于稳定性差的岩石坡面可分别采用不同形式的喷锚斜坡防护工程，特别对破碎、软弱、稳定性极差的岩层，应在开挖后立即喷射混凝土，以保证施工安全。岩石风化、崩塌严重的地段，可加筋锚固后再喷浆。

在基岩裂隙细小、岩层较为完整的坡段，采用喷混凝土或砂浆护坡。喷射水泥砂浆厚度为5～10cm，喷射混凝土厚度为10～25cm；在一般冻融地区，喷射厚度最好在10cm以上；在地质软弱、温差大的地区，喷射厚度应相应增厚。喷射水泥砂浆的砂石料最大粒径15mm，灰砂石比为1∶3∶1～1∶5∶3，砂率50%～60%，水灰比0.4～0.5，速凝剂添加量为水泥重量的3%左右。

在坡面高、压送距离长的坡面上喷射时，采用易于压送的配合比标准，灰砂石比为1∶4∶1，水灰比0.50喷混凝土的力学指标应符合：混凝土标号不低于C20，抗拉强度不低于1.5MPa，喷层与岩层的黏结强度在中等以上的岩石中不宜小于0.5MPa。

喷浆前必须清除坡面活动岩石、废渣、浮土、草根等杂物，采用浆砌块石或混凝土填堵大缝隙、大坑洼。根据土料质地和情况，对破碎程度较轻的坡段，采用胶泥喷涂护坡，或用胶泥作为喷浆垫层。

3.5.3.5 喷锚护坡

在节理、裂隙、层理发育的岩石坡面，根据岩石破坏的可能形态（局部或整体性破坏），采用局部（或对个别“危石”）锚杆加固，或在整个横断面上系统锚固加固。锚杆应穿过松弱区或塑性区进入岩层或弹性区一定深度。锚杆杆径为16～25mm，长2～4m，间距一般不宜大于锚杆长度的1/2，且大于1.25m；锚杆应垂直于主结构面，当结构面不明显时，可与坡面垂直。

对强度不高或完整性差的岩石坡面，当仅采用锚杆加固难于维持锚杆之间那部分围岩稳定时，常需采用锚杆与喷混凝土联合支护。对软弱、破碎岩层，如锚杆和喷混凝土所提供的支护反力不足时，还应加钢筋网，以提高喷层的整体性和强度并减少温度裂缝。钢筋网网格尺寸为20cm×20cm～30cm×30cm，距岩面3～5cm与锚杆焊接在一起，钢筋的喷混凝土保护层厚度不应小于5cm。

在工程设计时，应根据岩石类别、坡面的形状和尺寸以及使用条件等因素，按“工程类比法”确定喷锚支护参数。也可利用不同理论计算方法（如组合梁、悬吊、冲切等）进行计算，并对坡面稳定性进行分析，根据分析结果选择坡面支护工程。

3.5.4 综合护坡工程

综合护坡是在有拦挡工程或坡面上有骨架等工程措施的间隙上种植植物。它不仅能增加坡面工程的强度，提高边坡的稳定性，而且具有绿化美化的生态功能。综合护坡措施是植物和工程有效结合的护坡措施，适宜于较为复杂的不稳定坡段。

综合护坡是在稳定性分析的基础上，比选工程与植物结合和布局的方案，确定使用工程物料的形式和选用适宜的植物，同时在特殊地段布局上还应考虑美学要求。常见的综合护坡型式有砌石草皮护坡、格状框条护坡以及蜂巢式网格护坡等。

3.5.4.1 砌石草皮护坡

在坡度小于 1∶1，高度小于 4m，坡面有渗水的坡段，可采取砌石草皮护坡措施。砌石草皮护坡主要有两种形式：

（1）在坡面下部 1/2～2/3 处采取浆砌石护坡，上部采取草皮护坡。

（2）在坡面从上到下，每隔 3～5m 沿等高线修一条宽 30～50cm 的砌石条带，条带间的坡面种植草皮。砌石部位一般在坡面下部的渗水处或松散地层出露处，同时在渗水较大处应设反滤层。

3.5.4.2 框格植草护坡

在路旁或人口聚集地，坡度大于 1∶1 的土质、砂质坡面，均可采用框格护坡。框格防护通常用混凝土、浆砌块石等材料，在边坡上形成格状骨架，框格内覆土植草，起到稳固坡面和绿化边坡的作用。框格的应用目的，在于防止坡面汇水冲刷下形成冲沟，提高边坡表面地表粗度系数，减缓坡面水流的速度，使冲刷仅限于框格内的局部范围。采用框格防护与种草防护结合起来的方法，提高了防护效果，同时美化了环境。框格防护多用于填方边坡，也可用于挖方土质边坡防护，是一种综合性的防护措施。框格形状可根据人们对美的追求，做出各式各样的造型，如菱形、拱形、矩形等，如图 3.15 所示。

(a) (b) (c) (d)

图 3.15 框格植草护坡

1. 混凝土框格骨架植草护坡

（1）混凝土框格骨架适用于在公路旁、沟道边坡易坍塌、溃曲变形、坡面起伏大的强风化边坡坡面（坡度 1∶0.5～1∶1.5）。

(2) 在坡面上开挖基槽，现浇混凝土框架，框架用 C20 混凝土现浇（2m×2m，断面尺寸 0.3m×0.3m)，框架节点钻孔安装锚杆固定框架。

(3) 框架内填种植土，用木锤夯实，铺设热镀锌铁丝网，用螺栓固定。表面喷播有机材料种草绿化。草籽选用当地草籽，纯净度、出芽率达到 95%以上。

2. 钢筋混凝土框架填土植被护坡

钢筋混凝土框架内填土植被护坡适用于那些浅层稳定性差且难以绿化的高陡岩坡和贫瘠土坡。

钢筋混凝土框架填土植被护坡是在边坡上现浇钢筋混凝土框架或将预制件铺设于坡面形成框架，在框架内回填客土并采取措施使客土固定于框架内，然后在框架内植草以达到护坡绿化的目的。预制件规格宽 20～40cm，长 1～2m，为防止框架沿坡面向下滑动，必须固定框格交叉点或在坡面深埋横向框条。

3. 浆砌片石骨架植草护坡

浆砌片石骨架植草护坡是采用浆砌片石在坡面形成框架，结合铺草皮、三维植被网、土工格室、喷播植草、栽植苗木等方法形成的一种护坡技术。该技术一般用于各类土质边坡，强风化岩质边坡也可应用，常用于坡率 1∶1.0～1∶1.5，坡率超过 1∶1.0 时慎用，每级坡高以不超过 10m 的深层稳定边坡为宜。

用浆砌石在坡面上作成网格状，网格尺寸一般为 $2m^2$，将每格上部做成圆拱形，上下两层网格呈品字形排列；浆砌石部分宽 0.5m 左右。

浆砌片石骨架根据形状的不同，可以分为方格形、拱形、人字形等型式。

4. 土工格室植草护坡

当新型材料被广泛应用之后，又出现了土工格室植草护坡技术，其技术原理基本与上述格状框条护坡一致。土工格室主要是由 PE、PP 材料制成工程所需的片材，经专用焊接机焊接形成的立体格室。土工格室植草护坡是在展开并固定在坡面上的土工格室内填充改良客土，然后在格室上挂三维植被网，进行喷播施工的一种护坡技术。此技术可为植物以后的生长提供稳定、良好的生存环境。用于工程建设项目边坡防护，可使新形成的边坡充分绿化，带孔的格室还能增加坡面的排水性能。

3.5.4.3　蜂巢式网格护坡

蜂巢式网格植草护坡，是一项类似于干砌片石护坡的边坡防护技术，多用于填方边坡的防护。

蜂巢式网格植草护坡是在修整好的边坡坡面上拼铺正六边形混凝土框预制件形成蜂巢式网格后，在网格内铺填种植土、栽草或种草的一项边坡防护措施。所用正六边形混凝土框预制件可在预制场批量生产，其受力结构合理，拼铺在边坡上能有效分散坡面雨水径流，减缓水流速度，防止坡面冲刷，保护草皮生长。这种护坡施工简单，外观齐整，造型美观大方，具有边坡防护、绿化双重效果，工程造价适中，略高于浆砌片石骨架护坡。

3.5.4.4　喷混植生植物护坡

喷混植生植物护坡是喷锚护坡和液压喷播植草的有机结合，是在稳定岩质边坡上先施工短锚杆、铺挂镀锌铁丝网后，再采用专用喷射机，将拌和均匀的种植基材喷射到坡面上，植物依靠“基材”生长发育，形成植物护坡的施工技术，具有防护边坡、恢复植被双重作用。

种植基材由种植土、混合草灌种子、有机质、肥料、团粒剂、保水剂、稳定剂、pH缓解剂和水等组成。种植基材的配方（基质配置）是成功的关键，良好的配方能够达到在陡于1∶0.75的岩质边坡上，既具备一定的强度保护坡面和抵抗雨水冲刷，又具有足够的空隙率和肥力以保证植物生长。目前已广泛应用于铁路、公路、水利等各类岩石边坡绿化防护工程。

另一种类似的方法就是客土植生植物护坡技术，多用于基质条件较差的边坡，是在边坡坡面上挂网后，机械喷填（或人工铺设）一定厚度适宜植物生长的土壤或基质（客土）和种子的边坡植物防护技术。该技术的特点是根据地质和气候条件进行基质和种子配方，从而具有广泛的适应性。由于客土可以由机械拌和，挂网实施比较容易，因此施工的机械化程度高，速度快，无论从效率和成本上都比浆砌片石和挂网喷混凝土防护优越，而且植被防护效果良好，基本不需要养护即可维持植物的正常生长。该技术在我国开发建设项目边坡防护中已被大量应用，在日本等国家已经被作为边坡防护与绿化的常规方法。

厚层基材喷射植被护坡是又一种类似方法，其采用混凝土喷射机把基材与植物种子的混合物按照设计厚度均匀喷射到需防护的工程坡面的护坡技术，其基本构造包括锚杆、网和基材混合物。

该项技术首先通过混凝土搅拌机或砂浆搅拌机把绿化基材、种植土、纤维及混合植被种子搅拌均匀，形成基材混合物，然后输送到混凝土喷射机的料斗，在压缩空气的作用下，基材混合物由输送管道到达喷枪口与来自水泵的水流汇合使基材混合物团粒化，并通过喷枪喷射到坡面，在坡面形成植物的生长层，以达到护坡的目的。

上述方法适用于开挖后的岩石坡面的植被恢复，尤其对不宜进行植被恢复的恶劣的地质环境，如砾石层、软岩、破碎岩及较硬的岩石，有比较明显的效果。

3.5.5 滑坡地段的综合防治

由于开挖和人工扰动地貌，致使坡体稳定失衡，形成的滑坡潜发地段，应采取固定滑坡的防治措施，防治措施主要有削坡反压、排除地下水、滑坡体上造林、抗滑桩、抗滑墙等，这些措施也可结合使用。

在可行性研究和初步设计阶段，滑坡地段防治措施设计，主要包括以下内容：

（1）重点调查和勘测滑坡潜发地段的人为挖损破坏情况、地下水和地表水、岩层构造、塑性滑动层状况。

（2）分析影响滑坡的主要因素，验算坡体稳定性，科学预测滑坡的危险性及防治的重点区域。

（3）比选确定护坡措施的型式、组合、布局、结构、断面尺寸等，确定工程材料、适宜栽种的树种及草种。

3.5.5.1 削坡反压

削坡反压适用于上陡下缓的移动式滑坡。就是在坡脚修抗滑堤（挡土墙），稳定坡体，将上部陡坡挖缓，取土反压在下部缓坡，使整个坡面受力均匀，控制上部向下滑动的一种滑坡防治措施（图3.16）。

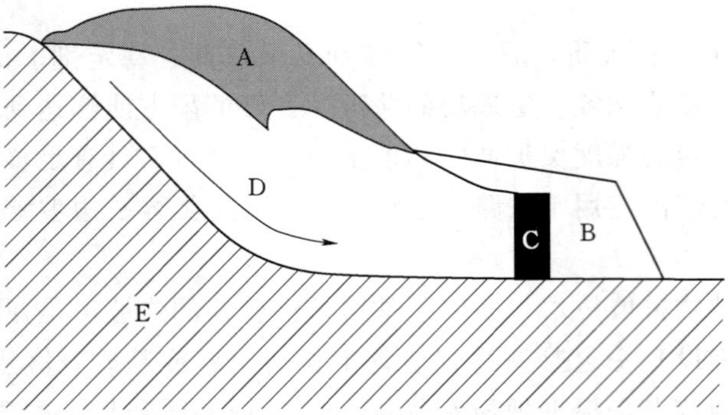

图 3.16　削坡反压示意图

A—削土减重部位；B—卸土修堤反压；C—渗沟；D—滑坡体；E—相对不透水层

3.5.5.2　排水工程

排水工程可减小地表水和地下水对坡体稳定性的不利影响，一方面能提高现有条件下坡体的稳定性，另一方面允许坡度增加而不降低坡体稳定性。排水工程包括排除地表水工程和排除地下水工程。

1. 排除地表水工程

排除地表水工程的作用，一是拦截病害斜坡以外的地表水，二是防止病害斜坡内的地表水大量渗入，并能尽快汇集排走。它包括防渗工程和水沟工程。

(1) 防渗工程包括整平夯实和铺盖阻水，可以防止雨水、泉水和池水的渗透。当斜坡上有松散的土体分布时，应填平坑洼和裂缝并整平夯实。铺盖阻水是一种大面积防止地表水渗入坡体的措施，铺盖材料有黏土、混凝土和水泥砂浆，黏土一般用于较缓的坡。

(2) 水沟工程包括截水沟和排水沟。截水沟布置在病害斜坡范围外，拦截坡面地表径流，防止地表水向病害斜坡汇集。排水沟布置在病害斜坡上，一般呈树枝状，充分利用自然沟谷。在斜坡的湿地和泉水出露处，可设置明沟和渗沟等工程将水排走。当坡面较平整，或治理标准较高时，需要开挖集水沟和排水沟，构成排水沟系统（图 3.17 和图 3.18）。水沟工程可采用砌石、沥青铺面、半圆形钢筋混凝土槽、半圆形波纹管等形式，有时采用不铺砌的沟渠，其渗透和冲刷较强，效果差些。

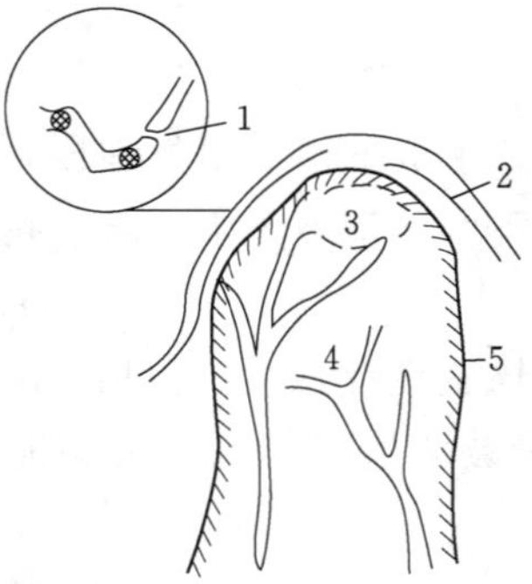

图 3.17　滑坡区的水沟工程

1—泄水孔；2—截水沟；3—湿地；4—泉；5—滑坡周界

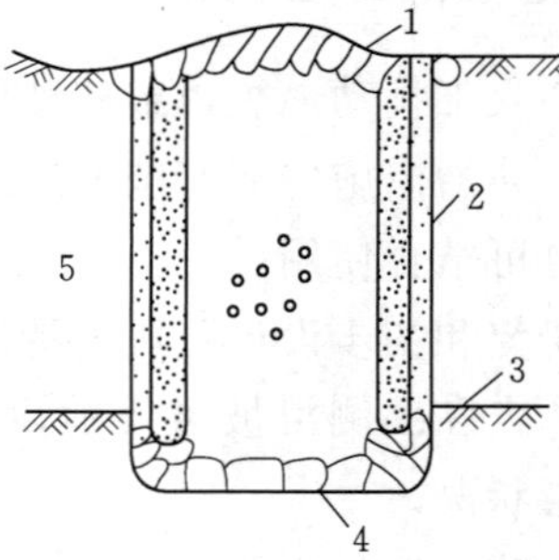

图 3.18　渗沟结构示意图

1—干砌片石表面砂浆填缝；2—反滤面；3—较干燥稳定土层上界线；4—浆砌石；5—不稳定土层

2. 排除地下水工程

排除地下水工程的作用是排除并截断渗透水。它包括渗沟、明暗沟、排水洞、截水墙、排水孔等。渗沟的作用是排除土壤水和支撑局部土体，一般在滑坡体前布设渗沟。有泉眼的斜坡上，渗沟应布置在泉眼附近和潮湿的地方。渗沟深度一般大于 2m，以便充分疏干土壤水。沟底应置于潮湿带以下较稳定的土层内，并铺砌防渗。

浅层（约 3m 以上）的地下水可用暗沟和明暗沟排除。暗沟分为集水暗沟和排水暗沟。集水暗沟用来汇集浅层地下水，排水暗沟连接集水暗沟，把汇集的地下水作为地表水排走。在沟底铺设不透水的杉皮、聚乙烯布或沥青板，侧面和上部设置树枝及砂砾组成的过滤层，沟内布设有孔的钢筋混凝土管或石笼。明暗沟是在暗沟上同时修明沟，可以排除滑坡区的浅层地下水和地表水。

排水洞的作用是拦截储备疏导深层地下水，排水洞分截水隧洞和排水隧洞。

截水隧洞修筑在病害斜坡外围，用来拦截旁引补给水。滑坡的截水隧洞洞底应低于隔水层顶板，或在滑坡后部滑动面之下，开挖顶线必须切穿含水层，其衬砌拱顶又必须低于滑动面，截水隧洞的轴线应大致垂直于水流方向。

排水隧洞布置在病害斜坡内，用于排泄地下水。排水隧洞洞底应布置在含水层以下，在滑坡区应位于滑动面以下，平行于滑动方向布置在滑坡前部，根据实际情况选择渗井、渗管、分支隧洞和仰斜排水孔等措施进行配合。排水隧洞边墙及拱圈应留泄水孔和填反滤料，如果地下水含水层向滑坡区大量流入，可在滑坡区外布设截水墙，将地下水截断，再用仰斜孔排出。

3.5.5.3 滑坡体上造林

在滑坡体基本稳定、但有人为挖损的条件下，仍有滑坡潜在危险的坡面，可在滑坡体上造林。首先，应在滑坡体上部修筑排水沟，排除上游山坡径流；然后，在滑坡体上种植深根性乔木和灌木，利用植物根系固定坡面，同时可利用植物蒸腾耗水作用，减少地下水对滑坡的影响。

滑坡体上造林是稳定边坡的重要措施。滑坡体上护坡林的配置，应从坡脚到滑坡体坡顶稳定坡面（图 3.19），依次布置乔木林、乔灌混交林和灌木纯林。

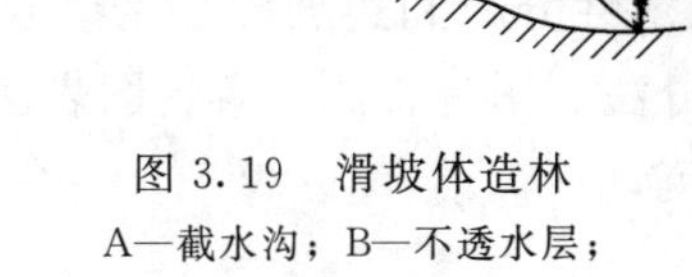

图 3.19 滑坡体造林
A—截水沟；B—不透水层；
C—滑坡体；D—坡面造林

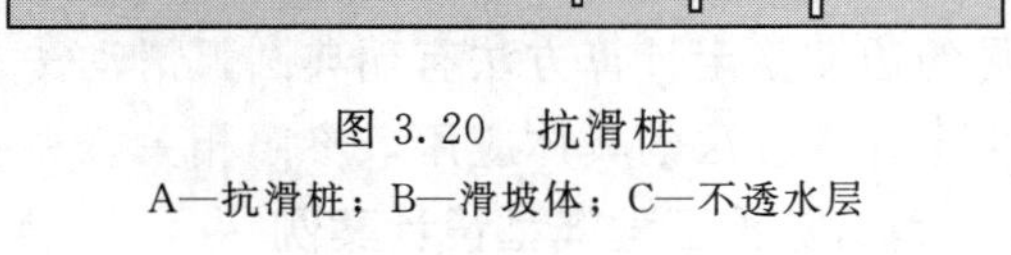

图 3.20 抗滑桩
A—抗滑桩；B—滑坡体；C—不透水层

3.5.5.4 抗滑桩

当坡面有两种风化程度不同的软弱岩层交互相间分布时，软岩层极易形成塑性滑动层，在开挖坡脚后就有可能引起上部剧烈滑动和位移。通过在地基内打桩加固滑坡土体稳定坡面，或在滑动层与基岩间打入楔子，可阻止滑动层滑动（图 3.20）。

抗滑桩布设要求：

(1) 抗滑桩主要适用浅层及中型非塑滑坡前缘，不宜用于塑流状深层滑坡。

(2) 根据作用于桩上土体的特性、下滑力大小及施工条件等，确定抗滑桩断面和布设密度。

(3) 根据下滑推力、滑床土体物理力学性质，通过桩结构应力分析确定抗滑埋深。

(4) 根据滑坡体的具体情况，可在抗滑桩间加设挡土墙和其他支撑建筑物，与抗滑桩共同作用。

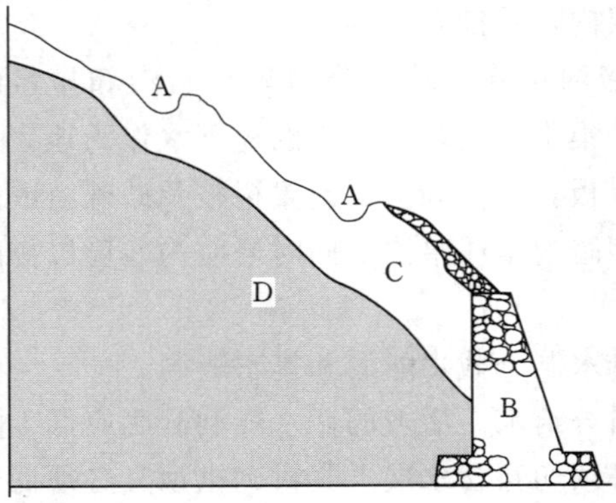

图 3.21　抗滑墙

A—排水沟；B—抗滑墙并块石护坡；C—滑坡体；D—不透水层

3.5.5.5　抗滑墙

当滑坡比较活跃，急需有效控制时，应在滑坡体坡脚修建抗滑墙，并在抗滑墙顶以上坡面采用块石护坡（图 3.21）。

3.5.6　斜坡防护工程稳定性分析

3.5.6.1　影响边坡稳定的因素

斜坡在自身重量及外力的作用下，坡体内将产生切向应力，当切应力大于土的抗剪强度时，就会产生剪切破坏。影响斜坡稳定的因素很多，包括斜坡的边界条件、岩（土）质条件和外界条件等。具体因素如下。

(1) 边坡坡角。坡角越小就越安全，但不经济；坡角太大，则经济而不安全。

(2) 坡高。试验研究表明，其他条件相同的土坡，坡高越小，土坡越稳定。

(3) 岩（土）的性质。岩（土）的性质越好，斜坡越稳定。

(4) 地下水的渗透力。当土坡中存在与滑动方向一致的渗透力时，对斜坡不利。

(5) 震动作用。强烈地震、工程爆破和车辆震动等，都有可能引起边坡应力的瞬时变化，会使岩（土）的强度降低，对斜坡稳定产生不利影响。

(6) 施工不合理。对坡角的不合理开挖或超挖，将使坡体的被动抗力减小。

3.5.6.2　工程护坡的安全稳定性校核

工程护坡的安全稳定性校核包括边坡表层滑动稳定性分析和边坡深层滑动稳定性分析。常见的边坡稳定计算方法有瑞典圆弧滑动法、条分法、毕肖普法、泰勒图表法等，各种边坡稳定计算方法的具体应用，参照相关资料和规范。

3.5.6.3　斜坡防护工程典型设计案例

1. 基本情况

某水电站项目的弃渣场位于右岸坝址下游约 2.5km 处，堆渣量约 582.15 万 m^3，堆渣高度 390～485m，弃渣不受洪水影响。已知弃渣渣体干密度为 20.3kN/m^3，湿密度为 22.3kN/m^3，等效内摩擦角 32°，渣体基础覆盖层干密度为 18.1kN/m^3，湿密度为 20.2kN/m^3，等效内摩擦角 32°，渣场基础允许承载力为 0.5MPa。

2. 弃渣场斜坡防护工程设计

(1) 渣场稳定性分析。

1) 计算方法。渣场稳定计算方法采用瑞典圆弧法，计算软件采用理正岩土系列软件。本工程弃渣主要为碎块石，渣体凝聚力低，从偏安全角度考虑，可作为无黏性土考虑。

2) 计算条件：①渣料按无黏性土考虑，不计渣体凝聚力；②假定堆渣体渣料单一均匀；③由于渣体的渗透性较强，假定渣体内部的浸润线与外界的水位一致；④计算工况为正常工况，即为堆渣完毕后的工况。

3) 计算结果。根据已知的渣料及渣场基础物理力学参数值，当渣场边坡坡比为 1：2 时，其渣场边坡稳定安全系数为 1.246，大于其边坡稳定安全系数允许值 1.15，表明渣场边坡稳定性满足规范要求。

(2) 边坡防护设计。为提高弃渣场渣体的整体稳定性，堆渣完毕后需对坡面进行削坡开级处理，处理后渣体边坡为 1：2，高程每升高 10m，增设宽 2m 的马道。

为恢复渣场坡面植被，加强景观效果，在渣场坡面采用拱形浆砌石网格植草护坡。浆砌石网格尺寸为 3.0m×3.0m，中心转角 120°，浆砌石骨架尺寸 0.4m×0.4m（宽×高），网格骨架设计埋深 20cm，顶部出露坡面 20cm，浆砌石网格每 10m 设置一条 2cm 宽沉降缝，缝填塞沥青木板，骨架外缘设 10cm 高排水凸坎，将坡面集水汇入坡脚排水沟内，坡顶布置 0.5m 宽浆砌石封顶，坡脚布置浆砌石脚槽及排水沟，网格骨架交接处设置 Φ80mm 的 PVC 排水管，排水管进口处包裹土工布反滤。

3.6 防风固沙工程

防风固沙工程也叫风（治）沙工程，是风沙地貌学研究应用基础部分。它旨在防止土地沙漠化，保护农田、牧场、交通和居民点等免受风沙流和沙丘侵袭的危害。

3.6.1 防风固沙工程的类型及适用条件

防风固沙措施分为植物治沙措施、工程防治措施和化学固沙措施。植物治沙措施主要是种植植物降低风速、削弱风沙流强度，达到防风固沙作用；工程措施和化学固结措施是通过设立沙障、压盖或固结沙面，起到控制沙面风蚀作用。

工程防治措施和化学固沙措施主要适用于处于流动沙丘和半流动沙丘的区域；植物措施适用于有一定降雨或灌溉条件的流动沙丘和半流动沙丘区域。

3.6.2 工程治沙措施

3.6.2.1 机械沙障固沙设计

机械沙障固沙是用柴草、秸秆、黏土、树枝、板条、卵石等物料在沙面上做成的各种形式的障蔽物，是消减风速、固定沙面有效的工程固沙措施，其主要作用是固定流动沙丘和半流动沙丘。防风固沙措施体系分类图见图 3.22。

在一些干旱地区年降水量很少，地下水较深，甚至极度缺水，植物成活生长受到限制。在这些地区利用植物固沙难以做到，要防止沙害，制止沙丘移动，拦阻沙粒前进，控

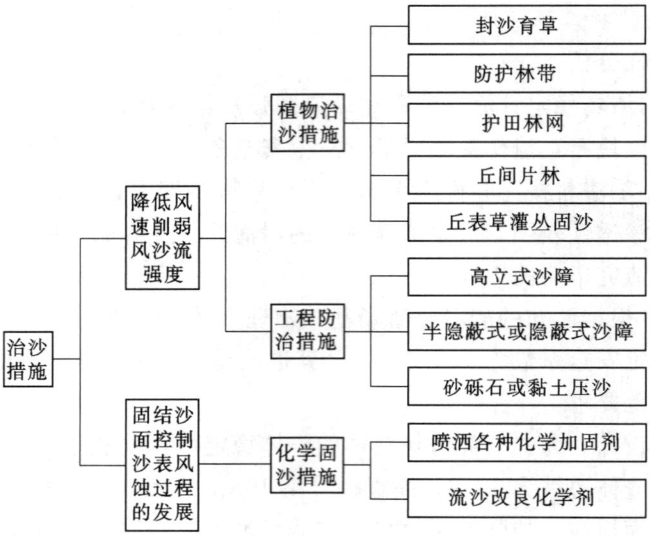

图 3.22　防风固沙措施体系分类图

制地形，保护好该区域内的交通干线、厂矿企业和城镇，不受风沙流的威胁，只有依靠机械沙障这类工程措施才能实现。

即使在有些沙区自然条件稍好些，一些耐干旱能力较强的植物，通过其发达的强大根系为植物本身创造成活生长的条件，用它造林（种草）可以得到一时的成功，但由于风蚀，植物根系被吹蚀暴露，加之大风携带的沙粒猛烈打击，使植物机体受到机械损伤，在强光直射和地面高温的环境中，造成植物的生理干旱，植物生长不良以至死亡。为了防止植物受风蚀和机械损伤，必须设置一定形式的沙障进行保护。

1. 沙障分类

按沙障材料，沙障分为柴草沙障、黏土沙障、砾石沙障、树枝沙障、编织袋装土沙障等；机械沙障按防沙原理和设置方式不同划分为平铺式沙障和直立式沙障。平铺式沙障按设置方式不同又分为带状铺设式和全面铺设式；直立式沙障按高矮不同又分为高立式沙障（高出沙面 50～100cm）、低立式沙障（高出沙面 20～50cm，此类也称半隐蔽式沙障）和隐蔽式沙障（几乎全部埋入与沙面平，或稍露障顶）；直立式沙障按透风度不同分为：透风式、紧密式、不透风式 3 种型式。不同类型的沙障如图 3.23～图 3.30 所示。

图 3.23　平铺式沙障

图 3.24　直立式沙障

图 3.25 高立式沙障

图 3.26 低立式沙障

图 3.27 黏土沙障

图 3.28 碎砖（砾石）沙障

图 3.29 树枝沙障

图 3.30 编织袋装土沙障

2. 沙障固沙原理

（1）平铺式沙障是固沙型的沙障，其防沙原理：利用柴、草、卵石、黏土或沥青乳剂，聚丙烯酰胺等高分子聚合物等物质铺盖或喷洒在沙面上，以此隔绝风与松散沙层的接触，使风沙流经过沙面时，不起风蚀作用，不增加风沙流中的含沙量，达到风虽过而沙不起，就地固定流沙的作用。

（2）直立式沙障大多是积沙型沙障，其防沙原理为：在风沙流所通过的路线上，设立障碍物阻挡，风速就会受到影响而降低，挟带沙子的一部分就会沉积在障碍物的周围，减少风沙流的输沙量，从而起到防治风沙危害的作用。另外，直立式沙障如多行配置，还可起到降低障间风速的作用，从而减轻或避免再度起沙，造成障间风蚀等作用。

（3）透风式沙障的防沙原理：当风沙流经过沙障时，一部分分散为许多紊流穿过沙障间隙，摩擦阻力加大，产生许多涡漩，互相碰撞，消耗了动能，使风速减弱，风沙流的载沙能力降低，在沙障前后形成积沙。在沙障前的积量小，沙障不易被沙埋，而在沙障后的积沙现象不断出现，沙堆平缓地纵向伸展，积沙范围延伸得较远，因而拦蓄沙粒的时间长、积沙量大。

（4）不透风或紧密式沙障的防沙原理：当风沙流经过沙障时，在障前被迫抬升，而越过沙障后又急剧下降，在沙障前后产生强烈的涡动，由于相互阻碰和涡动的影响，消耗了风速动能，减弱了气流载沙能力，于是在沙障前后形成沙粒的堆积。

（5）隐蔽式沙障的防沙原理：该沙障是埋在沙层中的立式沙障，障顶与沙面平或稍露出沙面，因此对地上部分的风沙径流影响不大，而它的主要作用是阻止地表沙粒以沙纹式移动。隐蔽式沙障主要是起到一个控制风蚀基准面的作用，设置沙障后沙粒仍在动，但总的地形并不发生变化。因为有隐蔽式沙障的存在，虽有一定的风蚀，但风蚀到一定程度后即不再往下发展，不会使地形发生变化。

3. 沙障固沙技术

沙障固沙设计的技术指标有：沙障方向、孔隙度、间距、高度、密度、配置形式和材料。

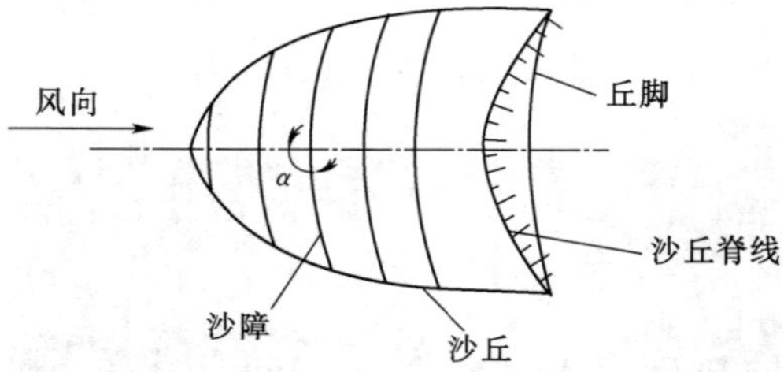

图3.31　沙丘迎风坡沙障设置方向示意图

（1）沙障的方向。沙障的设置方向应与主风方向垂直，通常在沙丘迎风坡设置。设置时先顺主风方向在沙丘中部划一道纵向轴线作为基准，由于沙丘中部的风较两侧的强，因此沙障与轴线的夹角，要稍大于90°，而不超过100°。这样就可使沙丘中部的风稍向两侧顺出去。若沙障与主风方向的夹角小于90°，气流易趋中部而使沙障被掏蚀或沙埋（图3.31）。

（2）沙障孔隙度。沙障空隙面积与沙障总面积之比，叫做沙障孔隙度。我们常用它作为衡量沙障透风性能的指标。直立式沙障，由于所用材料和排列的疏密度不同，空隙的大小也有差异，积沙现象也不同。一般孔隙度在25%时，障前积沙范围约为障高的2倍，障后积沙范围为障高的7～8倍。而孔隙度达50%时，障前基本上没有积沙，障后的积沙范围约为障高的12～13倍。孔隙度越小，沙障越紧密，积沙范围越窄，即延伸距离越短。如紧密结构的沙障（孔隙度在5%左右），障前、障后的积沙范围约为障高的2.5倍左右，积沙的最高点恰在沙障的位置上，所以沙障很快就被积沙所埋没，失去继续拦沙的作用。孔隙度大的沙障，积沙范围延伸的远，积沙作用也大，防护的时间也长。但当孔隙度大于50%时，沙障前缘和沙障基部常被风蚀而遭损坏。为了发挥沙障的较大防护效能，在沙障高度与障间距离一定的情况下，沙障孔隙度的大小，应根据各地风力及沙源情况具体确定，一般情况下多采用25%～50%的透风孔隙，风力大的地区，而沙源又小的情况下，孔隙度应较小，沙源充足时可较大。据草原地带的榆林沙区榆林农科所观测资料，孔隙度0.4较为适合。此时障间只有轻度风蚀，在障间播种的沙蒿保存率达60%～80%；当孔隙度为0.6时，障间有中度风蚀，障间播种的沙蒿保存率只有5%～10%。

(3) 沙障的间距。沙障间距即相邻两条沙障之间的距离。该距离过大，沙障容易被风掏蚀损坏，距离过小则浪费工料，因此，在设置沙障前必须合理确定沙障的间距。

与主风垂直的沙障，障间距与地形坡度及沙障高低有关，同时还要考虑风力强弱。如沙障高度大，那么障间距宜大，高度小的则间距宜小，沙面坡度平缓的间距大，坡度陡处间距小；风力弱处间距可大，风力强处间距应缩小。一般情况下坡度在4°以下的平缓沙地上设置沙障时，障间距为障高的15～20倍；在沙丘迎风坡面上设障时，则要求下一列沙障的顶端与上一列沙障的基部等高。因此，在地势不平坦沙丘的坡面上确定间距时，要根据沙障高和坡度进行计算确定。计算公式

$$D = H\cos\alpha \tag{3.32}$$

式中 D——障间距，m；

H——障高，m；

α——沙面坡度，(°)。

黏土（砖砾石）沙障、半隐蔽紧密式沙障的间距，主要是根据固沙造林的需要而确定的。这种沙障的特点是沙障设置后，经过几场大风，由于沙障两侧积沙，中间吹蚀，障间形成稳定低洼的凹形沙面，沙障设置方向如果正确，稳定后的沙障间凹面深度约为障间距离的1/12～1/10。

从固沙作用来讲，这类沙障的间距离不宜过大，过大时障间凹下过深，容易使沙障受到掏蚀。经验证通常要控制障间凹地深度要小于40cm，即障间距离为4m以下，这样沙障的固沙作用才比较稳定。

为了有利于在沙障间种植固沙植物，障间沙面的中部不宜堆积干沙，而干沙层又不能吹蚀过多使湿沙外露失水，通常进行造林的沙丘迎风坡，干沙层厚度在5～15cm之间，故障间沙面吹蚀深度一般应控制在5cm左右，最深不超过10cm。因此，沙障高度，应根据已确定的障间距来定，再按障间洼地的一般深度（间距的1/12）和最大深度（1/10）来推算确定。通常黏土沙障的间距为2～4m，埂高为15～20cm。在风向较不稳定地区，障间距还应缩小，如在巴彦淖尔盟西部和阿拉善盟东部沙区的吉兰太和磴口等地进行固沙中，常采用的间距为1～2m的行列式和格状沙障，障高采用15～20cm左右，防沙效果良好。

(4) 沙障高度。一般在沙地部位和沙障孔隙度相同的情况下，积沙量与沙障高度的平方成正比。根据风沙流的运动规律及特点，沙粒主要是在近地面层内运动，而且绝大部分沙粒都集中10cm下，因此，在一般情况下，沙障的高度在15～20cm，但沙障高度过低易受沙埋，所以最好适当加高，达到30～40cm效果会更好；一般高立式沙障障高100cm。

(5) 沙障的配置形式。不同类型的沙障具有不同的防沙效果，因此，选用沙障类型应根据防护目的，因地制宜，灵活确定，以此充分发挥各类沙障的长处。如以防风蚀为主，则应选用半隐蔽式沙障；以截持风沙流为主时，以选用透风结构的高立式沙障为宜。

沙障的配置形式，主要应考虑当地的具体情况，即根据优势和次优势风的出现频率和强弱情况，以及沙丘地貌类型等不同而定。一般配置形式有行列式、格状、人字形、雁翅形、鱼刺形等，归纳起来主要就是行列式和格状式两种：

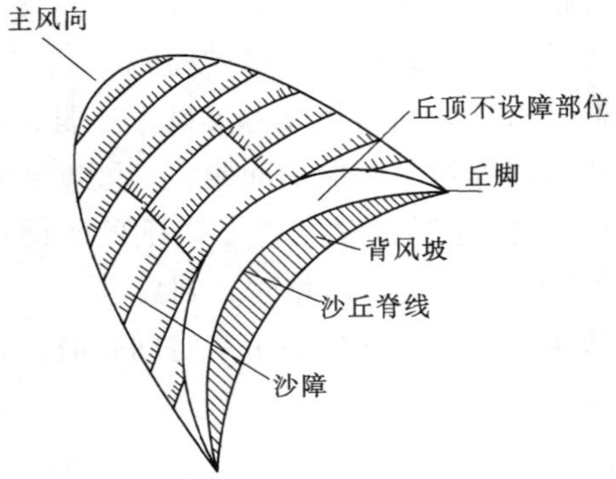

图 3.32 行列式沙障的设置

1）行列式配置。多用于单向起沙风为主的地区，在新月形沙丘迎风坡设置时，丘顶要空留一段，并先在沙丘上部新月形划出一道沙障的最上范围，然后再迎风坡正面中部，自最上设置范围线起，按所需的间距向两翼划出设置沙障的线道，并使该沙障线微呈弧形。对在新月形沙丘链上设障时，可参照单个新月形沙丘进行。但在两丘衔接链口处，因两侧沙丘坡面隆起，形成集风区，吹蚀力强，输沙量多，沙障间距应小。在链身上有起伏弯曲的转折面出现处，标志着气流在此转向，风向很不稳定，可在此处根据坡面转折情况，加设横档，以防侧向风的掏蚀。行列式沙障的设置如图3.32和图3.33所示。

图 3.33 行列式沙障

2）格状式配置。在风向不稳定，除主风外尚有侧向风较强的沙区或地段（多风向地区），多采用格状式沙障。根据多向风的大小差异情况，分别采用长方形格或正方形格（图3.34）。据近年来采用格状沙障圈沙的情况看，防沙固沙效果较好。

图 3.34 格状式沙障

(6) 沙障材料的选用。选用沙障材料时，则主要应考虑就地取材，固沙效果好，副作用小为宜。一般多采用麦草、板条、秸秆、砾石和黏土等材料为主。黏土沙障设置时最好采用格状或行列式为主，如设置平铺式最好采取带状平铺。

不同沙障材料和配置形式，对沙地水分有不同的影响，降水时不同类型沙障浸湿深度比较见表 3.17。

表 3.17　降水时不同类型沙障浸湿深度比较表

降水量/mm	全面平铺卵石/cm	半隐蔽格状麦草沙障中间/cm	草障下面/cm	平铺草/cm
4.7	10.0	9.8	6.1	7.1
9.7	与湿沙相接	15.5	7.8	10.0

由表可以看出，卵石沙障保水条件好，既能减弱蒸发有能截流降水；草障基部由于草障存在孔隙大，不但促进沙层水分的蒸发，而且草障本身截留水量也较大。

3.6.2.2 风力治沙

风力治沙指应用空气动力学原理，采用各种措施，降低粗糙度，使风力变强，减少沙量，使风沙流非饱和，造成沙粒走动或地表风蚀的一种治沙方法。风力治沙的基本措施是以输为主，兼有固。风力治沙的技术措施主要有以下方面。

1. 以固促输，断源输沙

要防止某地段被沙埋压或清除其上的积沙，就在该地段上风区，用可行的治沙方法固定流沙、切断沙源，使流经防护区的风沙流成为非饱和气流，此处的积沙被气流带走或以非堆积搬运形式越过防护区，使被保护物免受积沙危害。

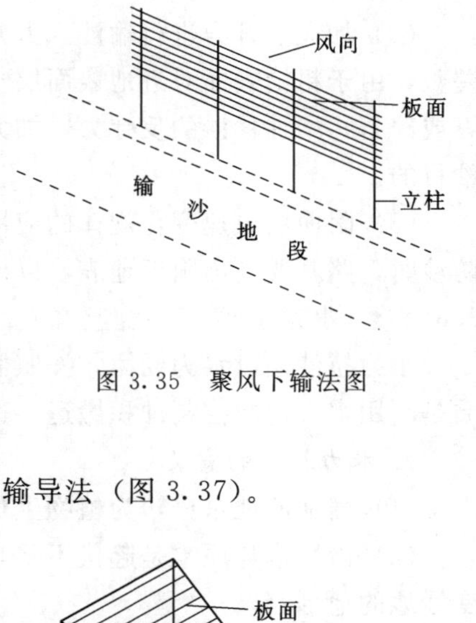

图 3.35　聚风下输法图

2. 集流输导

集流输导是聚集风力、加大风速输导防护区的积沙，防止沙埋危害。集中风力的方法很多，最常见的聚风板。聚风板常用的方法有：聚风下输法（图 3.35）、水平输导法［即八字形输导（图 3.36）］、垂直输导法（图 3.37）。

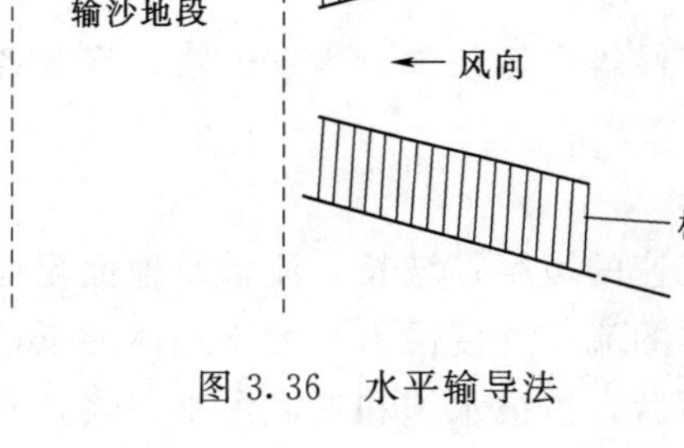

图 3.36　水平输导法

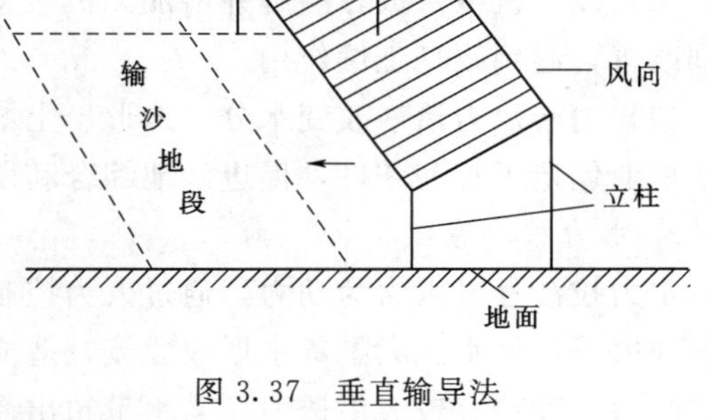

图 3.37　垂直输导法

聚风下输法设置时向主风向倾斜，聚风输沙被输地段与主风方向交角成45°～90°，输导积沙的效果较好；如果与主风方向的交角小于30°，则必须采用另一种方法来输导积沙，即反折侧导的方法。

3. 反折侧导

被保护物如果遭受从锐角方向吹来的流沙危害时，采用促使近地表气流换向的措施，改变流沙的输移方向，避开被保护物。

（1）反折侧导的原理。沙障与主风斜交，在45°以下时，能产生近地表的次生风换向，风沙流吹近沙障后，气流受到一定的压缩换向，部分在障前停下。但由于受压气流换向后风速加大，沿沙障行列前进，开始时降落在沙障附近的一部分沙粒，又因受新来的沙粒撞击，重新卷入风沙径流沿着沙障的行列方向前进，使被保护区避免障后积沙的危害。

（2）反折侧导的设置。一般采用1m左右高的不透风沙障或导沙板排列成连续的沙障进行侧导。在设置前，首先要了解地形和输导方向，确定沙障的位置和角度，导走流沙的处理场所。

4. 改变地表状况，促进流沙输导

（1）创造平滑的环境条件。在防止积沙的被保护地段，要尽量清除障碍，筑成平滑坚实的下垫面，把陡坡变缓筑成圆滑的弧形，使气流附面层不产生分离而出现涡流，达到输沙的目的。

（2）加大上升力进行输沙。上升力的大小取决于气流近地表层的速度与较高层速度的差数，由于粗糙表面对近地表面层气流的阻力，加大了上升力。所以在防护区铺设一些砾石或碎石，增加移沙的反弹力，加大上升力，调节风沙流结构，造成防护区风蚀，起到输沙目的。

（3）附面层风速变化规律的应用。近地表层的风速随高度的增加而增加，所以在公路防沙时，路基要高出附近地表，以增大风速，便于输沙。

3.6.2.3　水力拉沙

水力拉沙是以水为动力，按照需要输移沙子，消除沙害以改造利用沙漠的方法。其实质是利用水力定向控制蚀积搬运，达到治沙的目的。

1. 水力拉沙的意义

（1）增加沙地水分，为植物生长创造条件。

（2）沙区地势原本是起伏不平，经水冲沙塌，能够改变不同的沙丘地形为平坦地，改变沙地的地形。

（3）改变机械组成，溶解并增加无机盐类，促进团粒结构的形成，使沙地的理化性质得到改善，起到改良土壤作用。

（4）由于水力治沙改变水分、地形、土壤、小气候等自然条件，为农、牧、渔等各项生产事业创造了有利条件，促进沙地综合利用。

2. 水力拉沙原理

水力拉沙是以水力为动力，通过人为控制影响流速的坡度、坡长、流量及地面粗糙度等各项因子，使水流大量集中形成股流，造成一个水的流速（侵蚀力）大于土体的抵抗力（抗蚀力）。沙粒有较大渗透力，当水量超出渗透速度后，沙被水饱和形成浑水泥浆，水流继续冲掏，即形成径流，水和泥沙就会顺坡流走。同时由于沙粒本身是无结构的，机械组成较粗，又极松散，经水力冲刷后很快形成侵蚀沟，此时侧蚀加强，向两侧掏蚀严重，沙丘本身落沙坡面的自然安全角被破坏，沟坡大量崩塌，塌下的泥沙大量随水流走，这样继续扩展冲淘，沙随水走，使丘体破碎，慢慢被水输移到下游平坦及低洼地上，流速变缓而沉积下来。最后达到拉沙平丘，改变沙丘地貌，形成大面积基本农田和林、牧业基地。

水力拉沙的快慢与流速、沙粒重量及粒径有关，即粒径与启动流速的平方成正比，沙粒的重量又与其粒径的三次方成正比，所以沙粒的重量与流速的关系可用下式来表示：

$$G \propto VD^6 \tag{3.33}$$

式中 G——沙粒重量；

V——流速；

D——沙粒粒径。

根据这一关系式，我们就可以通过控制流速的办法，解决水力拉沙和沙沉积的问题，一旦沙丘拉平即进入防风防沙和沙地利用阶段。

3. 引水拉沙造地技术

引水拉沙造地和引水拉沙修渠是密不可分的，只有和修渠密切结合，才能实现造地的目的。

(1) 引水拉沙修渠。拉沙修渠是利用沙区河流、海水、水库等的水源，自流引水或机械抽水，按规划的路线，引水开渠，以水冲沙，边引水边开渠，逐步疏通和延伸引水渠道。它是水力治沙的具体措施。

1) 引水拉沙修渠的目的。引水拉沙修渠的根本目的是为了开发利用和改造治理沙漠和沙地，是在修渠的同时，可以拉沙造田，扩大土地资源。引水润沙，加速绿化，为发展农、林、牧业创造条件；拉沙压碱，改良土壤；拉沙筑坝，建库蓄水，实行土、水、林综合治理。所以引水拉沙修渠可以消除干旱、风沙、洪水、盐碱等危害，使农、林、牧、副、渔得到全面发展。

2) 引水拉沙修渠特点。由于沙区特殊的自然条件，在拉沙修渠时的规划、设计、施工、养护等方面的特点是：适应地形、灵活定线、弯曲前进、逐步改直；沙粒松散、容易冲淤、坡度宜小、断面宜大；引水拉沙、冲高填低、水落淤实、不动不夯；引水开渠、以水攻沙、循序渐进、水到渠成。

3) 规划设计。修渠之前要勘查水源、计算水量、了解水位和地形地势条件，确定灌溉范围和引水方式，选择渠线，布设渠系。

a. 水源确定：沙区水源十分宝贵，必须充分利用和开发水源，积蓄水量，对地表水和地下水的季节变化都要进行详细的调查，根据水量、水位确定引水方式，水量不足时，可建库蓄水；水位较高，可修闸门直接开口，引水修渠；水位不高，可用木桩、柴草临时修坝壅水入渠；水位过低，可用机械抽水入渠。

b. 选择渠线：可利用地形图到现场确定渠线的位置、方向和距离，由于沙丘起伏不平，渠道可按沙丘变化，大弯就势，小弯取直。干渠通过大的沙渠和沙丘时，应采取拉沙方式夷平沙丘，使渠岸变成平坦台地，台地在迎风坡一侧宽 50m，背风坡宽 20～30m。为防止或减少风沙淤积渠道，干渠应基本顺从主风方向或沿沙丘沙梁的迎风坡布设。

此外，布设渠系时，要使田、林、渠、路配套，排灌结合，实行林网化、水利化。拉沙筑坝的渠道一般不分级，能满足施工即可。拉沙造田的渠道则应尽量和将来的灌溉渠系结合，统筹兼顾，一次建成。

c. 引水量和渠道断面确定：引水量的大小是依据根据灌溉面积、用水定额、渠道渗漏情况来确定。通常应适当加大渠道断面，增加引水流量，以备将来灌区的发展，也有利于渠道防淤防渗。渠道的比降沙渠比土渠要小。清水渠道引水量小于 $0.5m^3/s$，比降采用 1/1500～1/2000，浑水比降可增至 1/300～1/500；当引水量增大到 $1.0\sim2.0m^3/s$ 时，清水比降采用 1/2500～1/3000，浑水渠道采用1/1500～1/2000。沙渠大都采用宽浅式梯形断面。渠底宽为水深的 2～3 倍较适宜，边坡比采用 1：1.5～2.0，具体规格按引水流量的大小确定。渠岸顶宽支渠一般为 1～1.5m，干渠为 2～3m，渠岸超高为 0.3～0.5m。

（2）引水拉沙造地。引水拉沙造地是利用水的冲力，把起伏不平、不断移动的沙丘，改变为地面平坦、风蚀较轻的固定农田，这是改造利用沙地和沙漠的一种方法。

1）拉沙造地的规划设计。拉沙造田必须与拉沙修渠进行统一规划，分期实施。造田地段应规划在沙区河流两岸、水库下游和渠道附近或有其他水源的地方。拉沙造田次序应按渠道的布设，先远后近、先高后低，保证水沙有出路，以便拉平高沙丘、淤填低洼地。周围沙荒地带可以利用余水和退水，引水润沙，造林种草，防止风沙，保护农田，发展多种经营。

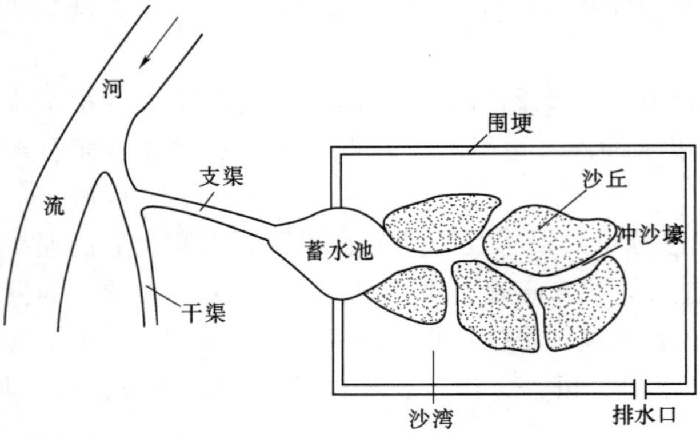

图 3.38　拉沙造地田间工程布设示意图

2）拉沙造地田间工程布设。引水拉沙造地的田间工程包括引水渠、蓄水池、冲沙壕、围埂、排水口等（图 3.38）。

引水渠连接支渠或干渠，或直接从河流、海子开挖，引水渠上接水源，下接蓄水池。造田前引水拉沙，造田后大多成为固定性灌溉渠道。如果利用机械从水源直接抽水造田，可不挖或少挖引水渠。

蓄水池是临时性的贮水设施，利用沙湾或人工筑埂蓄水，主要起抬高水位、积蓄水量、小聚大放的作用。蓄水池下连冲沙壕，凭借水的压力和冲力，冲移沙丘平地造田。在水量充足压力较大时，可直接开渠或用机械抽水拉沙，不必围筑蓄水池。

冲沙壕挖在要拉平的沙丘上，水通过冲沙壕拉平沙丘，填淤洼地造田块，冲沙壕比降要大，在沙丘的下方要陡，这样水流通畅，冲力强，拉沙快，效果好。冲沙壕一般底宽 0.3～0.6m，放水后越冲越大，沙丘逐渐冲刷塌滑入壕，沙子被流水挟带到低洼的沙湾，削高填低，直至沙丘被拉平。

围埂是拦截冲沙壕拉下来的泥沙和排出余水，使沙湾地淤填抬高，与被冲拉的地段相平。围埂用沙或土培筑而成，拉沙造田后变成农田地埂，设计时最好有规格地按田块规划修筑成矩形。

排水口要高于田面，低于田埂，起控制高差、拦蓄洪水、沉淀泥沙、排除清水的作用。经过粗平后，就要把田面上的积水通过排水口排出，排水口应按照地面的高低变化不断改变高差和位置，一般设在田块下部的左右角，使水排到低洼沙湾，引水润沙，亦可将积水直接退至河流及河道中。排水口要用柴草、砖石护砌，以防冲刷。

3）拉沙造地措施。在设置好田间工程后，即可进行拉沙造田。由于沙丘形态、水量、高差等因素的不同，拉沙造田的方法也各有差异。一般按拉沙的冲沙壕开挖部位来划分，有顶部拉、腰部拉和底部拉 3 种基本方式，施工中因沙丘形态的变化又有下列多种综合法：

a. 抓沙顶：适用于引水渠位置高于或平于新月形和椭圆形沙丘顶部时采用。当水位略低于沙丘顶部时，只要加深冲沙壕也可应用。采用抽水机械时，只需将水泵抽水管连通水源，放在沙丘顶部拉沙。在不同形态的沙丘上施工，抽水管的角度和部位可以自由变换，此法比自流引水拉沙操作自如，目前采用较多。

b. 野马分鬃：一般在渠水位低于或平于大型新月形沙丘、新月形沙丘链时采用。在沙丘靠近蓄水池一端，先偏向沙丘一侧挖一段冲沙壕，放水入壕拉去一段，接着在缺口处筑埂拦水，然后偏向沙丘另一侧，挖一段冲沙壕，再拉去一块，由近及远，如此左右连续前进，即可拉平沙丘。在施工中要保证冲沙壕的水流不中断，由于冲沙壕左右分开，形如马鬃，所以叫野马分鬃。

c. 旋沙腰：在渠水水位只能引到沙丘腰部时采用，需水量多。作法是：在沙丘中腰部开挖冲沙壕，利用水的冲击力量，逐渐向沙丘腹部掏蚀，形成曲线拉沙，齐腰拉平。

d. 劈沙畔：一般在沙丘高大，渠水的水位低，水无法引至沙丘顶部或腰部，可在沙丘坡角开一道冲沙壕，由外及里，逐步劈沙入水，将整个沙丘连根拉平。

e. 梅花瓣：在水量充足、范围较大的地段，当几个低于或平于渠水水位的小沙丘环列于蓄水池四周时，采用这个方法。另一种梅花瓣拉沙法是在一个大沙丘上，把水引至沙丘顶部，围埂蓄水，然后在蓄水池四周挖 4～5 条冲沙壕，同量放水向四周扩展，拉平沙丘。

f. 羊麻肠：在沙丘初步拉垮削低后，还残存有坡度很小的平台状沙堆，就可由高处向低处开挖之字形冲沙壕，引水入壕，借助水流摆动冲击将高出地面的平台状沙丘削低扫平。

g. 麻雀战：多在拉沙造田收尾施工时采用。主要用来消除高约 1～2m 的残留沙堆。将拉沙人员散开，每个沙堆旁安排一两名，然后放水各点的人员分别引水，冲拉沙堆，摊平沙丘。此法因与游击战中的“麻雀战”相似而得名。

3.6.3 植物治沙措施

生物固沙又称为植物固沙，是通过封育和栽种植物等手段，达到防治沙漠，稳定绿洲，提高沙区环境质量和生产潜力的一种技术措施。它是沙漠治理最有效的途径，不同的沙地类型，有其适宜的植物固沙措施，应用时应有针对性地选择，使各种措施相互结合，相互补充，共同构成完备的技术体系。植物治沙措施的作用体现在以下几个方面：

（1）植物固沙能提高植被覆盖率，防止土地的风蚀，促进流动沙丘→半固定沙丘→固定沙丘→稳定沙地的转化。

(2) 植物固沙可以促进贫瘠流沙向沙土方向转化，使难利用沙漠向可利用沙地的转化，具有沙漠资源改造的基本功能。

(3) 植物固沙可改善植被覆盖沙域的生长环境条件，促进沙地植物群落向良性方向发展，形成稳定的生态系统，有利于增加生物多样性。

(4) 通过植物固沙技术改造后的沙丘系统（包括沙丘、丘间低地、沙丘群间的平坦滩地和沙质平地），一旦控制了流沙前移和风蚀危害，可把植被防护的丘间平地开辟为基本农田、果园、瓜地或饲草料基地，提供适量的植物资源，逐步建立绿洲体系，完成沙漠向绿洲的转化。

3.6.3.1 封沙育草技术

1. 封沙育草带宽度与规模

因干旱沙区沙源物质、风力强度、绿洲规模、绿洲水源和植被破坏程度不同，封沙育草带的宽度与规模有所不同。如果沙源广（流动沙丘高大，连绵分布），残留植物少，植被覆盖度低（<10%），则封育面积应广，封育带宽度应1000m以上；如果沙丘较低矮，残留植物覆盖度较高（>10%），则封育宽度可规划为500～1000m。在能构成对绿洲生存威胁的地段，均应划出封沙育草带，形成绿洲外围的生物保护屏障。

2. 封沙育草类型的划分

依据沙地类型，划分重点封育治理类型和一般封育治理类型。

流动沙丘及危害绿洲沙丘的主要风口地段，应划分为重点封育治理类型，进行重点投入，未治理好前，进行全封闭管理，严禁一切形式的开发利用；其他区段可划入一般封育治理类型，进行一般投入，主要是进行管护，促进天然植被的自然更新。

育草技术要因地制宜地进行。多数情况，在春季或秋季可以进行人工撒播沙生旱生草种，促进植物繁殖，演进；条件许可和立地条件较好地段，可辅以飞机播种；有些地段可以利用绿洲灌溉尾水灌溉，改善育草环境。只要封沙和育草兼顾治理，效益目标将能达到。

3. 封沙育草带的管理

建立健全管理体系，是实现封沙育草带管理目标的关键。此管理体系步骤为：一是确立管理目标，二是确定管理内容，三是依法管理，四是确立行政责任。

(1) 封沙育草带管理目标。通过封育措施，控制沙漠化发展方向，实现沙丘由流动沙丘向固定沙丘转化，生产潜力逐渐提高的目的。

(2) 封沙育草带的管理内容。管理的基本内容主要是环境保护和资源的合理利用。对沙漠化严重地段，严禁滥垦、滥樵、滥牧、滥挖，实行全封育管理；当流沙被固定，植被覆盖度达到30%以上时，便可适当放牧和适当樵采，但其利用强度应当控制在天然草场能良性循环范围内。

(3) 封沙育草带的法规管理。依据草原法、环境保护法以及地方法规，进行有效的管理，是建立健全管理体系的重要环节。对违法违规行为施以法律约制，只有规范了人类行为，封沙育草目标才能实现。

(4) 封沙育草带的行政管理。明确不同行政级别领导的责任和不同部门的管理分工，实行管理目标责任制，运用奖惩、监督、职务提降等手段，调动一切管理部门的积极性，将有助于加快封沙育草成效的进程。

3.6.3.2 防风阻沙林带营造技术

防风阻沙林带是保护绿洲的第二道防线，位于灌草固沙带和农田之间。其作用是继续削弱越过灌草固沙带的风速，沉降沙流中的沙粒，进一步减轻风沙危害。

1. 防风阻沙林带布设原则

防风阻沙林带布设应考虑如下两个原则。

(1) 因地制宜，因害设防的原则。防风阻沙林带主要在沙丘的丘间低地、风蚀地、平缓沙地块布设，尽可能少占用绿洲周边耕作或宜农土地，也不宜远离绿洲，否则因生境水土条件差，造林不易成活，即使一时灌水成活，因缺水成林也会枯死。

(2) 由近及远，先易后难的原则。先在绿洲周边造林，逐渐向外扩展加宽。若为沙丘地段，先在丘间低地造林，前挡后拉，以丘间团块状林分隔包围沙丘；随着沙丘前移，丘顶被风力削平，在退沙畔再进行造林，以扩大丘间林地面积。

2. 防风阻沙林带的树种选择和林带结构

我国西北绿洲周边营造防风阻沙林带的乔木树种主要是沙枣、小叶杨、二白杨、新疆杨、钻天杨、箭杆杨、青杨、旱柳、白柳、榆树等，灌木树种为梭梭、柽柳、酸枣、柠条、花棒及沙拐枣等。

防风阻沙林带由乔灌木树种组成，以行间混交为宜，愈接近外来沙源一侧，耐沙埋的灌木比重应该增大，使之形成紧密结构，以便把前移的流动沙丘和远方来的风沙流阻挡在林带外缘，不致侵入林带内部及背风一侧的耕地。

为防止背风坡脚造林受到过度沙埋，应留出一定宽度的安全距离。其计算公式为：

$$L=\frac{h-k}{s}(v-c) \tag{3.34}$$

式中 L——安全距离，m；

h——沙丘高度，m；

k——苗高，m；

s——苗长量，m；

v——沙丘年前进距离，m；

c——沙埋苗木高 1/2 处的水平，m，据生长快慢取 0.4m 或 0.8m。

若地势不宽林带较窄，林带应为乔灌混交林或保留乔木基部枝条不修剪，以提高阻沙能力。

3. 防风阻沙林带的宽度

防风阻沙林带的宽度取决于沙源状况，在侵入绿洲的前沿地区，风沙活动强烈，农业利用暂时有困难，应全部用于造林，林带宽度小者 200～300m，大者 800～900m 乃至 1km 以上。流沙靠近绿洲，前沿沙丘排列整齐的地区，可贴近沙丘边缘造林，林带宽度为 50～100m。绿洲与沙丘接壤地区若为固定、半固定沙丘，林带宽度可缩小到 30～50m。绿洲与沙丘直接毗接地带，若为缓平沙地或风蚀地，因风成沙不多，林带宽度可为 10～20m，最宽不超过 30～40m。

3.6.3.3　片状造林技术

1. 片状造林布局

(1) 对于风蚀较轻的沙地或稳定的低沙丘、半流动沙丘，可以直接成片造林，全面固沙。

(2) 对流动沙丘，应先设置沙障，减缓风速，固定流沙，然后成片造林；在背风坡丘间低地栽植乔木林带，阻挡流沙前移；在迎风坡脚下种植灌木，拉低沙丘。

(3) 片状造林的株行距，根据树种和立地条件确定，一般都呈品字形排列。

2. 造林方式

(1) 沙湾造林方式，流动沙丘的丘间低地（称沙湾），一般水分和土壤条件比较好，风蚀轻，可直接造林固沙。在沙丘不太高大，丘间低地较大的地段，可利用这一方法。沙湾造林是利用丘间低地人工林促进风力拉削沙丘，导沙入林，在退出来的退沙畔，逐年追击造林，使流动沙丘逐渐消灭在林内。

(2) 前挡后拉造林方式，典型的前挡后拉，是高（乔木）前挡，低（灌木）后拉。前挡是在沙丘背风坡后的丘间低地栽植乔木或灌木，以阻挡沙丘前移；后拉是在沙丘迎风坡下部栽植灌木，固住迎风坡下部沙面，在灌木作用下造成不饱和气流，拉削掉丘顶。前挡后拉，可以削掉沙丘顶，涉丘迎风坡形成梯状地形，趋向平缓和固定，但不能彻底消除沙丘地形。

(3) 迎风坡造林是利用流动沙丘迎风坡基部水分条件优越的特点，不设机械沙障，直接进行造林治沙的方法。我国东部沙区降雨较多，可以用灌木在沙丘上直接造林，要用大行距，小株距；在西部沙区降雨少，基部需设沙障栽植灌木，前移后又设沙障造林，把沙丘分期固定。各地的应用方法很多，如密集式造林，宽行密植与平铺沙障相结合逐步推进，周身削顶、截腰分段、逐年推进、分期造林。

(4) 撵沙腾地，又固又放，开发利用沙荒地。撵沙腾地是促进沙丘迎风坡前移，腾出丘间低地后造林。其措施是：第一，在沙丘迎风坡基部犁耕，人工促进风蚀；第二，在丘间地造林和引水灌沙、封沙育草，加大低地的地表粗糙度，促进迎风坡风蚀。用这种方法治沙，可以把沙丘地变成以林为主农牧副相结合的新型基地；又固又放是陕北沙区创造的用以扩大丘间低地面积，从事农牧业利用的治沙造林方法，其方法是固定一部分流动沙丘，让另外一部分沙丘继续流动。在被固定沙丘上用固沙阻沙措施使沙丘加高变大，在另一部分沙丘上用输沙措施，使沙丘移走，逐步扩大丘间低地面积，便于开发利用。

(5) 环丘造林方式。在年降水量只有数十毫米的沙区，流动沙丘上几乎无湿沙层，流沙上造林很困难，采用土埋沙丘办法完全固住，然后紧靠丘脚周围密植1～2圈沙拐枣、骆驼刺等灌木，外围采用生长迅速的沙枣、杨树等乔木，或采用柽柳、沙柳、花棒、柠条等灌木，与沙枣、杨树等乔木营造混交林，沙丘包围在树林里，流沙也只能散布积聚在林地内，而不会外移危害。对小片分散的起伏沙地，固沙或造林都不易实施时，采用“聚而歼之”的办法。选定适当地势，插设积沙性能强的高立式柴草沙障，把分散的沙堆或流沙逐渐积聚成大沙丘，再用土埋沙丘，使之全部固定，然后逐步进行环丘造林，效果比较好。

3. 树种选择的原则

（1）选择适合当地生长，有利于发展农、林、牧、副业生产的优良树种和乡土树种。

（2）乔木树种应具有耐瘠薄、干旱、风蚀、沙割、沙埋，生长快，根系发达，分枝多，冠幅大，繁殖容易，抗病虫害，改良沙地见效快，经济价值高等优点。北方选择的树种须耐严寒，南方选择的树种须耐高温。

（3）灌木应选择防风固沙效果好、抗旱性能强、不怕沙埋、枝条繁茂、萌蘖力强、条材（或薪柴）产量高、质量好的树种。

3.6.3.4 固沙树种、草种的选择

1. 固沙树种

严酷的沙地环境是一般植物难以生存的，其主要影响因素有：干旱、贫瘠、严寒、酷热、病虫兽害以及流沙本身的活动性引起的风蚀、沙埋、沙割等，其中干旱和流沙的活动性是影响植物最普遍、最深刻的两个限制因素。

（1）沙地旱生或超旱生沙生植物。通常流沙表层的干沙层深 30～40cm，以下为湿沙层，植物发芽后，主根具有迅速延伸，以尽快达到稳定湿沙层的能力。草原地区的流动沙丘，由于降水较多，多年平均降水量 300～400mm，沙生植物为了充分利用降水，以发展水平根系为主，如沙柳、黄柳、杨柴、花棒等；主根不很发达，根系多分布在 1～3m 以内沙层。

在荒漠半荒漠地区，由于降水稀少，多年平均降水量在 200mm 或 100mm 以下，沙丘上干沙很厚，这就迫使沙生植物的根系向深层发展，以求利用地下水，因此，深根性植物较多，如梭梭，主根深达 5m。沙拐枣的根系多半水平分布在 2m 厚的沙层内，但在地下水 3～6m 深沙地上，此时沙拐枣的根系多半垂直向下发展，并能深达地下水沿毛细管上升的区域；此外，骆驼刺根深大于 6m；分布于干草原地区的油蒿，主根深约 2m；在荒漠地区的沙坡头，主根深达 4.5m。

（2）抗风蚀、沙埋的沙地植物。沙地植物对风蚀、沙埋的适应能力，根据其适应特性，可归纳为 4 种类型，即速生型、稳定型、选择型、多种繁殖型。

1）速生型适应。沙拐枣、花棒等植物，种子发芽后一出地面，主根已深达 10cm 多，10 天后根可达 20cm 多，地上部分高于 5cm，当年秋，根深大于 60cm，地径粗约 0.2cm，最大植株高大于 40cm。主根迅速延伸和增粗，可减轻风蚀危害和风蚀后引起的机械损伤，根愈粗固持能力愈强，植株愈稳定，抵抗风沙流的破坏能力越强；同时风沙流运动多集中于地表 10cm 以内，植株愈高，适应沙埋的能力也就愈强。

属于苗期速生类型的植株有：沙拐枣、花棒、杨柴、梭梭、木蓼等。植株能否经受沙丘前移的埋压而保存下来，决定于植株高生长能否超过沙丘背风坡的积沙速度，大于沙丘积沙速度的植物，才能安然保存下来，这些植物有：柽柳、沙柳、花棒、杨柴、柠条、油蒿、小叶杨、旱柳、沙枣、刺槐等。

2）稳定型适应。如杨柴的种子扁圆形，表皮上并有皱纹，布于沙表不易为风吹失，一有起沙风便能很快自然覆沙，为发芽成苗创造良好条件，种子成熟后为风所传播，其传播距离不远，易群聚于条件较好的母株周围，同时，杨柴幼苗地上部分分枝较多，枝条夹角较大，呈匍匐状斜向生长，对风沙流阻力较强，易积沙而无风蚀，稳定性较好，除杨柴

外，籽篙、油蒿，亦属此种类型，种子小数量多，易群聚和自然覆沙，种皮含有角质，遇水与砂粒黏结成沙团，重量增加10至数十倍，不至为风吹失，有利发芽生根，植株低矮枝叶稠密丛生较强，容易积沙。

3）选择型适应。如花棒、沙拐枣、沙柳等植物种子圆球形，上有绒毛翅，或小冠毛，易为风吹移到弱风处，如背风坡脚，或丘间低地，或植丛周围，通常风蚀少而轻，有一定的沙埋对种子发芽和幼苗的生长有利，这种植物生长迅速，极耐沙埋，愈埋愈旺，这种以自身的形态结构，利用流沙中频繁出现的风力，使自己处于条件比较优越的弱风处发芽、生长，亦是对沙活动性的一种巧妙适应，称这类适应为选择型适应。

4）多种繁殖型适应。很多沙生先锋植物，既能有性繁殖，又能无性繁殖，当环境条件不利，有性繁殖受到限制时，就依靠无性繁殖进行更新，一些处于恶劣的流动沙丘迎风坡上的先锋植物，不仅依靠无性繁殖进行更新，也通过无性繁殖防止风蚀，如流沙上的杨柴，通过无性繁殖在母株周围构成枝叶密集的群体，最终形成没有风蚀的大灌丛沙堆。属于这一类型的植物，除杨柴外还有沙拐枣、红柳、骆驼刺、沙柳、麻黄、沙蒿、白刺、牛心朴子、沙旋覆花等。

上述4种类型，是沙生植物适应流沙中风蚀沙埋的基本特征。然而每种沙生先锋植物并非仅仅属于某一适应类型，如花棒，既属选择性又属速生型，而杨柴，既属稳定型、速生型，还具有多繁殖型，但是属于同样适应类型的不同植物种，仍有强弱不同之别，如同属速生型的沙拐枣（乔木状或头状）、梭梭、花棒、杨柴等，苗期速生型最强的是沙拐枣。

沙生植物通过自身对干旱和风蚀、沙埋的适应特征，在沙生环境中实现个体的生存和群体的发展壮大，利用地上部分的枝叶降低风速，阻挡流沙，充分利用地下部分的根系网络固持沙丘。沙生植物通过个体繁殖形成地上稳定的植被群落和地下强大的根茎网络体系，从而实现沙丘的固定，达到防风固沙的目的。

营造防风固沙带的固沙主要树种有：沙枣、小叶杨、二白杨、新疆杨、钻天杨、箭杆杨、青杨、旱柳、白柳、榆树等，灌木树种为梭梭、柽柳、酸枣、柠条、花棒及沙拐枣等。

2. 固沙草种

防风固沙草种选择时要求草种要有抗干旱性、抗寒能力强，具有一定的耐盐碱能力，抗风吹沙打；根深且根系发达。主要草种有：披碱草（直穗大麦草、碱草）、冰草（羽状小麦草、野麦子）、沙打旺（直立黄芪、地丁苦草）。

3.6.4　化学固沙措施

化学固沙属于工程治沙措施之一，化学固沙是在流动沙地上喷洒化学胶结物质，使其在沙地表面形成一层有一定强度的防护壳，避免气流对沙表的直接冲击，达到固定流沙的目的。此种措施收效快，便于机械化作业，但成本较高。化学固沙措施多用于严重风沙危害地区的开发建设项目的防护，如铁路、公路、机场、国防设施、油田等。选择化学胶结物时应考虑沙地的透气性，尽可能与植物措施相结合。

3.6.4.1　化学固沙的作用原理

化学固沙的原理是利用稀释了的具有一定胶结性的化学物质喷洒于松散的流沙表面，

水分迅速渗入到沙层以下，而那些化学胶结物质滞留于一定厚度（1～5mm）的沙层间隙中，将单粒的沙子胶结成一层保护壳，以此来隔开气流与松散沙面的直接接触，从而起到防止风蚀的作用。这种作用是属于固沙型的，只能将沙地就地固定不动，而对过境风沙流中所携带的砂粒却没有防治效能。

3.6.4.2 化学固沙物质的种类和组成

（1）沥青乳液固沙。沥青乳液固沙主要是用 HD-200/300 和 HD-130/200 沥青制成的慢性裂型沥青乳液，作为临时固定沙面的黏结剂。沥青乳液形成的沙面保护层能保持在2～3年内防止风蚀的作用。喷洒前应先将乳化厂制成的50%沥青乳液用2～6份水进行稀释，而且喷洒前预先在沙面上先喷水浇灌沙面，还可以增加乳液的渗透深度。乳液渗入干沙层和湿沙层的深度分别是10～15mm和20～30mm，可在沙面留下一层多孔性薄膜（厚2～3mm）。沥青乳液喷洒后在其薄壳边缘易形成卷曲现象而破裂，因此，在用水稀释乳液时，沥青乳液含量不宜过多，一般不超过10%～15%。

另外，沥青乳液在贮存时应注意不要失水并不应低于0℃，可以使用各种能防止水分蒸发的储藏罐储存。在长途运输中为防止沥青乳液发生分解，可在每10t乳液中加入0.5kg烧碱。

沥青乳液是由石油沥青、乳化剂和水组成。其中乳化剂的材料可用硫酸处理过的造纸废液或油酸钠（$C_{17}H_{35}COONa$），均是较好的乳化剂。为了增加其稳定性和分散度还可适当加些玻璃或烧碱（每10kg可加入0.5kg）。

（2）沥青化合物固沙。沥青化合物是一种含有沥青或黏油、水和矿物粉末（黄土、壤土、水泥或石灰）的暗棕色黏性物质。它是在灰浆搅拌机中经强力搅拌制成的，用泥浆泵喷洒在流沙表面。如苏联道路研究所哈萨克分所研制成了一种固定流沙的化合物，其组成成分为：沥青 MG-70/30 或黏油30%～50%，矿物粉30%～40%，水30%～35%。

此化合物在喷洒前须用水（1：1～1：10）稀释。沙面喷洒沥青或黏油0.25～0.38kg/m^2（即6～8L/m^{2}稀释化合物）。渗入沙层深度为10～30mm，用量不可太大，喷洒速度不可太快，否则容易造成渗透不及而淌到低洼处积聚，造成沙面沥青沉淀不均匀。最好采取分次喷洒，即第一次喷洒后1.5～2个月再喷1次，以达到使所有沙面都能喷洒到。

（3）涅罗森固沙。涅罗森（Nerosine）是石油页岩中提取的，其化学成分包括一系列含氮物质、石碳酸和酸类化合物、烃类和大量所谓中性氧化物（酮、醚、醇等）。其组成为：含氮物质0.3%，石碳酸0.3%，酚类化合物21.4%，沥青质酸0.7%，中性沥青质13.2%，中性油、烃和中性氧化物64%

涅罗森有工厂制成品可以直接使用，温度不能低于15℃，用量在300g/m^{2}以上，可以在沙面形成一层连续的固定壳，厚度为3～6mm，此种保护壳有弹性，抗裂强度为1.24kg/cm^2。在保护壳局部破坏的情况下，也能保持1年以上的保护能力。涅罗森保护壳在未破坏的情况下，会妨碍植物种子发芽，并会明显地阻止水分渗透，使50cm厚度上部沙层比较干燥，喷洒2～3周后，会产生裂隙，这样会有些好转。

（4）油-胶乳固沙。采用油-胶乳（OLE）固沙，是以简单的方法使少量的橡胶乳分布在大面积的沙面上，同时还能得到弹性较高的膜。另外，将胶乳加入泊乳液中，还能改善胶乳的工艺特性，提高喷洒时抗硬水稀释性质和防止通过细小喷嘴时发生凝聚作用。

要使流沙在 6m/s 风速下不发生移动现象，胶乳用量应为 17.5g/m²，风速较高时(10～12m/s)，胶乳用量应增加到 26.0～28.5g/m²。目前，国内外用作固沙的胶结材料主要是石油化学工业的副产品。我国一般常用的有沥青乳液，它在常温下具有流动性，便于使用，价格也较低。

常见化学胶结物还有油叶岩矿液、合成树脂以及合成橡胶等，也可使用一些天然有机物，如褐煤、泥炭、城市垃圾废物以及树脂等。

此外，最近兴起的高分子吸水剂，可以吸附土壤和空气中的水分，供植物吸收，也有助于固沙。还可以使用土工织物，并在其中种植植物，以达到固沙的目的。

3.7 泥石流防治工程

泥石流是指在山区或者其他沟谷深壑、地形险峻的地区，因为暴雨、暴雪或其他自然灾害引发的山体滑坡并携带大量泥沙以及石块的特殊洪流。泥石流具有突然性、历时短、危害大等特点。泥石流形成的必备 3 个条件：丰富的松散固体物质，短时间内有大量水的来源和陡峻的地形。典型的泥石流从上游到下游一般分为开成区、通过区和堆积区 3 个区。根据不同的划分依据，可将泥石流划分为不同类型（表 3.18）。

表 3.18　　泥石流分类表

划分依据	类型名称	特征说明
形成原因	自然泥石流	由于降雨、融雪、冰川等自然因素造成的泥石流
	人为泥石流	由于人类活动引起的泥石流
沟谷特征	标准沟谷型泥石流	泥石流发生沟谷有明显的形成区、通过区、堆积区
	沟谷型泥石流	泥石流发生在狭长沟谷中，形成区不明显，固体物质来源于中游段，泥石流沿沟谷有搬运有冲刷
组成物质	山坡型泥石流	泥石流发生在山坡或山坡冲沟中，沟坡与山坡几乎一致，泥石流土体堆积在坡脚或冲沟沟口，固体物质来源于沟坡
	泥石流	泥石流由黏土、粉土、砂砾、卵石、漂砾等各种组成
	泥流	泥石流主要由黏土、粉土和砂组成，缺少或很少砾石和卵石颗粒
	水石流	泥石流中主要由大量的砂石、砾石、卵石组成，缺少或很少黏土和粉砂
流体特征	稀性泥石流	泥石流中水和固体物质无法结成一体，水为搬运介质，石块和砾石以流动或跃移方式向下运动，固体物质含量 15%～20%，其中粉砂、黏土较少，容重 18kN/m³ 以下（泥流为 12～15kN/m³）
	黏性泥石流	泥石流中水和固体物质稠结成一体，固体物质含量 40%～60%，其中粉砂、黏土较多，泥浆黏度大，容重大于 18kN/m³ 以下（泥流>15kN/m³）
固体物质提供方式	滑坡泥石流	固体物质主要由滑坡提供
	崩塌泥石流	固体物质主要由崩塌提供
	沟床侵蚀泥石流	固体物质主要由沟床堆积侵蚀提供
	坡面侵蚀泥石流	固体物质主要由坡面或冲沟侵蚀提供

续表

划分依据	类型名称	特征说明
引发因素	激发类泥石流	由暴雨、冰川、水库溃坝等激发造成
	触发类泥石流	由地震、火山、滑坡、大爆破触发造成
	诱发类泥石流	由采矿、弃渣、毁坏森林、地下水涌流等造成
泥石流动力学特征	土力类泥石流	泥石流沿较陡坡面运动，土体运动主要靠其自重沿坡面的剪切分力引起和维持
	水力类泥石流	沿较缓的坡面运动，其中土体是靠水体部分提供的推动力引起和维持运动

3.7.1 泥石流防治工程类型及适用条件

泥石流防治的工程措施是在泥石流的形成、流通、堆积区内，采取相应的治水工程、拦挡工程、排导工程和停淤工程等治理措施，以控制泥石流的发生和危害。泥石流防治的工程措施通常适用于危害比较大，保护对象重要，要求防治标准高、见效快、一次性解决问题等情况。

3.7.2 治水工程

地表径流是泥石流发生的动力源。治水工程设计目的就是减少地表径流，减缓流速，改善泥石流形成与发展的水动力条件，具体措施包括坡耕地治理、荒坡荒地治理、小型蓄排工程和沟头沟边防护工程等。

3.7.2.1 坡耕地治理

根据土层厚薄、雨量大小等条件，分别修建水平梯田、坡式梯田和隔坡梯田，以小流域为单元，对坡耕地进行全面治理。有关规划、设计、施工等技术可参照《水土保持综合治理技术规范 坡耕地治理技术》(GB/T 16453.1—1996)。

对于25°以下未修梯田的坡耕地，应根据不同条件，分别采用不同的保水保土耕作法，如沟垄种植、草田轮作、套种、间作、深耕深松等。具体技术要求可参照《水土保持综合治理技术规范 坡耕地治理技术》(GB/T 16453.1—1996)。

3.7.2.2 荒坡荒地治理

对于荒坡荒地，首先布置造林工程，其中的荒山宜林地，可营造水土保持经济林、薪炭林、用材林和饲料林等；应按照林型、树种规划和整地工程设计要求开展植物工程设计；对于荒坡荒地中适宜种草的非宜林地和水土保持规划中用于发展牧业生产的土地，可人工种草，但须搞好人工草地规划，选好草种和种植方式。

对于残林、疏幼林和退化草地，采取封山、封坡、育林育草的封育治理，并搞好有关的工程管理与技术管理。

3.7.2.3 小型蓄排工程

对于雨量较多、坡面径流较大的土石山区和丘陵区，坡耕地和荒地治理应配合修建截水沟、排水沟、沉沙池、蓄水池、路旁水窖、涝池等小型蓄水工程，减少暴雨径流。

3.7.2.4 沟头沟边防护工程

小流域侵蚀沟的沟头、沟边，应根据不同条件，修建围埂式、跌水式、悬臂式等不同类型的防护工程。具体技术要求参照《水土保持综合治理技术规范 沟壑治理技术》（GB/T 16453.3—1996）。

3.7.3　拦挡工程

拦挡工程设计目的就是从源头削弱泥石流强度、沉积砂石，减小泥石流破坏能力，主要措施有修建谷坊和拦挡坝等，主要布置在沟谷的上、中游。

3.7.3.1　谷坊

对于小流域沟底比降较大，下切严重的沟段，应修建谷坊。谷坊是横拦在沟道中的小型挡拦建筑物，其坝高小于3m，适于沟底比降较大（5%～10%或更大）的支毛沟。谷坊的主要作用是防止沟床下切，稳定山坡坡脚，防止沟岸扩张，减缓沟道纵坡，减小山洪流速，减轻山洪或泥石流灾害。谷坊类型分为土谷坊、石谷坊、柳谷坊等各种类型的谷坊。

1. 设计标准

谷坊工程的设计标准为5～10年一遇3～6h最大暴雨，根据各地降雨情况，分别采用当地最易产生严重水土流失的短历时、高强度暴雨。

2. 谷坊的布设

(1) 谷坊群布置。通过沟壑情况调查，选沟底比降5%～10%的沟段，用水准仪测量并绘制沟底比降（纵断面图）。根据沟底纵断面图，按“顶底相照”原则从下向上系统地布设谷坊群，初步拟定每座谷坊位置。谷坊布设示意如图3.39和图3.40所示。

图3.39　土谷坊

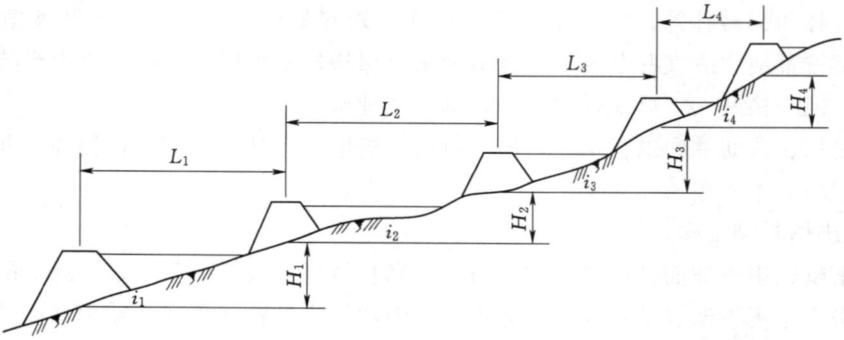

图3.40　谷坊布设示意图

(2) 坝址选择。坝址应选在“口小肚大”，工程量小，库容大的位置；沟底与岸坡地形、地质（土质）状况良好，无孔洞或破碎地层，没有不易清除的乱石和杂物，取用建筑材料（土、石、柳桩等）比较方便的地方。

(3) 谷坊间距。下一座谷坊与上一座谷坊之间的水平距离按下式计算：

$$L=\frac{H}{i-i'} \tag{3.35}$$

式中 L——谷坊间距，m；

H——谷坊底到溢水口底的高度，m；

i——原沟床比降，%；

i'——谷坊淤满后的比降，%，不同淤积物 i' 见表 3.19。

表 3.19　谷坊淤满后的不冲不淤比降

淤　积　物	粗砂（夹石砾）	黏土	黏壤土	沙土
比降/%	2.0	1.0	0.8	0.5

3. 土谷坊设计

土谷坊是由土料筑成的高度小于 5m 的小土坝，不透水，顶宽 1.0～3.0m，内坡 1∶1，外坡 1∶1.5，谷坊坝与地基结合槽应紧密联结。须在坝顶或坝端侧设溢水口，溢水口应用石料砌筑。暂不设溢流口而允许坝顶溢流时，可在坝顶、坝坡种植草灌或砌面防护。土谷坊布置如图 3.41 所示。

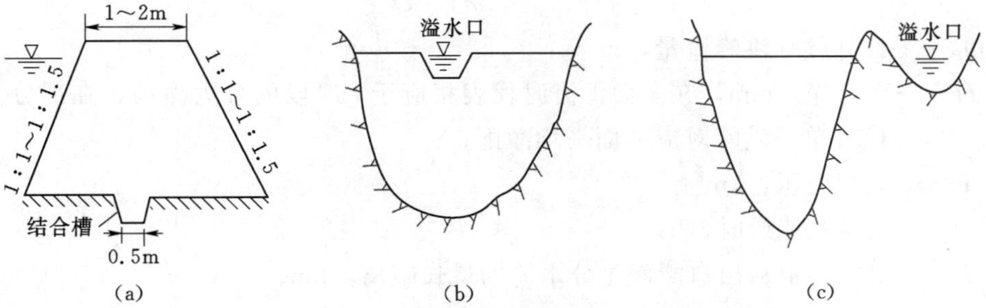

图 3.41　土谷坊布置示意图

(a) 土谷坊断面图；(b) 谷坊顶溢流；(c) 谷坊侧溢流

土谷坊在西北黄土高原水土流失较大的地区和土质沟道地区常采用塑料编织袋填砂土累筑施工方法，这种施工比较方便，而且更能适应地基变形沉陷要求，其断面尺寸构造如图 3.42 所示。

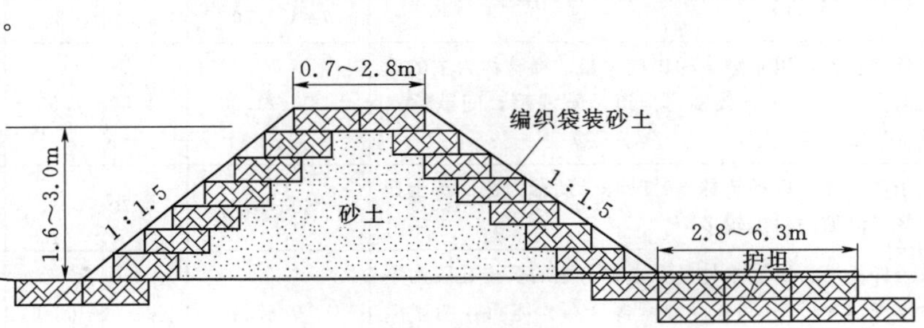

图 3.42　塑料编织袋土谷坊

(1) 坝体断面尺寸。坝体断面尺寸根据谷坊所在位置的地形条件，可参照表3.20确定。

表3.20　　土谷坊坝体断面尺寸

坝高/m	顶宽/m	底宽/m	迎水坡比	背水坡比
2	1.5	5.9	1∶1.2	1∶1.0
3	1.5	9.0	1∶1.3	1∶1.2
4	2.0	13.2	1∶1.5	1∶1.3
5	2.0	18.5	1∶1.8	1∶1.5

注　1. 坝顶作为交通时按交通要求确定坝顶宽度。
　　2. 在谷坊能迅速淤满的地方迎水坡比可采取与背水坡比一致。

(2) 溢洪口。设在土坝一侧的坚实土层或岩基上，上、下两座谷坊的溢洪口尽可能左右交错布设。当沟深小于3.0m，且两岸是平地的沟道，坝端设有适宜开挖溢洪口的位置时，土坝高度应超出沟岸0.5～1.0m，坝体在沟道两岸平地上各延伸2.0～3.0m，并用草皮或块石护砌，使洪水从坝的两端漫至坝下土地或转入沟谷，水流不能直接回流至坝脚处。

(3) 设计洪峰流量。设计洪峰流量可按以下公式计算：

$$Q_P = 0.278 \times \frac{H}{t} F \tag{3.36}$$

$$t = 0.278 \times \frac{L}{m J^{1/3} Q^{1/4}} \tag{3.37}$$

式中　Q_P——设计频率洪峰流量，m^3/s；

H——净雨深，mm，在全面汇流时代表相应于 t 时段的最大净雨，在部分汇流时代表单一洪峰对应的面平均净雨；

F——流域面积，km^2；

t——流域汇流历时，h；

L——沿主沟道从出口断面至分水岭的最长距离，km；

m——汇流参数，无资料条件下 m 值确定可参考表3.21中确定，表中 $\theta = L/J^{1/3}$；

J——沿流程 L 的平均比降（以小数计）。

表3.21　　汇流参数 m 值

类别	雨洪特性、沟道特性、土壤植被条件	推理公式洪水汇流参数 m 值		
		$\theta=1°\sim10°$	$\theta=10°\sim30°$	$\theta=30°\sim90°$
Ⅰ	植被条件较差，以荒坡、梯田或少量的稀疏林为主的黄土丘陵沟壑区，旱作物较多，沟道呈宽浅型，间歇性水流，洪水暴发户涨陡落	1.00～1.30	1.30～1.60	1.60～1.80
Ⅱ	植被条件一般，以稀疏林、针叶林、幼林为主的黄土丘陵沟壑区或流域内耕地较多	0.60～0.70	0.70～0.80	0.80～0.95
Ⅲ	植被条件良好，以灌木林、乔木林为主的黄土丘陵沟壑区，治理度达40%～50%，沟床多砾石、卵石，两岸滩地杂草丛生，大洪水多为尖瘦型，中小洪水多为矮胖型	0.30～0.40	0.40～0.50	0.50～0.60

（4）溢洪口断面尺寸确定。溢洪口断面尺寸确定一般按开敞式矩形溢流堰计算：

$$Q=MB\sqrt{2g}H_0^{3/2} \tag{3.38}$$

式中 Q——设计流量，m^3/s；

M——流量系数；

B——堰顶宽度，m；

g——重力加速度，m/s^2；

H_0——堰上水头（含行近流速水头），m。

如果溢洪道所在岸坡顺水流方向较缓，可采用明渠均匀流公式计算：

$$Q=Av \tag{3.39}$$

式中 A——溢洪口断面面积，m^2；

v——流速，m/s。

流速按下式计算：

$$v=C\sqrt{Ri} \tag{3.40}$$

式中 C——谢才系数，$C=\frac{1}{n}R^{1/6}$，其中 n 为糙率；

R——水力半径，$R=A/\chi$，m；

i——渠底比降，%；

χ——溢洪口断面湿周，m。

4. 石谷坊设计

石谷坊又分为干砌石谷坊、浆砌石谷坊和石笼谷坊。

（1）干砌石谷坊。干砌石谷坊由干砌块石筑成，顶面和下游面用毛料石护面，高度一般不大于 3m，断面为梯形，上游边坡 1∶0.5，下游边坡 1∶1，底部设有结合槽，用以防渗截水、增加稳定性，顶宽 1.0m，为泄洪谷坊可设梯形活簸箕形断面溢流口，下游沟床铺设海漫防冲，海漫防冲长为坝高的 2～3 倍，海漫厚 0.3～0.5m（图 3.43、图 3.44）。

图 3.43 干砌石谷坊

(2) 浆砌石谷坊。浆砌石谷坊用浆砌石或毛料石筑成，适用于石质沟道岩石露头或土石山区有石料的地方，谷坊高度可大可小，一般高3～5m，顶宽1.0～1.5m，迎水坡1∶0～1∶0.5，背水坡1∶0.5～1∶1（图3.45、图3.46）。此类谷坊在巩固沟床的同时，还可蓄水利用，设计时需做坝体稳定分析。

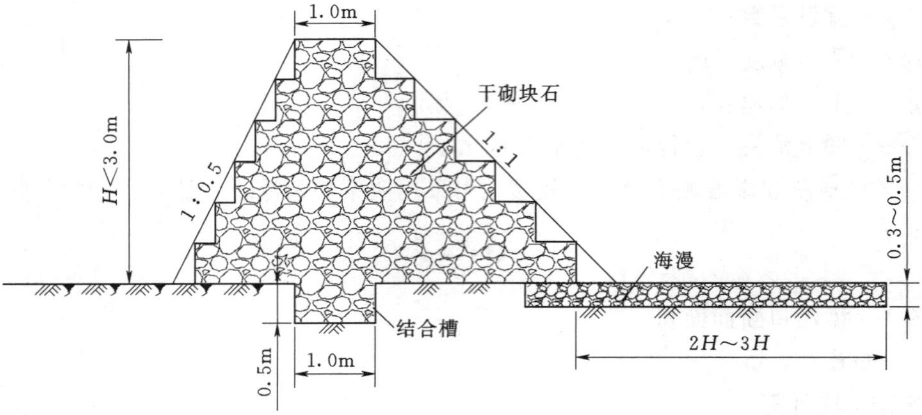

图3.44　干砌石谷坊示意图

图3.45　浆砌石谷坊

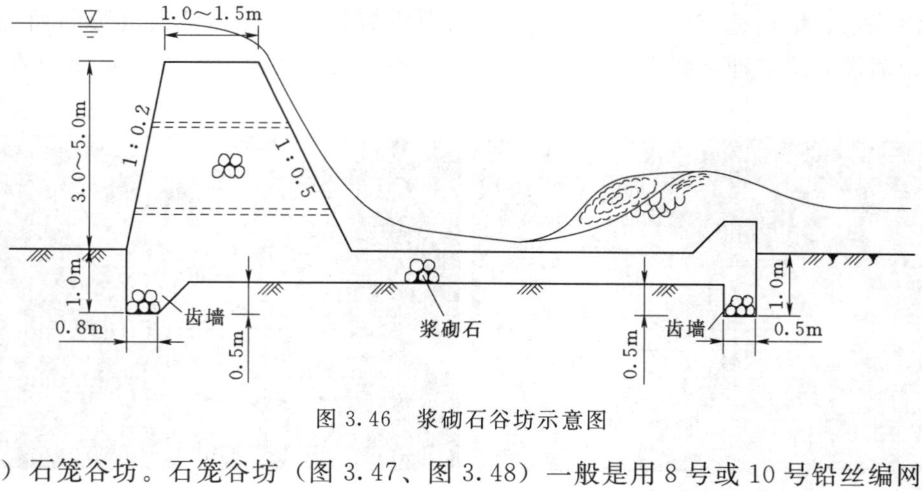

图3.46　浆砌石谷坊示意图

(3) 石笼谷坊。石笼谷坊（图3.47、图3.48）一般是用8号或10号铅丝编网，卷成0.4～0.5m，长3～5m的网笼石块堆筑而成，南方可用毛竹编网制作。石笼谷坊适用于清基困难的淤泥地基沟道，施工时为了加强其整体性，常将石笼 $\Phi 8$、$\Phi 10$ 钢筋串联在一起。如谷坊不需要排水，可在上游填土夯实，网笼间空隙填以小块石或砾石。为防止下游冲刷，在下游作一定长度（通常为谷坊高度的 1.5～2.0 倍）的石笼护底，护底末端打木桩加固保护。

图 3.47　石笼谷坊

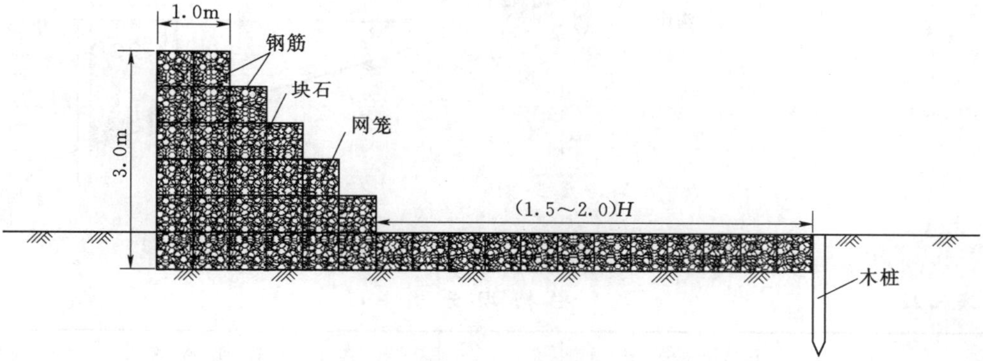

图 3.48　石笼谷坊示意图

（4）溢洪口尺寸的确定。石谷坊溢洪口一般设在坝顶，采用矩形宽顶堰公式计算：

$$Q=Mbh^{3/2} \tag{3.41}$$

式中　Q——设计流量，m^3/s；

b——溢洪口底宽，m；

h——溢洪口水深，m；

M——流量系数，一般采用 1.55。

5. 柳谷坊

柳谷坊又叫生物谷坊，它是把植物措施与工程措施结合在一起的谷坊。制作柳谷坊的主要材料是活柳柳枝，将活柳柳枝选取直径 5～10cm 的端直枝条，截成长 1～2m 的柳桩，然后将柳桩打入沟底（入土深度 0.5～0.8m），按沟底坡度和沟道的宽窄，设为一排或两排，并用柳条交叉形成柳排，柳排上游底部铺垫梢枝，上压石块或堆筑塑料编织土袋即成柳谷坊（图 3.49～图 3.51）。柳谷坊通常只拦泥而不蓄水。

3.7.3.2　拦挡坝

泥石流拦挡坝的类型繁多，可以从几何形体、结构形式、受力状态、建筑材料、透水性能、作用时限和施工方法等方面区分类型，见表 3.22。

图 3.49　柳谷坊

图 3.50　杨树谷坊

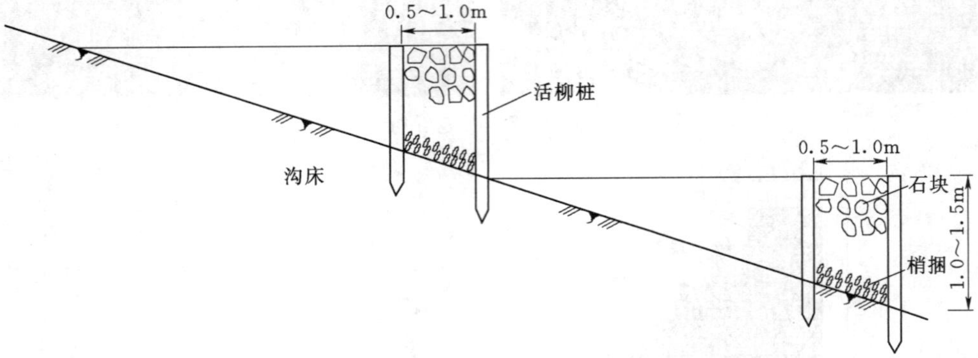

图 3.51　柳谷坊示意图

表 3.22　　　　**拦挡坝分类**

分类	拦碴类型	特征及效用
几何形体	平面形坝	结构简单，不宜过高，省材料，效用小
	立体形坝	结构复杂，越高越费料，效用大
结构形式	实体坝、轻型坝、格栏坝、混合结构坝、梁式坝、桥式坝、拱形坝、桩林坝、钢索坝、框架坝、笼装石坝、堆砌坝、桩基坝等	坝型随地形、地质、时间、地点、效用与经济能力，施工技术水平而定，与泥石流危害有关，一般以防冲、耐用、经济实惠为佳
受力状态	刚性坝、柔性坝、拱坝、重力坝、三维应力分析直线坝、支墩坝等	以受力条件能稳定安全性高为宜
建筑材料	土坝、石坝、圬工坝、混凝土坝、钢筋混凝土坝、金属坝、混合材料坝、木料坝、铁丝笼坝、竹笼坝	以就地取材，经久耐用，经济实惠，施工方便为好
透水性能	透水性坝：格栏坝、网索坝、洞隙坝； 不透水坝：土坝、实体坝	透水性强，可减小动水压力与坝下冲刷，并能增强调节作用，符合泥石流特性
使用寿命	永久性坝：浆砌石坝，混凝土坝，钢筋混凝土坝； 半永久性坝：金属坝、格栏坝； 临时性坝：笼装石坝、木料坝、柴梢编篱填石坝	经久耐用，能巩固效用，不增大危害； 使用一段时间后，需加固补强，有后患； 只能作临时抢险救灾，安全性小
施工方法	现场制作：圬工坝、土坝、混凝土坝； 预制构件装配：格栏坝、框架坝等	适于就地取材； 厂制质量好，但运输要求高

下面重点介绍常用拦挡泥石流的淤地坝、格栅坝和桩林坝等几种坝的类型、特点和具体设计相关内容。

1. 淤地坝

淤地坝属于土坝。在我国西北黄土高原区及华北、东北等地区，沟壑治理中常采取筑淤地坝措施，既可以拦截泥沙、巩固沟床，又可以淤地，增加耕地，是治理沟壑的一项有效工程。

淤地坝主要目的在于拦泥淤地。一般不长期蓄水，其下游也无灌溉要求。随着坝内淤积面的逐年提高，坝体与淤地能较快地连成一个整体，淤地坝枢纽工程一般由“三大件”组成，即坝体（土坝）、溢洪道和放水建筑物3部分，其布置形式如图3.52～图3.54所示。

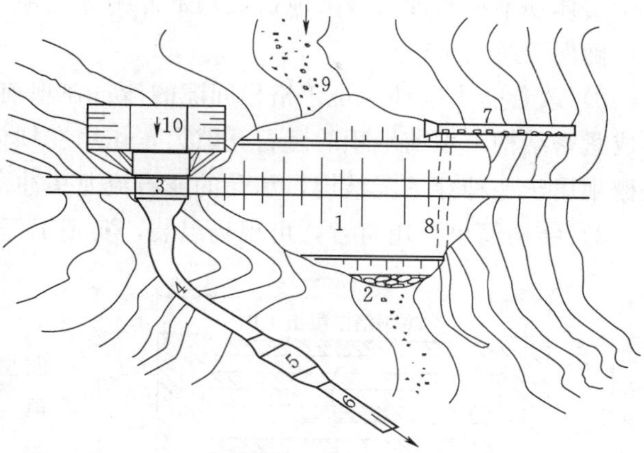

图 3.52 淤地坝枢纽工程

1—坝体；2—排水棱体；3—溢流堰；4—泄槽；5—消力池；6—下游连接段；7—放水卧管；8—放水涵洞；9—上游河床；10—引水渠段

图 3.53 淤地坝群

图 3.54 淤地坝放水建筑物（卧管）

坝体是横拦于沟道的挡水拦泥建筑物，用以拦蓄洪水，淤积泥沙，抬高淤积面，一般不长期用于蓄水，当拦泥淤成坝地后，即可投入生产种植，不再起蓄水调洪的作用。

溢洪道的主要作用是排洪，保证大坝及坝体安全。一般要求是在正常情况下能排泄设计洪水，在非常情况下能排除校核洪水。

放水建筑物又称放水洞或清水洞，主要作用是排除坝地中的积水（防止作物受淹和坝地盐碱化），在蓄水期间为下游供水和灌溉等，或为常流水沟道经常性排流。有的可兼顾部分排洪任务。

2. 格栅坝

格栅坝又称格栏坝，指具有横向或竖向格栏网格和整体格架结构的拦挡泥石流的新型坝，最适用于拦蓄含巨石，大漂砾的水石流，也可布置在黏性泥石流与洪水相间出现的沟道，而不适用于防治崩滑体和间发性泥石流。

(1) 格栅坝的特点。

1) 拦排结合。把全挡拦变为部分挡拦，允许部分不会对下游造成危害的水沙下泄，减少实体坝堆积水沙后因下泄造成坝下冲刷等危害，维持下游河道输沙平衡，保证河道稳定，确保下游安全。

2) 改善受力条件。小于格栏间隙的沙石在坝前一定距离内堆积较少，在石块间不能形成紧密结构，坝前堆积的巨石孔隙大，作用在坝体上的水压力与土压力均比实体坝小。格栅坝属于一种穿透式结构，承受的泥石流龙头冲击力比实体坝小。

3) 结构简单，用材省，可现场组装，实现工厂化生产，缩短施工周期。

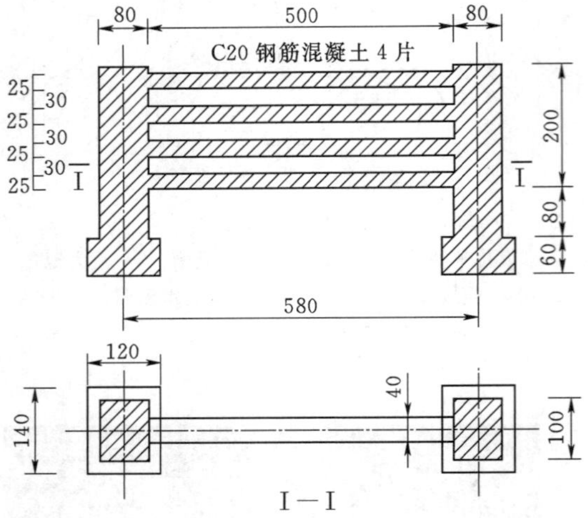

图 3.55　钢筋混凝土格栅坝（单位：cm）

(2) 格栅坝的坝型。

1) 格栅坝按结构受力型式可分为平面型和立体型两大类。①平面型：结构简单，但因属于平面结构，整体抗弯能力较差，抗泥石流的冲击力较低，拦蓄能力有限，多适用于泥石流规模不大的泥石流沟，坝高多在 8m 以下，即可有中支墩，也可无中支墩；②立体型：因采用立体框架，受力整体性强，承载力比平面型大，同时坝体内部空匡能拦截大量泥石流石块，形成自然坝体，增加稳定性。这类坝，对大小泥石流沟均适用，坝高与净跨也比平面型大，国内设计净跨已达 20m，坝高 22m。

2) 按建筑材料分，主要有以下两种：

a. 钢筋混凝土格栅坝，如图 3.55 所示；当沟道中泥石流挟带的大石块比较多时，往往采用钢筋混凝土格栅坝。

图 3.56 为华山地区大凹子沟的钢筋混凝土格栅坝。坝高 2m，格栅净长 5m。自下而上分设 4 根钢筋混凝土梁，梁间净距为 30cm。自 1973 年以来，经受了多次泥石流考验，其中泥石流最大流量为 $140m^3/s$，容重 $2t/m^3$。最大石块尺寸为 1.5～2.0m。

b. 金属格栅坝：在基岩峡谷段，可修金属格栅坝，它具有结构简单、经济和施工快的特点。图 3.56 为我国华山北坡的金属格栅坝示意图。这种坝的构造、格栅孔径的确定同于钢筋混凝土格栅坝。废旧的钢轨或钢管可作为格栅材料。为了增强格栅的强度，在沟谷比较宽的地方（大于 8m），应在沟中增设混凝土或钢筋混凝土支墩。

3) 按过流格栅的形式有：有梁式、耙式和齿状等多种型式（图 3.57）。

a. 梁式坝：在重力坝中部作溢流口，口上用钢材作横梁，形成格栅；梁的间隔可上下调整，以便根据坝后淤积和泥石流活动情况及时调节梁的间隔放大或缩小；

溢流口尺寸一般为矩形断面，高 h 与宽 B 之比为 1.5～2.0。

筛分率 e 按下式计算

$$e=V_1/V_2 \tag{3.42}$$

式中 V_1——一次泥石流过程中库内的泥沙滞留量，m^3；

V_2——通过坝体下泄的泥沙量，m^3。

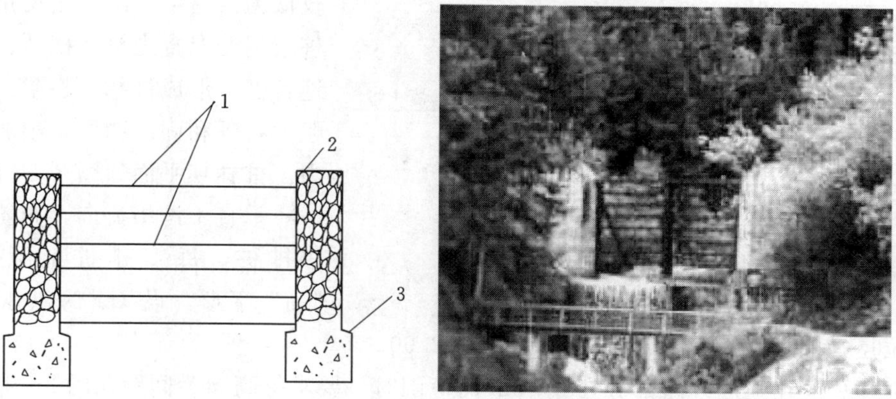

图 3.56 金属格栅坝

1—钢轨或钢丝轨；2—块石混凝土支墩；3—混凝土基础

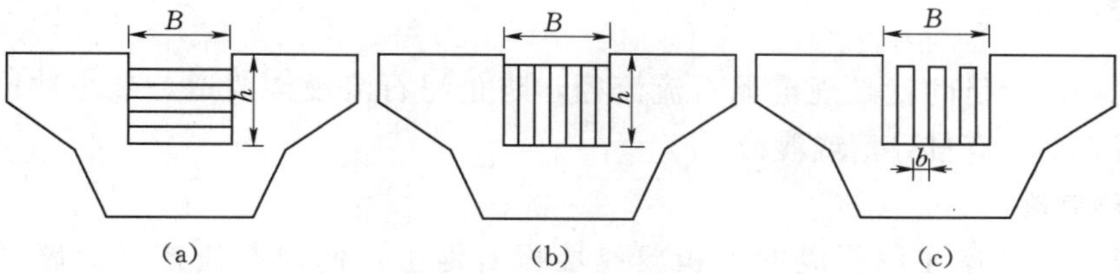

图 3.57 格栅坝断面型式图

(a) 梁式坝；(b) 耙式坝；(c) 齿状坝

使用正常的梁式坝筛分效果一般应达到：当下泄粒径 $D_c=0.5D_m$ 时，滞留库内的泥沙百分比为 20%（D_m 为流体中的最大粒径）。

同一沟段布置的梁式坝，筛孔由大到小，依次向下布置成坝系，并使此坝系有最高的筛分效率。

b. 耙式坝：坝和溢流口作法与梁式坝相同。不同的是，在溢流口处用钢材作成耙式竖梁，形成格栅。筛分率 e 计算与梁式坝相同；

c. 齿状坝：将重力坝的顶部作成齿状溢流口，齿口采用窄深式的三角形、梯形或矩形断面。

(a) 齿口尺寸：主要确定齿口的深宽比，一般要求深：宽＝1∶1～2∶1。

(b) 齿口密度：要求 $0.2<\sum b/B<0.6$（B 为溢流口总宽度，m；b 为齿口宽度，m）；当 $\sum b/B=0.4$ 时，调节量效果最佳。

(c) 齿口宽与拦截作用关系：设 D_{m1} 与 D_{m2} 分别为中小洪水与大洪水可挟带最大粒径，则当 $b/D_{m1}>2\sim3$ 和 $b/D_{m2}\leqslant1.5$ 时，拦截效果最佳。

(d) 齿口宽与闭塞条件：设 D_m 为洪水中挟带的最大粒径，则 $b/D_m>2.0$ 时不闭塞，$b/D_m\leqslant1.5$ 时闭塞。

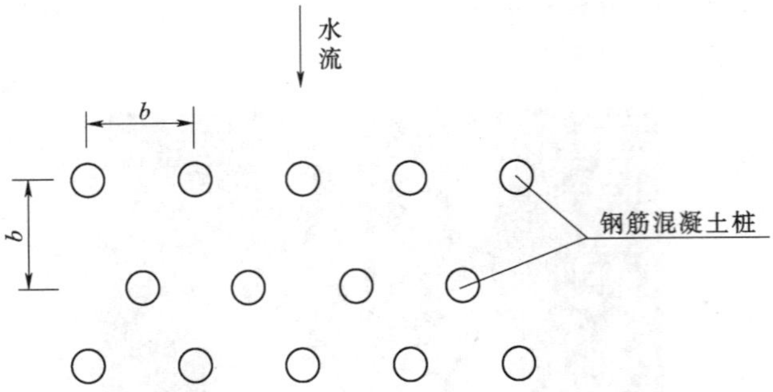

图3.58　桩林坝平面示意图

3. 桩林坝

在泥石流间歇发生、暴发频率较低的沟道中下游，用型钢、钢管桩或钢筋混凝土桩，横断沟道成排地打桩，形成桩林，拦阻泥石流中粗大石砾和固体物质，削弱其破坏力。桩林坝平面如图3.58所示。

垂直于沟中流向，布置2排或多排桩，每2排桩上下交错成“品”字形。设 D_m 为洪水中挟带的最大粒径，桩间距为 b，要求 $b/D_m=1.5\sim2.00$。

当桩基总长在地面外露部分在3～8m的范围时，要求桩高 h 为间距 b 的2～4倍。

桩基应埋在冲刷线以下，且埋置长度不应小于总长度的1/3。

桩林的受力分析与结构设计，类同悬臂梁。

3.7.4　排导工程

排导工程设计目的就是规范泥石流流径，防止泥石流漫沟改道，减小冲刷和淤积河床，具体措施主要有排导槽或渡槽。

3.7.4.1　排导槽

排导槽主要修建在泥石流的堆积扇或堆积阶地上，使泥石流按一定路线排泄（图3.59）。

（1）排导槽自上而下由进口段、急流段和出口段三部分组成。进口段作成喇叭形，并有渐变段，以利于与急流段相衔接。

（2）根据排导流量，确定排导槽的断面和比降，保证泥石流不漫槽。

（3）排导槽出口以下的排泄区要比较顺直或通过裁弯取直变得比较顺直，或者通过一定的工程措施创造足够的坡度，保证泥石流在排导槽内不淤不堵，顺畅排泄。

（4）排泄区以下要有充足的停淤场所，以保证泥石流通过排导槽导流后不带来新的危害。

图3.59　泥石流排导槽图

图3.60　渡槽

3.7.4.2 渡槽

在铁路、公路、水渠、管道或其他线形型设施与泥石流的流过区或堆积区交叉处，需修建渡槽，使泥石流从渡槽通过，避免对建筑物造成危害（图 3.60）。

1. 采用渡槽需具备的条件

泥石流暴发较为频繁，高含沙水流与洪水或常流水交替出现，且沟道常有冲刷；泥石流最大流量不超过 200m³/s，其中固体物粒径最大不超过 1.5m；地形高差能满足线路设施立体交叉净空的要求；进出口顺畅，基础有足够的承载力并具备抗冲刷能力。

2. 不宜采用渡槽的条件

沟道变化频繁；冲淤变化急剧；洪水流量、容重和含固体物粒变化幅度较大的高黏性泥石流和含巨大漂砾的泥石流。

3. 渡槽由沟道入流衔接段、进口段、槽身、出口段和沟道出流衔接段 5 部分组成。

（1）沟道入口衔接段在渡槽进口以上需有 10～20 倍于槽宽的引流段，沟道顺直，与渡槽进口平顺连接。

（2）渡槽进口段采用梯形或弧形断面的喇叭口，从沟道入流衔接段渐变到槽身渐变段，长度一般大于槽宽的 5～10 倍，且不应小于 20m，其扩散角应小于 8°～15°。

（3）槽身部分，做成均匀的直线形，其宽度根据槽下的跨越物而定，其长度比跨越物的净宽再增加 1.0～1.5 倍。

（4）渡槽出口段，采用沟道出流衔接段顺直相连，避开弯曲沟道，避免在槽尾附近散流停淤。

（5）沟道出流衔接段，其断面与比降，要求能顺畅通过渡槽出口排出的泥石流，不产生淤积或冲刷，保证渡槽的正常使用。

3.7.5 停淤工程

停淤工程设计的目的就是规范停淤场所，将泥石流拦截于控制区。根据不同地形条件，选择修建侧向停淤场、正向停淤场或凹地停淤场。

3.7.5.1 侧向停淤场

当堆积扇和低阶地地面较宽、纵坡较缓时，将堆积扇径向垄岗或宽谷一侧山麓做成侧向围堤，在泥石流前进方向构成半封闭的侧向停淤场，将泥石流控制在预定的范围内停淤（图 3.61）。其布置要求：

图 3.61 侧向停淤场

（1）入流口选在沟道或堆积扇纵坡变化转折处，并略偏向下游，使上部纵坡大于下部，便于布置入流设施，获得较大落差。

（2）在弯道凹岸中点靠上游处布设侧向溢流堰，在沟底修建潜槛，并适当抬高，以实现侧向入流和分流。要求既能满足低水位时洪水顺沟道排泄，又有利于在超高水位时也能侧向分流，使泥石流的分流与停淤达到自动调节。

(3) 停淤场入流口处沟床设横向坡度，使泥石流进入后能迅速散开，铺满横断面并立即流走，避免在堰首发生壅塞、滞流，产生累积性淤积而堵塞入流口。

(4) 停淤场具有开敞、渐变的平面形状，消除阻碍流动的急弯和死角。

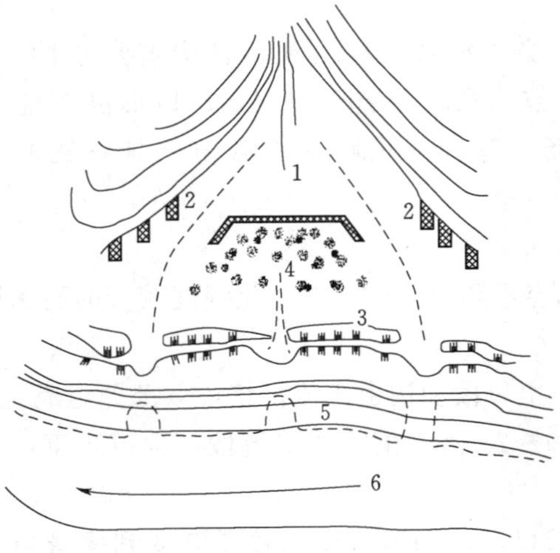

图3.62　正向停淤场示意图
1—正向停淤场；2—导流坝；3—围堤；4—停淤场；5—公路；6—主河

3.7.5.2　正向停淤场

当泥石流出沟处前方有公路或其他需保护的建筑物时，在泥石流堆积扇的扇腰处，垂直于流向修筑正向停淤场（图3.62）。布设要点如下：

(1) 正向停淤场由齿状拦挡坝与正向防护围堤结合而成，拦挡坝的两端有出口，齿状拦挡坝与公路、河流之间建防护围堤，形成高低两级正向停淤场。

(2) 拦挡坝两端不封闭，两侧留排泄道，在堆积扇上形成第一级高阶停淤场，具有正面阻滞停淤、两侧泄流的功能，加快停淤与水土（石）分离。

(3) 拦挡坝顶部做成疏齿状溢流口，在拦挡石砾的同时，将分选不带石砾的洪水排向下游。

(4) 在齿状拦挡坝下游河岸（公路路基上游）修建围堤，构成第二级低阶停淤场，经齿状拦坝排人的洪水在此处停淤。

(5) 沿堆积扇两侧开挖排洪沟，引导停淤后洪水排入主河中。

3.7.5.3　凹地停淤场

在泥石流活跃，沿主河一侧堆积扇有扇间凹地的，可修建凹地停淤场（图3.63）。布设要求如下：

图3.63　凹地停淤场

(1) 在堆积扇上部修导流堤，将泥石流引入扇间凹地停淤。凹地两侧受相邻两个堆积扇挟持约束，形成天然围堤。

(2) 根据凹地容积及泥石流的停淤场总量，确定是否需要在下游出口处修建拦挡工程。

(3) 在凹地停淤场出口以下，开挖排洪道，将停淤后的洪水排入下游主河。

本章小结

本学习单元重点介绍了各种防治水土流失一些常见的、具有一定代表性的水土保持工程措施及其适用条件，以期望通过本单元学习后对各类型的水土流失防治方法和防治措施类型有个初步的了解和认识。而我国地域辽阔，自然环境复杂多样，形成的水土流失类型也多种多样，其合理性的防治措施也各有不同。即使同一类型的水土流失也因其形成的成因、地理位置、危害程度的不同，对其的治理方式、采用的防治措施类型及措施的结构型式、断面尺寸也都不尽相同。所以，每一处水土流失都是唯一的，很难把某一处的防治措施机械地搬到另一处使用，水土保持技术人员应对每一处水土流失情况进行认真分析对待。

同时，一种类型的水土流失由于其从形成起点到危害终在空间和时间上跨度很大，往往不是只采取某一项或某一类水土流防治措施就能彻底治理的，它需在不同的部位采取不同类型的防治措施，使各种防治措施组合成一个完整的防治体系才能达到防治效果。所以，技术人员治理水土流失进行整体分析，为每一位置选择适宜的治理措施。

本学习单元介绍的水土流失防治措施多为传统方式。而随着社会的进步，人们生活水平的提高和生活质量的提升，人类对防治措施的要求已不仅仅停留在简单的防治水土流失上，在某些地区它已上升到生态景观层面。所以，水土保持设计人员应不断吸取前人水土流失治理经验和教训的同时，也要不断拓宽设计思路、更新设计理念，设计出符合时代要求的措施。

因此，水土保持设计人员应结合水土流失防治区的实际情况，在全面深入分析水土流失形成的成因、所处的位置、地形条件、地质条件、人力和物力供应条件的基础上，合理制定水土流失防治方案和措施体系，为每一位置选择适宜的水土流失防治措施，并通过实测和试验获取相关参数，为每一具体位置上的治理措施断面进行安全稳定计算，使布设的水土流失防治措施安全、经济、合理。

同时，在设计中不断增加生态、景观理念，提出新防治措施，以满足时代对水土流失防治措施的要求。

思　考　题

1. 水土保持工程设计的主要原则是什么？
2. 水土保持工程设计的主要步骤包括哪些？
3. 挡土（渣）墙类型及适用条件有哪些？
4. 挡土（渣）墙和拦渣坝在选址时应注意什么问题？
5. 挡土（渣）墙设计内容包括哪些？
6. 防洪排导工程的核心是什么？防洪排导工程类型及适用条件包括哪些？
7. 排洪渠和排洪涵洞的类型有哪些？设计时应注意什么？
8. 拦洪坝在选址时应注意什么问题？拦洪坝的库容与坝高是如何确定的？
9. 降水蓄渗工程的设计原则和设计要求是什么？
10. 降水入渗工程类型主要有哪些？各自有什么特点？
11. 集流场规划的主要内容包括哪些？
12. 降水蓄渗工程规划设计的主要步骤有哪些？规划设计时主要收集哪些资料？

13. 蓄水工程选址主要考虑哪些条件？蓄水设施容积如何确定？

14. 某项目区集雨面主要为土质公路及路旁的荒坡地，已知该段公路宽8m，可汇集的长度为110m，集雨效率为0.25；公路北侧的荒坡地可集流面积为700m^2，集雨效率为0.15。设计频率$P=75\%$时多年平均降水量为300mm，求项目区可收集水量为多少？

15. 斜坡防护工程的作用有哪些，滑坡会带来什么危害？

16. 综合护坡型式有哪些？近年来综合护坡有哪些新技术？

17. 滑坡地段的综合防治措施包括哪些？在可行性研究和初步设计阶段，措施设计的主要步骤有哪些？

18. 影响边坡稳定的主要因素包括哪些？

19. 设置机械沙障时需要掌握哪些技术？

20. 植物治沙措施的作用主要体现在哪几个方面？

21. 泥石流防治的工程措施类型和适用条件是什么？

22. 排导工程的作用是什么？如何布置泥石流排导工程？

23. 按照地形，停淤场的类型分为哪几种？如何布设停淤场？

学习单元4　工程建设项目区土地整治及植被恢复措施

知识要求： 通过本单元的学习，了解工程建设项目水土流失的各个环节及产生水土流失的原因，了解工程建设项目区土地整治的目的和措施，掌握土地整治的类型和技术要点；了解植被恢复措施的分类，掌握植被恢复措施的布设要求。

技能要求： 会对项目区各种不同场地进行土地整治；会进行项目区植被恢复措施布设，合理选择树种及种植方式。

4.1　工程建设项目水土流失影响过程分析

工程建设项目水土流失的影响因素来自于两个方面，一是自然因素，二是人为因素，其中人为因素是产生水土流失的主要影响因素。各类建设活动改变了建设区域的地形地貌，破坏了水土资源和植被，最终将导致水土流失加剧。

工程的“三通一平”期间，要进行施工准备期工程（施工用水、用电通信供应、辅助设施、场内外道路建设等）和施工期间导流工程、料场开挖等的建设。这一环节是造成水土流失的重要环节。

4.1.1　准备工程基础开挖和填筑过程

施工准备的开始使原地表植被、地面组成物质以及地形地貌受到扰动和破坏，失去原有固土和防冲能力，表层土裸露或形成较松散堆积体，因蒸发作用使得表层形成松散粉状土，且堆放坡度较陡，极易产生扬尘、冲刷、崩塌等现象，造成较强烈的水力侵蚀或风力侵蚀。

4.1.2　场地平整

在场地平整过程中还会产生建筑垃圾及弃渣，其为松散堆积物，抗蚀能力较差遇地表径流冲刷，将造成较严重的水土流失。

4.1.3　场内外施工道路建设

施工道路的建设过程中清除、压埋会损坏沿线植被，开挖、弃渣可直接引发水土流失。部分施工区地形较陡，在开挖、修筑及建设过程中容易产生滑坡、崩塌等边坡破坏现象。

4.1.4　主体工程施工

主体工程施工将不同程度改变原有地形地貌，破坏地表和植被；建筑物桩基础施工过程中产生大量的泥浆水；取土场、弃渣场、原材料堆放场地等导致地表硬化或土壤的碾实；建筑物砌筑时骨料的冲洗、混凝土的拌和、施工设备的清洗等产生的施工废水；由于工程施工清理地表平整场地而毁坏原有水土保持设施等，都将产生水土流失。

4.2　项目区土地整治技术

土地整治是指对被破坏或压占的土地采取工程和植物措施，使之恢复到所期望的可利用状态的活动或过程。工程项目水土保持方案中的土地整治工程，是指对因生产、开发和建设损毁的土地，进行平整、改造、修复，使之达到可开发利用状态的水土保持措施。其主要包括：表土剥离和土地整治、扰动占压土地的整治、临时占地的土地整治、工程永久占地范围内的土地整治。

4.2.1　土地整治的原则

4.2.1.1　土地整治工程与蓄水保土工程相结合

土地整治工程应以坑凹和弃土（砂、石、渣）场的地形、土壤、降水等立地条件为基础，按照“坡度越小，地块越大”的原则划分土地整治单元。立地条件好的土地单元，可根据地形条件整治成地块大小不等的平地、平缓坡地或水平梯田；立地条件稍差的土地单元，尽可能整治成窄条梯田或台田。同时，做好覆土、田块平整和打畦围堰等蓄水保土工作，使土地整治与蓄水保土措施紧密结合，以达到恢复和提高整治土地生产力的目的。

4.2.1.2　土地整治与生态环境建设相协调

土地整治须确定合理的农林草用地比例，并尽可能地扩大林草面积。在有条件的地方布置农林草各种生态景点，改善并美化项目区的生态环境，使项目区建设与生态环境有机融合起来。立地条件好的可与土地规划利用相结合，将整治土地改造成农业用地、生态用地、公共用地、居民生活用地等，并使整治后土地与周边生态环境相协调。

4.2.1.3　土地整治与防排水工程相结合

土地整治与坑凹或渣场本身及其周边的防排水工程结合起来，才能保障整治土地的安全使用。因为坑凹回填物及弃土（砂、石、渣）场是由于人工开挖形成的松散堆积体，遇降水或地下水渗透后易产生沉陷，并间接增大产流汇流面积，遭遇暴雨时则可能造成剧烈水土流失、滑坡、泥石流等灾害。

4.2.1.4　土地整治与水土污染防治相结合

矿山开采选矿和冶炼，会造成严重的水土污染。此类工程土地整治应尽可能与水土污染防治措施结合实施。首先按照有关排污的国家标准，对项目排放的流体污染物和固体污染物采取净化处理，然后采取包埋、填压等处置方式的土地整治措施，防止有毒物质毒化污染土壤、地表水和地下水，从而对农作物生长发育造成影响。

4.2.2　土地整治工程措施类型

土地整治工程的主要目的是控制水土流失，充分利用土地资源，恢复和改善土地生产力。土地整治工程包括：①坑凹面回填，根据土石方平衡原则利用废弃土石回填整平，再覆土加以利用，也可根据实际情况，直接改造利用；②渣场改造，即对固体废弃物存放地终止使用以后，进行整治利用；③整治后的土地根据其土地质量、生产功能和防护要求，确定利用方向，并改造使用。

4.2.2.1 坑凹面的回填

施工过程中的挖掘形成坑凹，主要可分剥离坑凹和塌陷凹地，剥离坑凹如取土场、取石场、取沙场、路基两侧取土后未回填的基坑、小型浅层露天采场和大型深层露天采场等；塌陷凹地如井巷开采产生塌陷地等。

1. 剥离坑凹的回填

剥离坑凹的土地整治措施主要是回填（填埋）、推平或垫高，形成新的合适的稳定坡度，并尽可能覆土。充分利用废弃土、石料或矿渣回填坑洼，力争回填后坑平渣尽；回填时应根据坑洼容积与废土、弃石体积，合理安排废土、弃石的倒运路线与倾倒方式，提高回填工效；坑洼回填后，应进一步平整地面，表层覆土，并修建四周的防洪排水设施，为开发利用创造条件；有条件的地方可将坑洼改建为蓄水池或养殖塘，蓄积降水，合理开发利用水资源。对矿坑地应采取回填、整平、覆土措施，复垦成为农林草用地。剥离坑凹的实施程序是回填后整平覆土。

（1）浅坑回填。一般采用条带式分条填埋，或任意工作线（面）回填，为避免造成弃土（石、砂、渣、灰）的流失，回填材料首先利用废弃土（石、砂、渣、灰）。对降水量大的地区，浅坑浅凹地周围要有配套的排水工程设施。

（2）深坑回填。采矿工程会造成大型露天采坑，在进行土地整治时采用挖填结合即采排结合的方式，闭矿采坑（即采矿结束时的最后采坑）回填后成为内排土场。深坑深凹也可根据原工程设计中有关边坡稳定设计、采场工作面稳定设计、采排方式以及采场处理等设计，确定深坑深凹回填工程的方式。

（3）回填后整平。回填后的整平分为粗整平和细平整。根据坑凹分布的位置、地形不同，整平方式不同。对于平地和宽缓平地上的坑凹先回填后，堆垫高度基本接近原地面时，可全面进行粗整平；其次在沉降稳定之前，补填沉陷穴、沉陷裂缝，并进行细平整，以待覆土。坡地上的坑凹回填之前，可在坑凹下坡部位修筑必要的挡拦建筑物，采用分阶后退的方法，然后通过粗平整，形成平行于等高线的阶式梯田，之后进一步细平整，并考虑配置防排水等设施。

2. 塌陷凹地的回填

采空塌陷区因采矿使地面下沉，形成塌陷洼地。采空塌陷洼地塌陷的范围、深度和危害的程度与矿产地质、开采工艺、地下水等条件有着密切的关系。对已形成的塌陷凹地应根据其深度，分别采取整治利用措施。塌陷深度小于1m的，可推土回填平整，然后作为农业用地。对深度在1～3m的，可采取挖深垫高的办法，挖深段可蓄水养鱼、种藕，垫高段可作农业用地利用。

采空区塌陷地整治时应先收集塌陷区的基础资料，再根据所收集的资料和实际结合对塌陷区进行土地适宜性评价，通过评价确定土地利用方向，最后结合土地利用规划，落实具体的治理措施。

采空塌陷区的具体整治措施分为两类：

(1) 采空塌陷区裂缝（漏斗）治理措施。采空塌陷区裂缝宽度与煤层深度、煤层厚度、煤层上覆地层地质特性等有关，最宽可达到1.5m左右。目前一般采取填充措施，就近取土填平恢复植被或种植农作物。对较宽的裂缝可直接填充，裂缝很窄时需要探明裂缝的具体情况确定是否需要扩口开挖填充。

(2) 塌陷盆地治理措施。再塑塌陷盆地地貌一般有两种：一种是积水塌陷盆地，该种盆地可有计划的改造为水域，供养殖或其他用途；另一种为漏水盆地，该种盆地应因地制宜进行整治，分别恢复为林地、草地和梯田等。改造为林地、草地和梯田的塌陷盆地应注意表土利用和土壤培肥。

3. 回填后的整治措施

工程土地整平工作结束之后，可进行覆盖物料进行土地整治。黄土区或附近有取土条件的地方表层应覆土，覆土厚度依据土地利用方向确定，农业用地80～100cm，林业用地50～80cm，牧业用地30～50cm。对于取土困难的地方，可覆盖易风化物如页岩、泥岩、泥页岩、污泥等物料。

覆盖物顺序倾倒后形成“堆状地面”，若作为农业用地，必须进一步整平；若为林牧业用地，可直接采用“堆状地面”种植。

对凹形取土场整治，可结合地形地质地貌条件、周边地表径流量大小，采用边坡防护工程、截排水工程、坡面水系工程和土地整治工程。对干旱、半干旱地区且无地下水出露的凹形取土场，采用生土填平坑凹，表层按农林草用地要求铺覆熟化土。若取土场周边无熟化土，则采取深耕、深松、增施有机肥、种植有机物含量高的农作物或草类等耕作措施改良土壤。对降水量丰沛、地下水出露地区，当土壤水分等符合农林草类植物种植要求时，采取土地平整、覆土措施将取土场改造成为农地或林地，并种植适宜农作物或乔灌木，同时在周边布置截（引、排）水工程和边坡防护工程；当取土场内外水量丰富、水质较好，适合养殖水产品或种植水生植物时，可用黏土、砌石、混凝土等防渗处理工程，并修筑引水排水工程，将其改造成为养殖场或水生植物种植场；当土质较差时，采取边坡防护、场地粗平整和植被自然恢复工程。

4.2.2.2 渣场整治措施

渣场是指固体废弃物的存放场所，如排土场、排矸场、贮灰场、尾矿库、拦渣坝及各类弃渣弃土堆放的场地。排土场、排矸场及堆放弃土、弃石、弃渣、尾砂等的场地，在采取拦渣工程的基础上，使用完毕后，应进行改造。

1. 平地渣场整治

以平地作为渣场且堆渣高度在3m左右时，周围修建的挡渣墙应高出渣面1m。堆渣场应先修筑挡渣墙，然后从墙脚开始逐层向后延伸（每层厚0.5～0.6m），堆渣至最终高度时，渣面应大致平整，以便覆土改造利用。

渣场表面平整后，先铺一层黏土并碾压密实作为防渗层，再覆表土。铺土厚度一般为：农地0.5～0.8m，林地≥0.5m，草地≥0.3m。在土料缺乏的地区，可先铺一层风化岩石碎屑，改造为林草用地。也可选择土层深厚处作为渣场改造土料的取土场，取土后及时平整处理，减少新的破坏。

2. 坡地渣场整治

以坡地作为排土（石、砂、渣）场时，除对排弃物自然边坡及坡脚采取斜坡防护工程外，渣场顶部应平整，外沿修筑截排水工程，内侧修建排水系统，中间作为造林、种草用地。根据用地需要，将渣面修整成为窄条梯田、梯地、反坡梯田等，再用熟化土逐台铺垫。

3. 其他场地整治

对尾矿（砂）库中有毒有害物质必须采取净化处理措施，防止库内污水下泄给下游河流及环境造成污染。

在排废期满后，先铺设黏土或其他类型的防渗层，（黏土防渗层厚度≥0.3m，表土铺设厚度同前）然后铺熟化土，改造成为农林草用地或其他用地，防止有毒有害物质对种植物的污染危害。

4.2.2.3 开挖破损面整治

1. 破损坡面

采取斜坡防护工程，并在距开挖边缘线 10m 以外布置截排水工程，避免取土场上方地表径流对边坡坡面的冲刷，保证边坡稳定，宜采用植物护坡。对整治的土地，同时采取农业技术措施，尽快恢复和提高土地生产力。

2. 山坡坡地取土场

施工前应将表土集中堆放，施工与生产取土之后及时对取土场平面进行平整，并铺熟化土，改造成农林牧或其他用地，铺土厚度同上。

3. 山坡取石场

利用取石过程中废弃的细颗粒碎石、岩屑等平整取石场平面，其上铺设不小于 0.25m 的黏土防渗层，然后根据用地需要铺覆熟化土，改造成农林草用地或其他用地。

4.2.3 土地整治后的利用方式

整治后的土地应恢复其生产能力，当水利条件且土质较好时，可恢复为耕地、林地、草地等，确定根据整治后土地的位置、坡度、质量等土地利用类型。整治后土地利用方向有：

（1）土质较好，有一定水利条件的，可恢复为农地、林地、草地、水面和其他用地。

（2）经整治形成的平地和缓坡地（15°以下），土质较好，有一定水利条件的，可作为农业用地。

（3）整治后地面坡度大于或等于 15°或土质较差的，可作为林业和草业用地；种植以乔、灌、草合理配置为原则。

（4）有水源的坑凹地和常年积水较深、能稳定蓄水的沉陷地，可修成鱼塘、蓄水池等，进行水面利用和蓄水发展灌溉。蓄水池位置应与地下采矿点保持较远的距离，以免对地下开采作业造成危害。

（5）根据项目区的实际需要，土地经过整治后可进行其他利用。

4.2.4 整治后的土地生产力恢复技术

整治后的土地往往由于缺乏表土或覆盖土贫瘠，生产力低下，因此必须采取有效措施恢复和提高土地生产力。可采取的土地改良措施有。

4.2.4.1　种植绿肥植物

种植具有根瘤菌或其他固氮菌的植物，主要是豆科植物，改良土壤。

4.2.4.2　加速风化措施

土地表面为风化物时，采取加速土壤风化的措施，如城市污泥、河泥、湖泥、锯末等改良物质，接种苔藓、地衣促进风化。

4.2.4.3　增施有机肥

对于贫瘠土地，通过理化分析，确定氮磷钾比例增施有机肥，改良土壤理化性质。

4.2.4.4　增施化学物料

对于 pH 值过低或过高的土地，施加化学物料如黑矾、石膏、石灰等改善土壤。

土地改良措施可参考国标《水土保持综合治理技术规范》。

4.3　项目区植被建设恢复措施

植被恢复措施是在工程建设造成的弃渣场、取土场等各类开挖破坏面、施工临时占地、项目区裸露土地及道路等所采取的造林种草或景观绿化等措施。主要包括植物防护、封育管护、恢复自然植被以及对高陡裸露岩石边坡绿化。不同区域和不同类型的工程项目应按规范要求确定相应的植被建设目标。

4.3.1　植被恢复措施适用条件

工程建设项目水土保持中，对一切能够用绿色植物覆盖的地面、坡面都要进行的植被建设和绿化美化工程，同时对生活区、厂区、管理区及道路也应进行植被绿化。其适用条件有以下几点：

（1）水土保持生态工程建设的区域。

（2）植被相对稀少的区域。

（3）天然林保护、水源涵养林、自然保护区、旅游区、城市及城近郊区的区域。

（4）适宜造林种草、绿化美化防护的项目区。

（5）易造成大量植被破坏的项目区。

4.3.2　植被恢复措施的布设原则

4.3.2.1　保护和避让原有植被

工程建设项目应通过选线、选址及工程总体布置等的方案比选，尽量避开天然林、人工片林，以及自然保护区、草原保护区及湿地区等的自然植被；尽量减少征占、压埋地表和植被的范围，为保护具有特殊功能的植被应采取相应的局部保护措施。

4.3.2.2　统一布局

植被恢复措施的设计要与土地整治工程设计、景观设计密切结合，统一布局。植被恢复措施应从生态学和园林绿化的要求出发进行设计。

4.3.2.3 在安全稳定的前提下采用植物措施

对于各类开挖破损面、堆弃面、占压破损面及各类边坡，应尽可能采取植物防护措施恢复自然景观。含有对植被生长有害物质的渣场或其他地面，如高陡裸露岩石边坡等特殊场地，应采取特殊措施恢复植被。

4.3.2.4 植被恢复措施应与主体工程设计衔接

地形较缓或稳定边坡的地方，可采取封育管护措施恢复自然植被。当前技术经济条件下无法人工恢复的应创造条件，进行自然恢复。

4.3.3 不同条件下植被恢复措施

4.3.3.1 弃渣场植被恢复措施

工程建设项目在施工期和生产运行期产生的大量弃土、弃石、弃渣、等其他废弃固体物质，需布置专门的堆放场地，将其分类集中堆放，这种专门的堆放场地统称为弃渣场。弃渣场植被恢复措施适用于：

（1）适用水利水电、公路、铁路、矿山等生产建设项目的弃渣场。

（2）弃渣场边坡坡比一般不超过 1：1.25，坡比超过 1：1.0 时慎用；每级坡面高度不超过 10m。

弃渣因开挖工艺和地质条件不同其组成成分不同，可分为两大类：一类是以弃石（碎石、小块石）为主；另一类是以弃土或土状物（极易风化的页岩泥等形成细小风化碎屑）为主。应根据弃渣组成采取相应的土地整治措施进行具体设计，然后按确定的土地利用方向进行植被恢复。具体措施如下：

（1）表层有覆土。对终止不再使用的渣场表面通常应采取整治和覆土措施，经过改造，可以成为利用的土地。对未风化或风化程度很低的矸石复垦场地进行植被恢复，应先盖土 30～50cm，再采用厚覆盖（覆土 30cm 以上）方式。在土石山区明挖、隧洞开挖形成的弃渣场，矿业开采等形成的排石场均是以弃石为主，可利用河泥、风化碎屑等作为覆土，当无覆土条件时应实施客土措施来恢复植被。

（2）表层无覆土。当弃渣场风化壳在 5～10cm 时，其中若有 60%左右为不超过 5mm 的碎屑颗粒，并小于 0.25mm 的颗粒达 10%以上时，可人工抛撒草籽直接撒播到绿化区域。另外，若弃渣场无覆土条件，但有风化的碎屑物质时，应提前一年或半年挖穴，以促使穴内石块加速风化，然后将坑内的未风化矸石捡出，将坑外的碎石、石粉填入坑内直接栽植。当风化壳在 5～10cm 时，通常直接进行绿化。

（3）树种草种选择。因弃渣场经过整治后土地贫瘠肥力差，选用的树种草种应适应性强、抗逆性强，具有耐旱、耐高温、耐病虫害等不良环境因子的抗御能力，且树种草种应具备生长健壮、枝叶繁茂、冠形完整、色泽正常、根系发达、无病虫害、无冻害等基本质量要求。

（4）栽植技术。直播、植苗、客土栽植。直播适用于覆土后的弃石渣场植被恢复，通常用于草灌种植，乔木少用；可采用条播、穴播和撒播的方法。

有覆土条件的可覆土后进行植苗造林。覆土为覆薄土（30cm 以下）时，将其开穴后，可将周边土置入穴内，相当于客土造林；覆厚土（50cm 以上）时可利用机械和人工相结合直接开穴栽植。

无覆土条件而有土料、河泥等来源的，采用客土栽植。开穴后将土或河泥等物质置于穴内栽植。另外也可采取大苗带土坨栽植，这样易于成活。

4.3.3.2　采石场植被恢复措施

采石场植被恢复必须在稳定石壁、排除安全隐患的条件下进行，主要根据石壁的坡度、岩性和石壁表面物质组成等确定相应的植被恢复措施。通常根据石壁坡度分为以下三类植被恢复措施。

1. *40°以下石壁的治理*

40°以下的石壁比较平缓，其治理技术相对容易，通常采用直接挂网喷草技术。

其具体做法是先将石壁表面整平，再按一定的间距，在石壁上锚钉或用混凝土固定各种织物网（如土工网、麻网、铁丝网等），网内喷一定厚度的植物生长基（生长基包括可分解的胶结物、有机和无机肥料、保水剂等），然后喷射草籽与一定浓度的黏土液混合物到生长基上的一种技术。

2. *40°～70°石壁的治理*

40°～70°坡度陡峭，主要采用喷混植生技术。

其具体做法是用锚钉将有一定抗拉强度的钢丝网固定到石壁上，然后在网下喷混凝土作为填层，厚度为 5～10cm，再将草籽、肥料、黏合剂、保水剂等的混合物均匀喷射到石壁上。

3. *70°以上陡壁的治理*

70°以上陡壁主要选择攀缘植物分台阶实施绿化，也称为爬藤绿化。其具体做法是首先在石壁上开凿若干个人工植生槽，尺寸为长 1～2m、宽 0.4m、深 0.4m，然后再槽内加填客土，栽植藤本植物，以接力的方式绿化石壁。选择藤本植物的要注意上爬与下垂品种的搭配，达成一定的美观效果。植生槽的制作要充分利用石壁凹凸不平的微地形，因地制宜，见缝插针。在人工开凿时，也要注意预留排水孔。

4.3.3.3　取土场植被恢复措施

取土场植被恢复措施适用于开采边坡坡比不超过 1∶1.5，每级坡面高度不超过 5m 的稳定边坡。当平原区取土场不能恢复成农田或鱼塘时，可种植耐水湿的速生树种来恢复植被；当取土场位于山区、丘陵区，根据立地条件可进行林草恢复；但取土场植皮恢复后应与周边植被相协调，达到景观一致性。

1. *植被选择*

（1）树种选择抗逆性较强，少病虫害，成活率较高，易于管理维护。

（2）当周边为农田时，选择的树草种不应该有与农作物相对的转主寄生病虫害，以防给农田植物带来危害。

（3）草种选择应要根据当地的气候特点，选择适合当地生长的暖季型或冷季型草种。

（4）在考虑经济效益的基础上，应优先选择乡土植物。

2. *林草配置及栽植技术*

（1）平（缓）地取土场在取土前，先将犁底层以上 25cm 的熟化土，集中堆放在取土场旁；当取土结束后，先平整取土场，再将熟化土平铺于表面，根据土地质量、生产功能确定作为林牧业用地，恢复林草植被。栽植技术与常规技术相同。

（2）坡地取土场通常采用种草护坡和造林护坡，根据《开发建设项目水土保持技术规范》公告中植被建设工程的设计要求规定：

1）对坡比小于1.0：1.5，土层较薄的砂质或土质坡面，可采取种草护坡工程；种草护坡应先将坡面进行整治，并选用生长快的低矮匍匐型草种；一般土质坡面采用直接播种法；密实的土质坡面上，采取坑植法；在风沙坡地，应先设沙障，固定流沙，再播种草籽；种草后1～2年内，进行必要的封禁和抚育措施。

2）对坡度10°～20°，有一定厚度土层，南方坡面土层厚15cm以上、北方坡面土层厚40cm以上，立地条件较好的地方，采用造林护坡。采用深根性与浅根性相结合的乔灌木混交方式，同时选用适应当地条件、速生的乔木和灌木树种；在坡面的坡度、坡向和土质较复杂的地方，将造林护坡与种草护坡结合起来，实行乔、灌、草相结合的植物或藤本植物护坡；坡面采取植苗造林时，苗木宜带土栽植，并应适当密植。

3）综合斜坡防护工程。在坡度缓于1：1，高度小于4m，坡面有涌水坡段，通常采用砌石草皮护坡；坡面小于1/2～2/3时，通常采用浆砌石护坡，上部采取草皮护坡。对于砌石部位涌水较大处设反滤层及排水设施。

4.3.4 陡坡植被恢复措施

根据斜坡坡度不同将陡坡分为一般陡坡和高陡边坡，分别采取不同的植被恢复技术。

4.3.4.1 一般陡坡的植被恢复措施

1. 水力喷播

水力喷播是一种将草种、木纤维、保水剂、黏合剂、肥料、染色剂等与水的混合物通过专用喷播机均匀喷射于坡面，完成植草施工的技术。用于土质路堤坡率1：1.5～1：2.0，坡高每级高度不超过10m的稳定边坡和路堑边坡，土石混合路堤边坡需经经处理后采用。设计要求如下：

（1）对于岩质坡面，首先要对其进行刷平处理。

（2）比较长和大的边坡，坡顶、坡脚从平台均需设置排水沟，还并应根据坡面水流量的大小考虑是否设置坡面排水沟，一般坡面排水沟横向间距为40～50m。

（3）应在喷射后覆盖无纺布或者塑料薄膜，以防被雨水冲刷。在干旱、半干旱地区则可覆盖草帘以增温保湿，以利种子发芽、生长。

2. 格状框条护坡

格状框条护坡是用浆砌石在坡面做成网格状，上下两层网格呈“品”字形排列的一种护坡技术。格状框条可用预制构件在现场装配或在现场直接浇制混凝土和钢筋混凝土，修成格式建筑物，在格内进行植被防护。这种护坡适用于我国大部分地区，如泥岩、灰岩、砂岩等稳定路堑边坡，以及土质或砂土质道路边坡、堤坡、坝坡等，但对于干旱降水量极少的地区应有布置灌溉措施。坡率不陡于1：1.0，坡率大于1：1.0时慎用；每级坡高不超过10m。设计要求：

（1）根据边坡坡度、坡质和坡长设计网格的尺寸，正确选用相匹配的模板，规定网格尺寸为2.0×2.0，或将每格上部做成圆拱形；上下两层网格呈品字形排列。浆砌石部分宽为 0.5m 左右，见图 4.1。

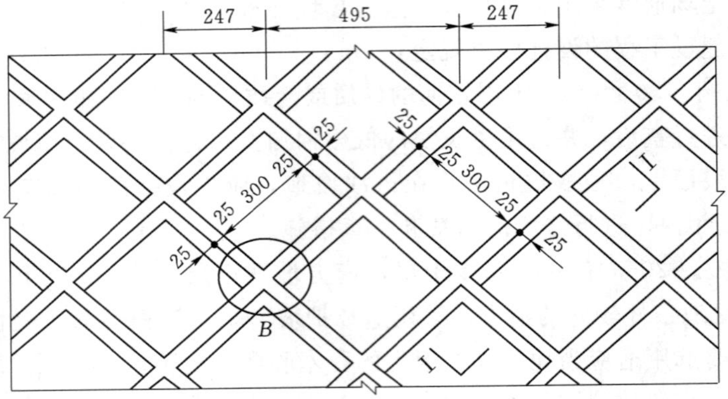

图 4.1　格状框条植草护坡设计图

（2）采用预制件时，应在护坡现场直接浇制宽 20～40cm，长 12m 的混凝土或用钢筋混凝土预制构件，修成格式建筑物。为防止下滑，应固定框格交叉点或在坡面埋置横向框条。

（3）边坡坡脚地基须实，且整体高度的 1/3 位于地下。

（4）不稳定的边坡，必须设置锚杆，格内种植草。

3. 植生带绿化

植生带是采用专门机械设备，依据特定的生产工艺，把草种、肥料、保水剂等按一定的密度定植在可自然降解的无纺布或其他材料上，并经过机器的滚压和针刺的复合定位工序，形成的一定规格的产品。这种绿化技术适用于各类地区的稳定边坡，如土质路堤边坡和土质路堑边坡，土经处理后石混合路堤边坡土质路堑边坡；坡率一般不超过 1∶1.5～1∶2.0，坡高每级高度不超过 10m 的稳定边坡，但在干旱、半干旱地区应该保证持续供给养护用水。设计要求如下：

（1）坡面整平。清理坡面所有石块及杂物后，进行全面翻耕边坡，深耕 20～25cm，并施入一定量的有机肥，如 0.3～0.5kg/m^2；腐熟的牛粪或羊粪等，打碎土块，耧细耙平。若坡面土质不良，则需改良。

（2）开挖矩形沟槽。沿边坡走向在坡顶及坡底开挖一矩形沟槽以固定植生带，沟宽为 20cm，沟深大于 10cm。坡面顶沟离坡面 20cm。

（3）铺植生带、覆土。把植生带自然平铺在坡面上，边缘交接处要重叠 5～10cm，然后在植生带上均匀覆土，厚度以不露出种子带为宜，一般在 3～5cm 左右，用长 20～40cm 的 U 形钉固定植生带。

（4）洒水。植生带铺种完毕后需浇水，选择喷灌方式，出苗后可逐渐减少喷水次数，加大灌水量，一次灌水量以浇透为宜。需要注意的是，用于覆盖植生带的土应为细粒土，最好为沙质壤土，每铺 100m^2 的植生带，需用细土 0.5m^3。在铺植生带前 1～2d，应灌溉足够的底水，以利保墒。

4.3.4.2　高陡边坡植被恢复措施

对于稳定性较差的高陡边坡可采用以下技术进行植被恢复。

1. 钢筋混凝土框架内填土植被护坡

钢筋混凝土框架内填土植被护坡是在边坡上现浇筑钢筋混凝土框架或将预制件铺设于坡面形成框架，在框架内回填客土，并采用措施使客土固定于框架内，然后在框架内采用液压喷播植草，将混有种子、肥料、土壤改良剂等的混合料均匀喷洒，达到护坡绿化的目的。如图 4.2 所示，这种技术适用于各类边坡，但由于造价高，仅在那些浅层稳定性差且难以绿化的高陡岩坡和贫瘠土坡中采用。设计要求如下：

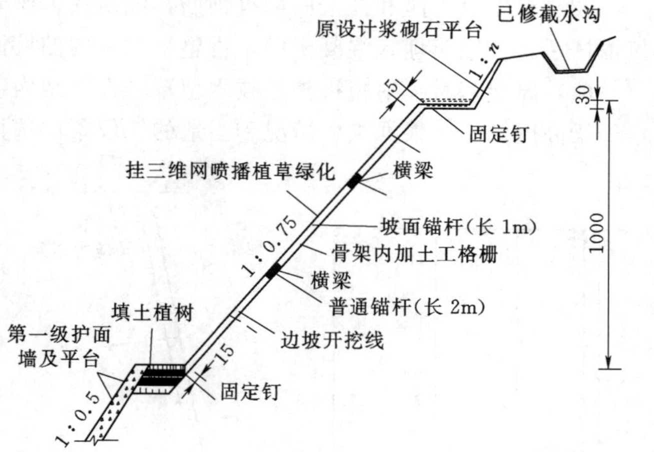

图 4.2 钢筋混凝土框架内填土植草设计图

(1) 坡面整平和预埋土工格栅。清除坡面危石，整平坡面，预制埋于横向框架梁中的土工格栅。

(2) 布设锚杆。根据一定的纵横间距施工，并在锚杆框架梁、竖向锚梁钢筋上预系土工绳，准备与土工格栅绑扎时使用。选择框架梁的固定方式要视边坡具体情况而定。

(3) 填土加筋。预埋用作加筋的土工格栅于横向框架梁中，土工格栅绑扎在横梁箍筋上，然后浇注混凝土，留在外部的用作填土加筋。按由下而上的顺序在框架内填土，根据填土厚度可设 2 道或 3 道加筋格栅，达到加筋固土效果。

(4) 挂三维植被网。当坡率陡于 1∶0.5 时，还须挂三维植被网，并将三维网压于平台下，并用土工绳与土工格栅绑扎。三维网竖间搭接 15cm，用土工绳绑扎。横向搭接 10cm，搭接处用 U 形钉固定，坡面间距 150cm。网与竖梁接触处回卷 5cm，用 U 形钉压边，要求网与坡面紧贴，不能悬空或褶皱。

(5) 植草。采用液压喷播植草，喷洒厚度为 1～3cm，喷播后根据情况覆盖一层薄土，以覆盖三维网或土工格栅为宜。覆盖土工膜并及时洒水养护边坡，直到植草成坪。

2. 预应力锚索框架地梁植被护坡

预应力锚索框架地梁植被护坡指对于那些稳定性很差的高陡岩石边坡，用预应力锚杆将钢筋混凝土框架地梁固定于坡面，然后再框架内植草护坡的技术。如图 4.3 所示，此技术适用于坡度不小于1∶0.5（高度不受限制），稳定性差且无法用锚杆将钢筋混凝土框架地梁固定于坡面的高陡岩石边坡。设计要求如下：

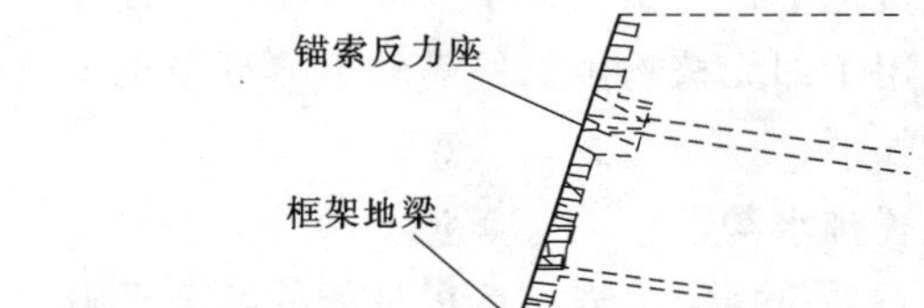

图 4.3 预应力锚索框架地梁植被护坡示意图

(1) 根据坡面情况确定预应力锚索间

距、锚杆间距。

(2) 锚索施工，浇筑锚索反力座。当反力座达到强度后，将锚索张拉到设计值。

(3) 锚索反力座和框架内配有钢筋，浇筑反力座时应预留钢筋以便和框架梁相连。张拉锚杆后，将锚头埋入混凝土中，再整平框架内的坡面，根据需要填土。

(4) 厚层基材喷射植被护坡技术植草。在框架内喷射种植基和混合草种，其厚度低于格子梁高度2cm，根据工程情况和当地的气候条件选择草种。

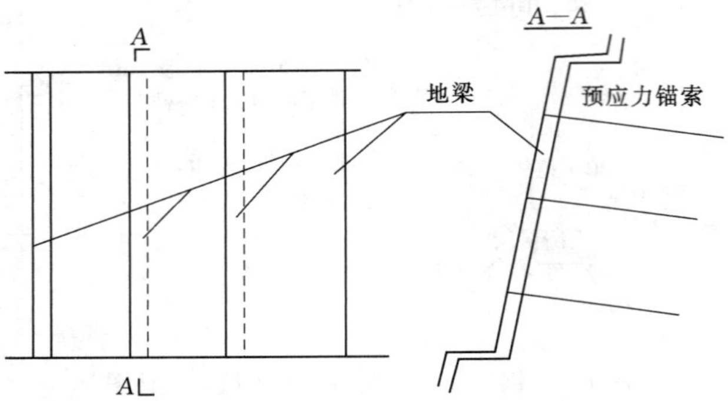

图4.4 预应力锚索植被护坡示意图

3. 预应力锚索植被护坡

预应力锚索植被护坡是指对于那些浅层稳定性好，但深层易失稳的高陡岩土边坡，不必用框架固定浅层而只用地梁即可。如图4.4所示，此技术适用于浅层稳定性好，但深层易失稳的高陡岩土边坡；设计要求如下：

(1) 确定地梁位置和铺模板。开挖并平整坡面，在坡面上定出地梁位置并铺设模板。留出预应力锚索孔的位置，浇筑地梁。待地梁强度达到要求后钻锚索孔，清空、下锚索并给锚孔灌浆，当浆体强度达到要求后，按一根地梁上的锚索数量和设计的张拉工序张拉锚索到设计要求。

(2) 做框架。视情况在地梁之间采用浆砌片石等方法形成框架。

(3) 种植植被。采用液压喷播或厚层基材喷射植被护坡等方法种植植被。

(4) 坡面养护。养护坡面植物，直到长出茂盛的植被。

4. 厚层基材喷射植被护坡技术

厚层基材喷射植被护坡是采用混凝土喷射机把基材与植物种子的混合物按照设计厚度均匀喷射到需防护的工程坡面的护坡技术。适用于即无植物生长所需的土壤环境也无法供给植物生长所需水分和养分的坡面。设计要求如下：

(1) 修筑天沟，在边坡四周、码道长处设置排水沟。

(2) 清理平整坡面。清除坡面淤积物、浮石、打掉突出岩石，尽可能使坡面平整，用高压水枪清洗坡面，使坡面有利于植被混凝土和岩石的完全结合。

(3) 钻孔。按设计布置锚杆孔位，用风钻凿孔，钻孔孔眼方向与坡面垂直，孔径25mm。

(4) 安装锚杆。采用水泥药卷或水泥砂浆固定锚杆。并用此填满钻孔并捣实。

(5) 铺设固定复合网。首先在坡面上安装12mm钢筋锚杆，按1m×1m交叉锚固，锚杆长100～120cm。然后按设计要求将高强土工网挂在锚杆上，调平拉紧，网间搭接宽度不小于5cm，并每隔30cm用18号铁丝绑扎，在边坡平台处采用浆砌片石压边，确保土工网稳定。

(6) 拌基材混合物：根据搅拌机大小，按植被绿化基材的配合比计量拌和。喷射前将粉碎过筛的干燥土壤、腐殖质和含有速效肥、长效肥、黏结剂、保水剂、稳定剂的基材混合搅拌，搅拌时间不应小于1min。

(7) 喷射基材混合物。喷射尽可能从正面进行，避免仰喷，凹凸部及死角部分要充分注意。基材混合物的喷射应分2次进行，首先喷射不含种子的基材混合物，然后喷射含种子的基材混合物，含种子层厚度为2cm。

(8) 喷水养护：在养护期应当保持植被混凝土呈湿润状态。喷水设备应采用喷雾喷头移动喷洒，杜绝高压水头直接喷灌。混合植物种子中冷季型草种陆续发芽，随后其他草种陆续发芽。50天绿草成坪，完全覆盖岩石坡面。此后基本上不必人工养护，可以自然生长。

5. 裸岩的绿化技术

"高次团粒"湿式喷播绿化技术是目前采用最多的一项裸露岩体的绿化技术。是采用喷播机，将基材混合物喷到坡面，喷混后用高分子聚合物制成的无纺布由上至下覆盖坡面，待植物生长出来后，揭去无纺布的一项绿化。适用于被破坏的岩质、土质坡体。设计要求如下：

(1) 用风镐、钢干等工具清除坡面碎石、浮石、危岩等，坡面清理完成后铺网，铺网自上而下进行。

(2) 用钉网形螺纹钢锚钉，锚钉横向间距约0.5m，纵向间距0.5m，用电钻钻锚钉孔，孔深与锚钉长度一致。

(3) 通过喷水、灌水，施肥和病虫害防治，对坡面进行养护管理。

(4) 根据坡面湿度和天气情况进行浇水。一般每天浇水2次，促进灌草种子发芽和全苗。苗齐后，可每天浇水1次。

(5) 养护30～45天后，待坡面植物生长出来后，若坡面的无纺布没有降解，采用人工方法揭开无纺布，利于植物生长。

(6) 定期观测边坡植被的生长情况，对于病虫害的防治以预防为主，一旦出现，马上进行喷药防治。此技术宜选择抗逆性强的乡土植物。一般采用灌、草、藤优化立体配置的原则，可达到长期效果。如草本植物的早熟禾、高羊毛、紫羊毛、紫花苜蓿；灌木的胡枝子、紫穗槐。

4.3.5 项目建设区道路绿化

项目建设区道路绿化是指项目区内的永久性道路的绿化，包括工业场地和生活区内的道路绿化和与工程建设项目有关的运输道路专用线的绿化。

4.3.5.1 道路绿化的基本要求

(1) 道路绿化应与主体工程布置紧密配合，沿各类管道、线路布设绿化设施。根据不同的道路宽度、周边条件、项目的生产工艺和防护要求等采取不同的布设形式。

(2) 专用线道路绿化。专用线道路两侧行道树应选择主干通直、主干高度在2.5m以上且抗病虫害的树种。在道路转弯处，行道树不得遮挡司机视线及妨碍车辆正常运行，以保证行车安全。周围与之相关的闲置地应与道路绿化统一布局，并考虑两侧的附属建筑物和供电通信线路的要求。

（3）工厂区内的道路绿化不得妨碍车间的采光，行道树与建筑物及地上、地下管线的间距一般应在1.5～2.0m以上，离高压线的间距应在5m左右。

（4）公路、铁路等交通绿化工程，应按相关规范标准设计与施工。

（5）树种要求：道路绿化树种要求形态美观，树冠高大，枝叶繁茂，耐修剪，适应性和抗污染力强，病虫害少，没有或较少产生污染环境的种毛、飞絮或散发异味等。

（6）道路绿化布置。

1）宽度超过20m的大型道路两侧各植两条林带，其中道路内侧栽植大树冠落叶行道树，建筑物一侧栽植小树冠行道树，在分车道绿化带栽植常绿树，在人行道绿化带栽植落叶乔木，其下布置花坛与草坪。

2）宽度5～10m的道路，两侧各栽一行树冠较大的行道树，公路两旁人行道绿化带与两侧建筑物基础绿化带相配合，或连成整块。基础绿化带栽植小乔木、灌木、花卉或铺设草皮。

3）宽度不足5m的窄型道路，两侧栽植小树冠树种，如妨碍建筑物室内采光，则栽植低矮灌木、多年生花草，铺设草皮。

4.3.5.2　专用线道路绿化

1. 铁路绿化

为了防止风、雪、沙、水对其的危害，保护路基，对铁路进行绿化。为保证安全应明确以下几点：

（1）铁路绿化一般近铁轨侧种植灌木，外侧种植乔木。种植乔木时，与外轨的距离不得小于8m，种植灌木时，与外轨的距离不得小于6m。

（2）铁路路堤边坡采用草皮、灌木护坡，不宜种植乔木。坡脚外侧根据征地范围种植乔灌木。

（3）路堑顶部距截水沟2m外栽植乔木。在路堑边坡与护坡工程相结合种植草皮或灌木。

（4）在公路与铁路交叉处，一般自交叉道口每侧40m以内，公路线路距交叉口每侧50m以内形成菱形地段内，不宜种植乔木，可种植1m以下的灌木。

（5）铁路转弯处，其内侧至少预留出200m的视距，在此范围内不得种植阻挡视线的乔灌木。

（6）当铁路通过市区或居民区时，应留出较宽的绿化带种植乔灌木，防尘隔噪声。

（7）在铁路站台上布置不妨碍人车通行的花坛、水池及庭荫树，供旅客休息。

2. 公路绿化应符合以下几点要求：

（1）采用乔木、灌木、草本、花卉覆盖公路两侧边坡、分隔带及沿线空地，包括护路林带、中央分隔带、停车场绿化、交叉道口绿化、路旁附属建筑物绿化、路基路堑边坡绿化及公路周围闲置地绿化，采取点、线、面结合，乔本、灌本、草本结合的原则布置绿化工程。按照“因路制宜，美化环境，防护道路”的原则进行布设。

（2）乡村区段公路根据“美化环境，防护道路”的原则布置绿化工程。高速公路和一级公路路堤两侧排水沟外缘、路堑坡顶排水沟外缘（无排水沟和截水沟时为路堤或护坡坡脚外缘、或坡顶外缘）、征地范围内（1～3m或更宽）应种植一行或多行乔木或灌木林带，局部种植草坪。路堤、路堑边坡绿化与护坡工程相结合，种植攀缘植物。中央隔离带一般宽1～1.5m，种植常绿灌木、花卉或可修剪的针叶树，并与草坪相结合。公路附属建筑物间空闲地根据立地条件进行绿化。二级、三级、四级公路根据条件布置绿化工程。

（3）公路绿化树种要求抗污染（尾气）、耐修剪、抗病虫害且形态美观，与周边环境较为协调。树种选择应注重常绿与落叶、阔叶与针叶、速生与慢生、乔木与灌木、绿化与美化相结合，特别是长里程公路，每隔适当距离可变换主栽树种，增加生物多样性和绿化景观。

3. 生活区、厂区道路绿化应符合下列要求：

（1）工业区和生活区道路绿化具有组织交通、联系分隔生产系统或生活小区，防尘隔噪、净化空气、降低辐射、缓和日温的作用。

（2）工业区和生活区绿化，应与交通运输、架空管线、地下管道及电缆等设施统一布置，综合协调植物生长与生产运行及居民生活之间的关系，避免相互干扰。

（3）工业区和生活区立地条件和环境较差，土质瘠薄，辐射热高，尘埃和有害气体危害大，人为损伤频繁的，宜选择耐瘠薄、耐修剪、抗污染、吸尘、防噪作用大，并具有美化环境的树种，主要有悬铃木、池桐、国槐、油松、侧柏、广玉兰、乌桕、香樟等。

（4）工业区和生活区坡地及空闲地规划布置草坪，与护坡工程、周边绿化工程构成绿色屏障，防止水土流失，美化工业生产和居民生活环境。

4.3.5.3 项目区内特用林带

项目区内特用林带指的是防火林带和卫生防护林带。

1. 防火林带

对于易燃易爆的厂矿、企业及其车间，仓库周围，应结合绿化工程营造防火林带。布设时应符合下列要求：

（1）防火林带采用阴阳性树种混交、行间混交配置。一般布置2～4行，两行种植时，靠近建筑物的一行为耐阴树种，三行或四行种植时，中间行为耐阴性树种，两边为阳性树种。

（2）防火林带与建筑物间的距离在4～10m范围内。

（3）防火林带树种采用含水量高、不易燃烧的阔叶树，如椴树、复叶槭树、刺槐、白蜡、栓皮栎、杨树等。

2. 卫生防护林带

厂矿企业生产区易产生大量的粉尘、烟尘及大气污染物，同时也存在着噪声、高温等环境问题的，应在工业场地和生活区之间营造大型卫生隔离防护林带。工业场地内部根据功能分区的原则及车间本身生产的特点、职工劳动状况、防护要求等应布置与绿化工程相结合的卫生防护林带。大型卫生防护林带应与农田、草地、灌木林地结合，平行布置1～4条主林带，并适当配置副林带。林带宽度分为1000m、500m、300m、1000m、50m。

4.3.5.4 项目区周边绿化

项目区周边绿化主要包括征占地范围内的闲置地或废弃地；在风沙区根据防护要求适当外扩建立防风固沙林带；在水土流失严重地区适当外扩建立水流调节林带；外围有较大的大气污染源，应建立卫生防护林带。布设上应与美化环境结合起来，与项目区内的绿化相互配合。应符合以下要求：

(1) 在防治水土流失和风沙的基础上，同时能防治污染，减少噪音，并形成优美的景观。

(2) 绿化工程一般沿项目区四周呈带状布设。有水土流失和风沙危害的，应按水土保持与防风固沙林带要求布设。

(3) 林带布设采用乔灌混交，隔行配置，长江以南以常绿树种为主。

4.3.6　水利枢纽工程绿化技术

水利枢纽包括水库、水电站、引水工程、灌溉工程、改河工程、大型防洪工程等，按水资源开发利用形式不同可分为两类：一是以拦蓄水、发电为主的水库枢纽工程；另一是以渠系为特征（引水、灌溉、改河、防洪堤）的河渠工程。其绿化的目的是防冲保土、涵养水源、保护水工建筑物，并与环境改良、水上旅游相结合。

4.3.6.1　水库枢纽工程绿化技术

水库枢纽工程绿化是以涵养水源、保持水土，保护岸坡免受冲刷侵蚀，防止泥沙淤积和减少水库水面蒸发为目的，故植被建设工程以防护性植被建设工程为主，主要包括对弃土（渣）场、取土场和石料场、配料场等废弃地的整治绿化；对坝头及溢洪道周边的绿化；对水库库岸及其周边的绿化；对坝前低湿地造林；对回水线上游沟道拦泥挂淤绿化；对水库管理区绿化等。

1. 废弃地整治绿化

废弃地整治绿化是水库枢纽工程的重点。经过整治后利用良好的灌溉水源，可以根据条件营建有较高效益的绿色工程，如果园、经济林，或结合实际营造不同类型的防护林，或结合水上旅游进行园林式规划设计，开发旅游业。

2. 坝头、溢洪道周边绿化

坝头和溢洪道周边绿化需密切结合水上旅游规划设计进行，宜乔木、灌木、草木、花卉、草木坪相结合，点、线、面相结合，绿化、园林相结合；充分利用和巧借坝头和溢洪道周边的山形地势，修建风景观赏点，创造美丽宜人的环境。

3. 水库库岸及其周边绿化

主要包括水库防浪灌木林、库岸高水位线以上的岸坡防风防蚀林。在水库最高洪水位线以上，土质松软、坡度30°以下的库岸应布置岸坡防风防蚀林；库岸为陡峭基岩时，应该根据条件在陡岸边一定距离布置种植防风林或攀缘植物。在绿化布设时采用紧密结构或疏透结构的林带结构。

4. 防浪防风林

防浪林一般从水库正常水位线以上的岸坡布置防浪灌木林，树种以柳等耐水淹灌木为主，根据水面起浪高度确定布设造林宽度。防风林林带宽度可根据水库洪水位以上土壤侵蚀类型及水面线以上周边面积大小，同一水库各区段可采取不同的林带宽度。距离库岸较近的区域选择旱柳、垂柳等耐水淹树种。距离水面较远、水分条件差，选择耐旱的松、柏类树种。

5. 坝前低湿地造林

当坝前低湿地的水分条件较好时可营造为速生丰产林。如果有可蓄水的坑塘，经过整治后可以蓄水养鱼、种藕，其布局上应与塘岸边整治统一协调。

6. 回水线上游沟道拦泥挂淤绿化

回水线上游的沟道应该营造为拦泥挂淤林，并与土柳谷坊、石柳谷坊等沟道拦泥工程相结合。如果超出征占地范围，应结合当地流域综合治理进行绿化。

4.3.6.2 渠系工程绿化技术

为美化环境、充分利用渠岸及渠系建筑物周边空间用地、达到多方共赢的目的，应对渠系工程进行绿化。由于此类工程大多数为水分条件好或为水湿条件，因此应该选择耐水湿的树种，北方如杨、柳，南方如落羽松、池杉等。绿化布设应该与农田防护林相结合。渠道高或在洪水位以上，有条件可考虑植草皮或种植灌木，渠道外坡一般种植灌木，坡脚种植乔木。

4.3.7 项目区园林绿化布设类型

工程建设项目绿化，在考虑水土保持防护和绿化美化的前提下，同时考虑提高经济效益。一般的配置类型有孤植、对植、丛植、群植、带植、风景林和绿篱等多种形式。应根据项目区的功能分区、防护要求、美化目的，在不同的条件下采用不同的配置方式和选择不同的树种。

4.3.7.1 孤植

孤植就是单株配置，同一树种有时也可 2～3 株紧密配置。单株树木孤植，应选择树种体形特别巨大、轮廓富于变化、姿态优美、花繁实累、色彩鲜明、具有浓郁的芳香等如松类、雪松、云杉、银杏、香樟、七叶树、国槐等，主要是体现树木的个体美作为园林构图中的主景。

孤植树木以草坪、花卉、水面、蓝天等色彩作为背景，并保持适当的视距，形成丰富的层次，一般配置在大草坪及空地中心，地势开阔的水边、高地、庭园中、山石旁，或用于道路与小河的弯曲转折处。孤植树要注意树形、高度、姿态等与环境空间的大小、特征相协调，见图 4.5。

4.3.7.2 对植

对植是指 2 株（丛）树，按照一定的轴线关系左右对称或均衡的配置方法。采用同一树种的树木，垂直于主景的几何中轴线作对称（对应）栽植。用于建筑物、道路、广场的出入口或桥头，起遮阴和装饰作用。

1. 规则式对植

规则式对植一般采用同一树种、同一规格、按全体景物的中釉线呈对称配置。可以是 1 对或多对，两边呼应，以强调主景。对植树种要求形态美观整齐、大小高度一致。通常采用常绿树种，如雪松、圆柏、云杉等，见图 4.6。

2. 自然式对植

自然式对植是采用 2 株（丛）不同的树木，在体形上大小不同，种植位置不对称等距，以主体景物的中轴线为支点取得均衡，表现树木自然的变化，形成的景观比较生动活

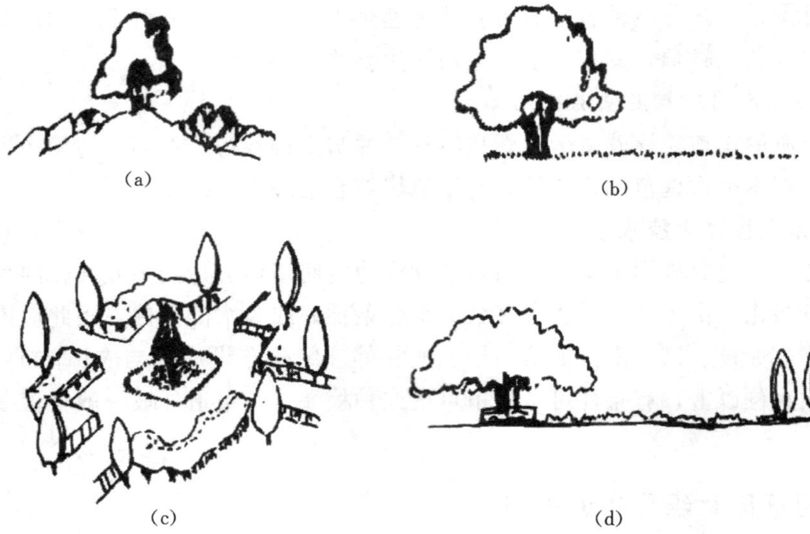

图 4.5　孤植配置示意图

(a) 配置在山头上；(b) 配置在草坪上；(c) 配置在园路交叉中心；(d) 利用原有大树作为休息场所

泼。自然式对值也可采用非对称种植，即左右侧树木大小姿态不同，与中轴线间隔距离不等，但须左右均衡，如左侧为 1 株大树，则右侧可为 2 株小树，见图 4.7。

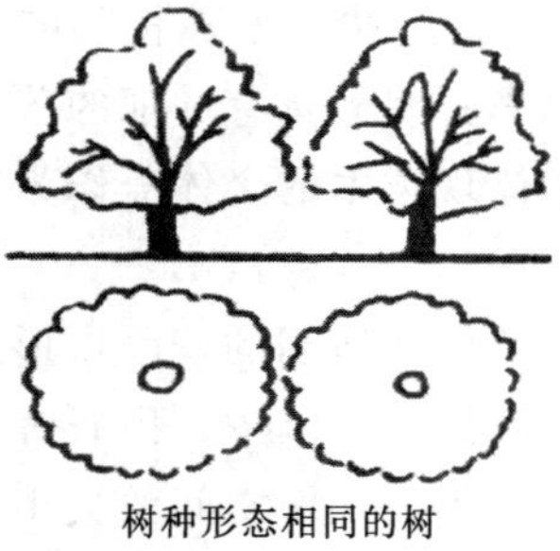

图 4.6　规则式对植

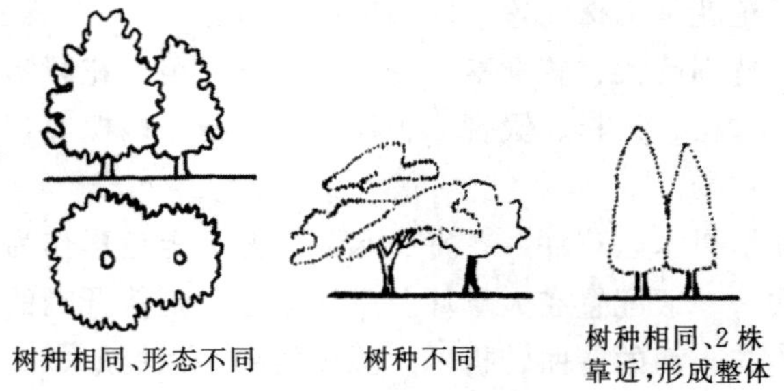

图 4.7　自然式对植

4.3.7.3　丛植、群植、带植

丛植是由 2 株以上至十几株乔灌木树种自然组合在一起的配置形式。这种方式主要表现群体美，同时表现树丛中的个体美。丛植可作为园林主景或作为建筑物和雕塑的配景或背景，也可起到分隔景物的功能，见图 4.8。

丛植株数有 2 株、3 株、4 株和 5 株之分，5 株以上的丛植称为群植。将 20～30 株或更多的乔、灌木栽植于一处，组成一种封闭式群体，以突出群体美。林冠部分与林缘部分的树木，应分别表现为树冠美与林缘美。群植的配置应具长期的稳定性。主要布置在有足够视距的开阔地段，或在道路交叉角上。但纵植选择树种不宜太多，树种形态差异也不能过分悬殊，以便组成的混交树丝构成统一的整体。

带植是成带状布设的树群，要求林冠线有高低起伏，林缘线有曲折变化。布设于园林中不同区域的分界处，划分园林空间，也可作为河流与园路林道两侧的配景。带植一般采用乔木、亚乔木、大小灌木以及多年生花卉组成纯林或混交林。

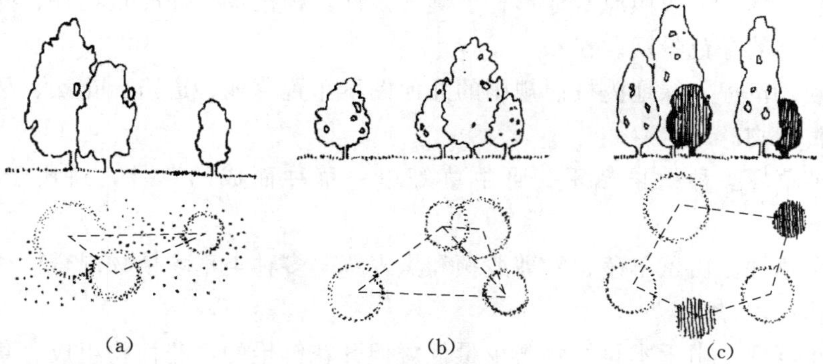

图 4.8 丛植、群植、带植示意图
(a) 3 株丛植；(b) 4 株丛植；(c) 5 株丛植

4.3.7.4 风景林

风景林也称林植或树林，是由乔灌木树种成片或大块配置的森林景观，一般可分为密林（郁闭度 0.7 以上）和疏林（郁闭度 0.4～0.6），又可分为纯林和混交林，主要用于大面积风景区。在配置上应注意景物、地形、园林小品、道路等的协调配合，近景和远景呼应，色彩、季相、形态等的配合。布设时留意树种的组成及其色彩、形态的配合，对四周景物、地形变化，包括近景、远景等都应综合考虑，加以调节和利用，以充分发挥森林风景的效果。

4.3.7.5 绿篱

绿篱是由耐修剪的灌木或小乔木，以相等距离的株行距，单行或双行排列组成的规则绿化带。其用紧密灌木等栽植的围篱或围墙，起间隔空间、遮蔽、防尘、减少噪音等作用。一般选用萌蘖力和再生力强、分枝多、耐修剪、叶片小而稠密、易繁殖、生长较慢的树种。

按绿篱高度划分为四类：绿墙，高 1.6m 以上；高绿篱，高 1.2～1.6m；中绿墙，高 0.5～1.2m；低绿篱，高 0.5m 以下。

按绿篱树种划分为五类：常绿篱，由常绿灌木组成，如桧柏、侧柏、塔柏、大叶黄杨、小叶黄杨、女贞、冬青和月桂等；落叶篱，由带叶灌木组成；花篱，由开花灌木组成，如桂花、栀子、金丝桃、迎春、木槿和郁金等；果篱，由赏果灌木组成，如枸杞、忍冬、花椒等；蔓篱，将种植的蔓生植物缠绕在制好的钢架或竹架上。

4.3.7.6 草坪种植技术

当地面坡度小于土壤的自然稳定角（一般为 30°）时可种植草坪。草坪植物一般为多年生禾本科植物（少量为莎草科植物），应具有耐践踏、耐修剪、植株矮小、枝叶茂密、抗旱力较强、抗病性强、水平根茎和匍匐茎发达、花叶观赏期长等特点。运动场草坪排水坡度在 0.01 左右，游憩草坪排水坡度一般为 0.02～0.05，最大不超过 0.15。较大面积的草坪布设应与四周园林环境有机结合，形成旷达疏朗的园林环境，同时还应利用地貌的起伏变化，创造出不同的竖向空间境域。根据不同草种的特点，分别采取展草皮、种草鞭和播草籽等不同的种植方式。草坪类型主要有以下形式。

（1）自然式草坪。按照原有地形、土壤等条件，种植草类并配置花卉、乔灌木，形成与周围环境协调的绿色景观。

（2）规则式草坪。绿地内按照规则的几何图案布置草地、道路、花坛、丛林、水体等园林建筑观赏景物。

（3）单纯草坪。种植早熟禾、野牛草等单一草种而成的草坪，适用于小面积绿地种植。

（4）混合草坪。由紫羊茅、欧剪股颖和黑麦草等多种类草坪植物混合播种而成。适用于大面积的草坪。

（5）缀花草坪。由禾本科植物与少量低矮但开花鲜艳的草花植物组成。草坪点缀植物有秋水仙、石蒜、韭兰等。此类草坪适用于自然草坪。

本　章　小　结

本学习单元主要介绍了工程建设项目区土地整治的措施，主要分为三种类型：坑凹回填、渣场改造、整治后的土地利用方向。重点介绍了不同工程场所土地整治技术方法及整治后的植被恢复利用技术；重点介绍了由于工程项目建设所形成的弃渣场、陡坡裸岩、项目区、水工程等区域的植被恢复措施，介绍了防护型和观赏型植被恢复措施在实践应用中的主要类型，通过本单元的学习使学生掌握工程项目区土地整治技术、植被恢复措施和具有灵活运用该技术措施的能力。

思　考　题

1. 项目区土地整治技术包括哪些方面？
2. 土地整治工程类型主要有哪些？
3. 简述植被建设工程适用的条件和基本原则。
4. 弃渣场植被恢复措施的设计要求有哪几点？
5. 在开发建设项目区内，对于高陡边坡的植被绿化技术有几种，其主要特点是什么？
6. 对于项目区的道路绿化，重点要注意什么？

学习单元5　不同类型工程建设项目水土保持方案概述

知识要求：随着我国水土保持生态建设方面的法律法规、国家标准和技术规范的配套、完善与贯彻执行，工程建设项目水土保持的内容已渗透和应用到各类生产建设活动中。通过本单元的学习，了解不同类型工程建设项目水土保持方案编写要点，采取措施有效防治建设活动造成的人为水土流失。

技能要求：通过学习掌握不同类型工程建设项目方案编写的内容、特点，掌握不同类型工程建设项目水土流失防治的原则及防治措施；熟悉不同生态恢复型项目水土保持方案概况。

工程建设项目根据施工特点及水土流失特点主要分为线型工程和点型工程。线型工程是指工程范围以一定的占地宽度呈带状分布的自然资源建设开发项目，主要包括铁路工程、公路工程、输气管道、输油管道、输水管道、通信线路和架空输电等。线型工程主要特点为工程涉及范围广、战线长、穿越地貌复杂、占地面积多、施工难度大和施工期限长。通常线型工程需跨越好几个市、县或省份，工程区途经的地形地貌迥异，施工过程中的挖填方量比较大。这就使得线型工程在施工建设中，对生态环境造成的扰动及产生的水土流失现象有其独特的相关问题。点型建设项目的工程布局相对集中，竣工后几乎不会再有土石方的开挖、回填等内容，不会再对项目区的土地、植被等造成扰动、破坏。但在施工期，开挖、回填比较集中，会对地表造成破坏，使项目区土壤抗蚀能力降低，加剧水土的流失，若不采取有效的防治措施，将破坏项目区及周边的环境、造成周边水系河网淤积等。针对这类项目的特点，在编制其水土保持方案时要重点做好施工期的水土流失防治工作，要分析项目相关性、施工组织的合理性，做好土石方平衡，合理进行水土流失防治分区、科学预测水土流失及提出可操作性强的防治措施等。

本单元主要介绍几种常见的以恢复生态为目标的工程建设项目水土保持方案编写内容。

5.1　小流域综合治理项目概述

小流域指汇水面积小于300km^2的地区。小流域综合治理是根据小流域自然和社会经济状况以及区域国民经济发展的要求，以小流域水土流失治理为中心，以提高生态经济效益和社会经济持续发展为目标，以基本农田优化结构和高效利用及植被建设为重点，建立具有水土保持兼高效生态经济功能的半山区小流域综合治理模式。

治理规划在详细调查自然条件和社会经济条件的基础上，合理确定流域内每一个地块的土地利用方向及水土保持技术措施，通过多种规划方案对比，选择优化方案。

5.1.1 综合治理的基本原则

（1）根据小流域内水土资源现状及社会经济条件，正确地确定生产发展方向，合理安排农、林、牧用地的位置和比例，积极建设高产稳产基本农田，提高单位面积粮食产量，促进陡坡退耕，为扩大造林种草面积创造条件。

（2）水土保持工作要为调整农业生产结构，促进商品生产的发展和实现农业现代化服务。

（3）在布置治理措施时，使工程措施与林草措施及农业耕作措施相结合，治坡措施与治沟措施相结合，在地少人多的地区，林草措施面积比例可以小些。

（4）在实施顺序上，一般先坡面后沟道、先支、毛沟后干沟，先上中游后下游。

（5）讲求实效，注意提高粮食产量与经济收入，注意解决饲料、肥料和人畜饮水问题。

（6）注重小流域的综合治理和生态效益。

5.1.2 综合治理技术措施

以小流域为单元进行综合治理是山丘区有效地开展水土保持的根本途径。世界上许多国家已经把小流域治理与流域水土资源以及其他自然资源的开发、管理与利用结合起来，按流域成立了管理机构，加快治理速度，提高治理效果。

主要措施有：

（1）水土保持农业耕作措施，也叫水土保持耕作法。

（2）水土保持林草措施，即水土保持造林措施及种草措施。

（3）水土保持工程措施：在山坡水土保持工程中有梯田、坡面蓄水工程（水窖、涝池）、山坡截流沟等，在山沟治理工程中有谷坊、拦沙坝、沟道蓄水工程及山洪、泥石流排导工程等。

5.1.3 小流域综合治理项目建设任务及目标

小流域综合治理项目主要是沟道内主沟道与子沟道的治理。依靠自然的自我修复能力恢复植被，在沟缘通过种草，形成一定范围的生物护岸，并在沟道两旁种植水保林，提高项目区的生态功能，一些小的支沟通过修建谷坊、沟头防护等工程措施达到保水保土的目的；沟道以生物和工程措施相结合的方式对项目区的水土流失进行治理，通常主沟道以工程措施为主，通过修建防洪护岸、浆砌石护坡等工程措施，控制沟道纵横方向侵蚀，保护两岸建筑物及厂区安全，同时在沟缘和河道两旁配置林草绿化措施，使项目区的生态功能得到充分的发挥。

小流域综合治理项目的目标：采取“集中连片、规模治理”的方式，以突出水土流失治理措施为重点，结合当地的自然环境条件，因地制宜，科学规划，把水土流失防治与农业综合开发、小流域治理等有效结合起来，注重生态效益、社会效益和经济效益的有机统一。通过水土保持治理工程使流域内生态环境逐步得到恢复，使农、林、牧得到协调发展，水土流失得到有效治理，基本要求杜绝人为的水土流失产生。

5.1.4 小流域综合治理项目的水土保持措施

小型水土保持工程措施主要包括沟头防护、河道护岸、谷坊等。林草措施包括沟头防护林、防风林带、水土保持林、河岸景观绿化带、护岸种草带、林草抚育等。封禁治理措施是针对项目区内有荒山则以封禁治理为主，注重天然植被的封育和改良。

小流域地形特点和社会经济状况，在总体布局上，本着工程措施与植物措施相结合的原则，以“南治水土，北治风沙”的格局进行，形成布局合理的水土保持综合防治体系。防治体系的配置按照系统工程的原理，处理好局部与整体、单项与综合，力争做到技术上可行、经济上合理、可操作性强，形成一个科学、完整、严密的水土流失防治措施体系。

5.2 水土保持科技示范园项目概述

水土保持科技示范园区，是指具有水土保持的社会宣传、示范推广作用和科普示范功能，所在区域的水土流失应具有典型性，能够代表区域内水土流失的主要类型、程度、危害及生态环境、地质地理等基本特征，面积不小于 $50hm^2$，并具有一定的典型性，能够布设水土流失综合防治的各项措施，便于开展科学研究和技术推广的科研试验和示范推广园区。其目的是为能更好地发挥水土保持科技支撑、典型带动和示范辐射的作用。

5.2.1 水土保持科技示范园项目建设的基本原则

5.2.1.1 前瞻性原则

规划立足当前，科学预测未来，讲求超前性。水土保持科技示范园区作为以水土保持科教为主的生态园区，应突出水土保持科研试验和科教示范的作用，并在此基础上放眼未来，进行科学的规划设计，实现水土保持这一环保产业的可持续发展。

5.2.1.2 示范性原则

科技示范园区不仅是展示当地水土流失防治水平、提升水土保持科技含量的有效平台，而且能够成为开展水土保持人才培训和技术推广、面向社会公众尤其是广大青少年进行科普教育的示范基地，同时能够积极发挥带动辐射作用，产生良好的生态效益和社会效益，有力地推动全国水土保持与生态建设。

5.2.1.3 特色性原则

水土保持科技示范园区是以治理当地水土流失现状为目的的试验示范基地。因此园区内景观规划设计，植物物种选择均突出特色，增强其生命力及吸引力。在规划建设时应注重地域特色和水保特色并重。

5.2.2 水土保持科技示范项目建设条件

(1) 示范园区所在区域的水土流失应具有典型性，能够代表区域内水土流失的主要类型、程度、危害及生态环境、地质地理等基本特征。

(2) 示范园区应具有一定规模，面积不小于 $50hm^2$，并具有一定的典型性，能够布设水土流失综合防治的各项措施。

(3) 示范园区应有较好的水土保持基础，所在地的地方政府对水土保持工作重视，群众对水土保持有积极性。

(4) 示范园区应具有便利的交通条件，位于主要城镇（如大中城市和县城）和交通干线附近，有利于发挥示范园区的社会宣传和示范推广作用。

5.2.3　水土保持科技示范项目建设任务及目标

(1) 示范园区要完成规划确定的各项任务，水土流失综合治理程度80%以上，植被覆盖度达到80%以上，土壤侵蚀量减少80%以上，坡耕地全部得到整治，25°以上陡坡耕地全部退耕还林还草。

(2) 示范园区要采用科技新成果，推广水土保持先进技术、施工方法和优良植物品种，如遥感监测、雨水集流、植被自然修复、保土耕作以及面源污染控制等高新技术，成为技术示范的基地。

(3) 示范园区要满足水土保持科学试验或研究的要求，开展土壤侵蚀监测、水土流失规律、水沙变化、水土保持效益评价等相关试验研究，成为水土保持科学试验和研究的基地。

(4) 示范园区要加强先进实用技术和经济开发技术的引用和推广，各项水土流失防治措施和科学实验研究设施的做法、功能都要有简明易懂的介绍标志满足群众观摩、学习的要求，成为技术培训和推广的基地。

5.2.4　水土保持科技示范园建设的主要技术措施

一般根据园区需要，结合景观规划设计，将园区分为若干个基地，即技术示范基地、水土保持科学试验和研究基地、技术培训和推广基地、科普教育基地等。按每个基地的建设目的，又进一步分为几个功能分区，如综合治理示范区、生态修复区、水土保持效益监测区、水土保持科研试验区、水土保持苗木展示区等来进行水土流失的治理及生态恢复。

5.2.4.1　科研试验区

以科研指导生产、以科技服务社会是本区的设计主旨。该区主要包括：径流观测小区、水土保持效益监测设施、野外人工模拟降雨设施、可变坡面径流场、气象站、化验室仪器设备、监测与信息处理等。主要研究不同坡度、坡长、工程措施、植被覆盖度、施肥程度和降雨强度等对土壤及养分流失的影响，结合实验观测，为水土流失预测提供数据。

5.2.4.2　措施示范推广区

该示范区以科技为支撑，因地制宜地建设各具特色、功能各异的示范工程进行水土保持措施示范，旨在通过科技示范，提高治理水平，巩固治理成果。以达到提高土地生产力，控制水土流失、改善生态环境的防治目地。

5.2.4.3　水土保持苗木展示区

主要负责培育、引种和开发水土保持经济效益高的优良保土植物及新奇特的园林植物，起到教育示范作用。对各类苗木应竖牌分别说明其科、属，特殊用途及水土保持功能等。

5.2.4.4 生态修复区

生态系统自我修复，是植被恢复，治理水土流失的有效途径，为了探索区域生态自我修复能力，在园区内规定的地块设置水土保持效益观测小区进行水土流失强度、生物生长量、生物多样性等方面的监测，为生态修复设计提供科学依据。

水土保持科技示范园是一种新型水土流失治理模式，它集水土保持治理和社会宣传、科学研究与普及、示范推广与休闲观光于一体，是水土保持工作发展的一种新模式。

5.3 骨干坝系类工程项目概述

在水土保持小流域治理中，为了提高拦沙效益，使整个小流域中的其他小型淤地坝更安全，同时对部分河滩地进行灌溉而修建的库容相对较大、坝相对较高（一般为 20m 以上，坝体土方量大于 50 万 m^3）的拦河坝。

骨干坝是在综合治理的基础上在支毛沟中兴建的控制性滞洪拦泥淤地的坝工建筑物，一般为均质土坝，采用碾压或水坠施工。坝系是指以小流域为单元通过科学规划合理布设骨干坝和淤地坝等沟道工程为提高沟道整体防御能力实现流域水沙资源的合理开发和利用而建立的防治水土流失的沟道工程体系。

5.3.1 骨干坝系工程的作用

在小流域坝系建设中的作用为拦泥，其运行方式为蓄洪排清，根据其对枢纽布设的要求，结合坝址地形条件确定工程枢纽，由土坝、泄水建筑物、放水建筑物组成。放水卧管布设在坝坡岸，通过输水涵解决生活用水，改善人畜饮水困难，解决控制区内群众的用水问题，坝系工程建设可以实现林草上山米粮下川，为流域农业增产农民增收农村经济发展创造条件。

5.3.2 骨干坝布设的基本原则

（1）应在现有坝库工程防洪能力安全评估的基础上根据坝系运用方式依次确定骨干坝和淤地坝等单项工程的坝址。

（2）坝轴线应根据坝址区的地形地质条件，确定坝型坝基处理方式及枢纽中各建筑物的布置和施工条件等经比较确定。

（3）坝体布设应根据坝址地形地质条件结合坝高及施工方法，综合考虑放水工程和溢洪道的布设条件合理确定。

（4）坝脚与下游坝的最高洪水位应距回水末端应保持一定的距离，筑坝材料的种类性质数量位置和运输条件应满足坝型选择的要求。

（5）库区淹没损失要小，对村镇工矿干线公路高压线路的安全影响小。

5.3.3 骨干坝布设内容

（1）骨干坝坝址选择应符合以下要求：坝轴线短、工程量小，宜采用直线，应有宜于布设放水工程及溢洪道的地形地质条件，宜选择岩基或黏土基础；坝址附近应有较充足的筑坝土石料等建筑材料；坝址应避开较大弯道、跌水、泉眼、断层、滑坡体、洞穴等，坝肩不得有冲沟。

（2）放水工程布设应符合以下要求：卧管布设应综合考虑坝址地形条件，运行管护方式和坝体，加高要求等因素选择岸坡稳定开挖量少的位置；涵洞轴线布设应尽量与坝轴线垂直，进口处应设消力池或消力井，与卧管连接涵洞的进口、出口均应伸出坝体以外。骨干坝坝址选择应符合以下要求：坝轴线短，工程量小，宜采用直线；应有宜于布设放水工程溢洪道的地形地质条件，宜选择岩基或黏土基础；坝址附近应有较充足的筑坝土石料等建筑材料；坝址应避开较大弯道、跌水、泉眼、断层、滑坡体、洞穴等，坝肩不得有冲沟。

（3）溢洪道布设应尽量利用开挖量少的有利地形、进口、出口附近的坝坡和岸坡应有可靠的防护措施和足够的稳定性，出口应采取妥善的消能措施并使消能后的水流离开坝脚一定距离。

5.4　生态型清洁小流域治理类项目概述

生态型清洁小流域治理工程是通过结合当地实际，实施坡耕地改造，修建水窖、水塘和坡面灌排水系等小型水利水保工程。营造水土保持林草，建设乔灌草相结合的入库（河）生物缓冲带。通过工程措施和生物措施，减少土壤侵蚀，发挥梯地、林草植被等水土保持设施控制和降解面源污染的作用。而生态清洁型小流域治理是在有条件的地方，实施封山禁牧、封育保护，加强林草植被保护，防止人为破坏。要充分依靠大自然的力量恢复植被，改善生态环境，涵养水源，保护水资源。

工程建设应以水土流失综合治理为基础，全面做好流域治理、生态修复、水系整治和人居环境改善，建立面源污染控制、人为水土流失防治等管理制度，加强相关监测评价体系建设。

5.4.1　生态型清洁小流域治理的意义

水资源问题是一个全球性的问题。如何保护好水资源，治理和改善水环境是当前迫切需要解决的世界性课题。生态清洁小流域建设是在新的形势下，面对水资源问题，结合水土流失的特点，打破以往传统的观念，提出以小流域为单元，根据系统论、景观生态学、水土保持学、生态经济学和可持续发展等理论，结合流域地形地貌特点，土地利用方式和水土流失特性等，将小流域划分为“生态修复、生态治理、生态保护”三道防线，以“三道防线”为主线，紧紧围绕水少、水脏两大主题，坚持山、水、田、林、路统一规划，工程措施、生物措施、农业技术措施有机结合，治理与开发结合，拦蓄灌排节综合治理的新理念。达到控制侵蚀、净化水质、美化环境的目的。

5.4.2　生态型清洁小流域治理的思路、目标及原则

首先被列入综合治理的小流域须是存在山洪灾害、滑坡泥石流灾害，具有水土流失危害中的一种或几种灾害威胁，且位于丘陵山区，是以分水岭和出口断面为界形成的闭合集

水单元。流域面积原则上在 $200km^2$ 以下。总体来说，小流域综合治理要解决流域内存在的洪涝灾害、地质灾害、水土流失、人居环境恶化等问题。

5.4.2.1 指导思想

以科学发展观为指导，坚持以人为本、人与自然和谐相处，紧紧围绕建设社会主义新农村建设和谐社会的目标进行统一规划；以实施可持续发展战略，保障防洪安全和经济社会发展安全，维护生态环境，改善人居环境和经济社会发展环境为中心，依据小流域自然条件和社会经济现状，通过防治洪水灾害、地质灾害，治理水土流失和开展生态建设，达到改善农业生产条件和生态环境，提高群众生活水平，发展区域经济，使小流域经济走上可持续发展之路的目的。

5.4.2.2 治理目标

在调查研究和广泛征求意见的基础上，将“安全、生态、发展、和谐”确定为小流域综合治理的总体目标。安全是小流域综合治理的第一要务，就是要保障人居安全和财产安全；生态是小流域综合治理的主要特征，水土流失得到治理，生态环境向良性方向发展；发展是小流域综合治理的基本要求，就是区域社会经济得到发展，人民群众生活水平大幅提高；和谐是小流域综合治理的根本目标，就是小流域内要达到人水和谐、人与自然和谐。

5.4.2.3 治理原则

小流域综合治理遵循以下原则：以人为本，人与自然和谐相处；工程措施与非工程措施相结合；控制洪水与给洪水出路相结合；灾害治理与生态环境、人居环境改善相结合；人工治理和自然修复相结合。

5.4.2.4 生态型清洁小流域治理的主要措施

小流域综合治理的具体任务实行分解，使各部门能各司其职。在小流域综合治理工程中，应明确洪水灾害防治和水土流失治理由水利部门负责，地质灾害防治由国土部门负责，生态公益林建设由林业部门负责，公路交通建设由交通部门负责，学校的整合重建由教育部门负责，供电、通信设施的恢、复和管理由供电和通信部门负责，农村经济结构的调整及经济发展规划由农业和民政部门负责。

(1) 防洪工程。扩大河道行洪能力，以清淤疏浚为主，以护坡护岸和堤防修建为辅。乡镇人口集中居住区防洪标准为 20 年一遇；集中连片基本农田面积超过 $33.3hm^2$ 的，其防洪标准为 10 年一遇；其他设施和零星居民点以防冲保护为主，不设防洪标准。河道清淤疏浚后能满足设计过流能力的，不修堤防。过流能力不满足要求时，在乡镇所在地人口居住密集区考虑修建堤防；两岸为零散农田时，适当护坡护岸，维持原生态。

倡导“保持河流的天然属性、维持河流的天然状态”，不影响河道行洪排涝的河滩地以及两岸植被将尽量保留。避免随意裁弯取直、缩小河道断面，严禁河道渠槽化，减少河岸硬化。常水位以上宜采用框格草皮、生态袋等生态型护坡形式。尽量选择生态堤型，在条件允许的情况下优先选择建土堤；有条件的堤防鼓励设置亲水平台。

(2) 水土流失防治工程。要求分区防治，根据项目区地形地势、水土流失类型与强度、人类活动情况，以及主要防治对策等，将小流域划分为生态保护区、治理开发区和重点整治区。地形坡度大于 25°或国家和各级地方政府划定的各类保护区及现状天然林分布区列为生态保护区；地形坡度小于25°至坡脚地带，除天然林分布区外，适宜农林、业开发利用但存在自然和人为水土流失的区域列为治理开发区；沟道下游和河道两侧至山脚的平缓地带，是小流域农业生产以及人居的主要区域，应列为重点整治区，并加强防洪安全设计、人居环境整治和监督管理工作。治理目标要求土壤侵蚀强度降低到轻度以下；林、草面积达到宜林宜草面积的80%以上；水土流失治理、程度达90%；基本遏制生态环境恶化趋势。微度、轻度侵蚀区域进行封育治理；中度侵蚀区域、以生物措施为主，以工程措施为辅；强烈、极强烈和剧烈侵蚀区域以工程措施为主，以生物措施为辅。

（3）人居环境整治。包括房前屋后的绿化美化、简易污水处理设施建设及固体垃圾的收集与处理等。

生态型清洁小流域水土保持综合治理措施，采取“防治并重，治管结合，因地制宜，工程措施、林草措施、耕作措施相结合”的方法，统一规划，综合治理，因害设防，合理布局。实践证明，这一治理模式是可行的，其效果显著，对条件类似小流域的综合治理具有借鉴作用。

本 章 小 结

工程建设项目水土流失是在人为的活动下诱发产生的，与天然状态不同的是建设项目的数量大，建设类型多样、产生水土流失的方式不一。线型项目建设受工程沿线地形地貌限制级活动方式的影响，其涉及破坏范围少则几公顷、数十公顷，多则达几平方千米甚至数十平方千米。点型项目水土流失的特点是影响区范围相对较小，但破坏强度大，防治和植被恢复难度大。以生态恢复为主要目的的典型项目在治理水土流失时，因项目建设目的不同，采取的防治技术措施也有所不同。

思 考 题

1. 建设项目水土保持敏感度是怎么确定的？
2. 生产建设项目水土保持方案时如何进行分类的？
3. 线型项目与点型项目水土流失的特点有什么不同？
4. 讨论不同点型项目在水土保持方案编写时侧重点有何不同。

学习单元6 工程建设项目水土保持方案实例分析

知识要求：了解不同类型工程项目的概况特点，不同类型工程项目水土流失防治措施体系布局的主要区别。熟悉露天采矿、公路、渠系等工程项目的主要内容和水土流失的特点；水利水电枢纽工程中造成水土流失的特点及防治措施体系的组成和布局特点；城镇建设、洪沟小流域综合治理项目、生态景观项目自然环境与水土流失现状的关系。

技能要求：掌握各类工程项目概况、水土流失防治区的划分方法、水土流失防治措施体系的布设，掌握各类工程项目水土流失的环节和防治措施，通过投资估算和效益分析，从水土保持角度来判断工程项目是否可行的方法。

6.1 露天采矿项目水土保持方案分析

6.1.1 项目概况

×××硫铁矿区位于×××市××县城正南方位约51km处，行政区划隶属××县北西约17km，保有总矿石量4047.49万t。为满足年产2万t镍材循环经济产业项目的需求，每年需硫酸约50万～60万t，换算为矿石约300万t。本次设计主要针对A段进行，建设规模为采矿150万t/a，制备硫精砂22.5万t/a。项目建设占地面积317.98hm^2，其中永久占地313.82hm^2，临时占地4.16hm^2。包括埋设输水管道长1.9km，输电线路长2.5km，道路长14.89km。

根据工程可行性研究报告成果，本项目属于新建生产类项目，主要建设内容有露天采矿场、选矿厂及生活区、矿区道路、附属水电线路、尾矿库、排土场六个部分。

6.1.2 项目区概况

矿区处于巴山中山区，山脉呈东西方向延伸，地势南高北低，区内地形切割较为强烈，山高谷深，断崖陡峭，分水岭呈鱼脊状，山坡较陡。年平均气温15.8℃，最低气温1.6℃，最高气温27.6℃，年降雨量798mm，雨季集中在7—9月，最大风速2.8m/s。本区气候温和，雨量充沛。区内经济条件比较差，以农业为主，工业欠发达。农作物以小麦、玉米和稻米为主。经济作物有桐子、麻类、药材及棉花等。在20世纪80年代之前，尚有省、县、社办的硫铁矿，现在基本都已经关闭。

6.1.3 建设项目及水土流失的特点

该硫铁矿制备硫精砂项目工程在新建一系列施工活动中，必将扰动地表，损坏、占用水土保持设施，导致地表原状土壤结构、植被破坏，蓄水保土、抗蚀能力降低，使被扰动地表原有的水土保持功能减弱，甚至完全丧失，造成新增水流失。如不及时采取有效的防治措施，项目区的水土流失必将加剧。

该工程项目区水土流失的成因主要是自然因素和人为因素，其中自然因素是由于部分岩体破碎疏松，为流水切割和地面侵蚀造成了有利地形条件，加之暴雨集中，强度较大，对地表冲刷极为严重。人为因素主要是由于乱砍滥伐，造成森林资源遭到严重破坏，农业生产随意开荒，陡坡耕种，致使植被减少，加剧了水土流失；同时由于采矿、修路、水电开发等对水土流失危害认识不足，肆意破坏植被，乱倾废石废渣，造成新的的水土流失。

6.1.4　水土保持现状及评价

该工程项目主体工程设计中，建筑（构）物布置紧凑，节约了土地，最大限度地避免建设项目对原地貌、土壤和植被的破坏。但总体来说，主体主要从经济、安全和稳定的角度考虑的较多，缺少对工程建设过程中的水土流失防治体系的考虑。因此，方案在分析和评价主体工程中具有水土保持功能工程的基础上，进一步增加水土保持防护措施设计，使方案水土保持形成一个完整、严密、科学的防护体系。

主体工程对采选主工业场地生产地都布设了相应挡土墙、排水沟、周边截水沟、护坡、及高边坡防护等措施，基本能满足水土保持防治要求。

本方案将在选矿厂、道路区、排土场区、福利生活区等补充完善水土保持措施体系。

6.1.5　水土流失预测

该工程项目水土流失预测主要采取资料调查法、类比实测法和引用资料法。对于建设期扰动原地貌、损坏植被面积预测、弃土石渣量预测采用资料调查法。对排土场、采掘场水土流失量预测，主要采用相邻露天矿工程现场调查和类比实测法进行，并结合本工程所在区域的微地形、地貌等下垫面状况的差异，确定本工程排土场、采掘场的水土流失量；对于工业场地、地面运输系统、供排水管线、供电通信线路等工程，在施工过程中产生的水土流失主要采取类比实测法和资料调查相结合的方法进行预测。

该硫铁矿采选生产线建设过程中，扰动原地貌、损坏土地和植被的面积 317.98hm^2。损坏水土保持设施的面积为 317.98hm^2，施工期产生弃土弃渣量基本不外排；本硫铁矿采选生产线建设期扰动地表水土流失量为 7.88 万 t，其中原生地面水土流失量（水土流失背景值）为 1.02 万 t，扰动地表新增水土流失量为 6.86 万 t；整个项目可能造成的水土流失的总量为 9.19 万 t，其中水土流失背景值为 1.79 万 t，新增水土流失量为 7.40 万 t。

造成水土流失的主要影响因子包括采矿场表层剥离、采矿场深挖、采矿场排水、废石及尾矿排放、选矿厂厂区建设、排岩胶带基础开挖、场外水电通讯基础开挖及临时占地等。

可能造成的水土流失危害主要包括：影响采矿场等主体工程自身安全，对项目周边生态环境产生一定的不利影响，对项目区河流水质和水循环产生影响。

6.1.6　项目区水土流失防治措施体系

该工程项目按照露天采矿场防护区、选矿厂及福利生活区防治区、矿区道路防治区、附属水电线路防治区、尾矿库防治区、排土场防治区六个部分进行防治措施布局。每个防治分区结合主体工程设计和各分区水土流失特点，布设了相应的工程防护措施、植物防护措施和临时防护措施，主要防护措施有浆砌石挡土墙护坡、浆砌石截、排洪沟、临时排水渠、表土收集及防护、林草措施等，同时对各防治分区的防治进行了典型设计。防治措施体系见图 6.1。

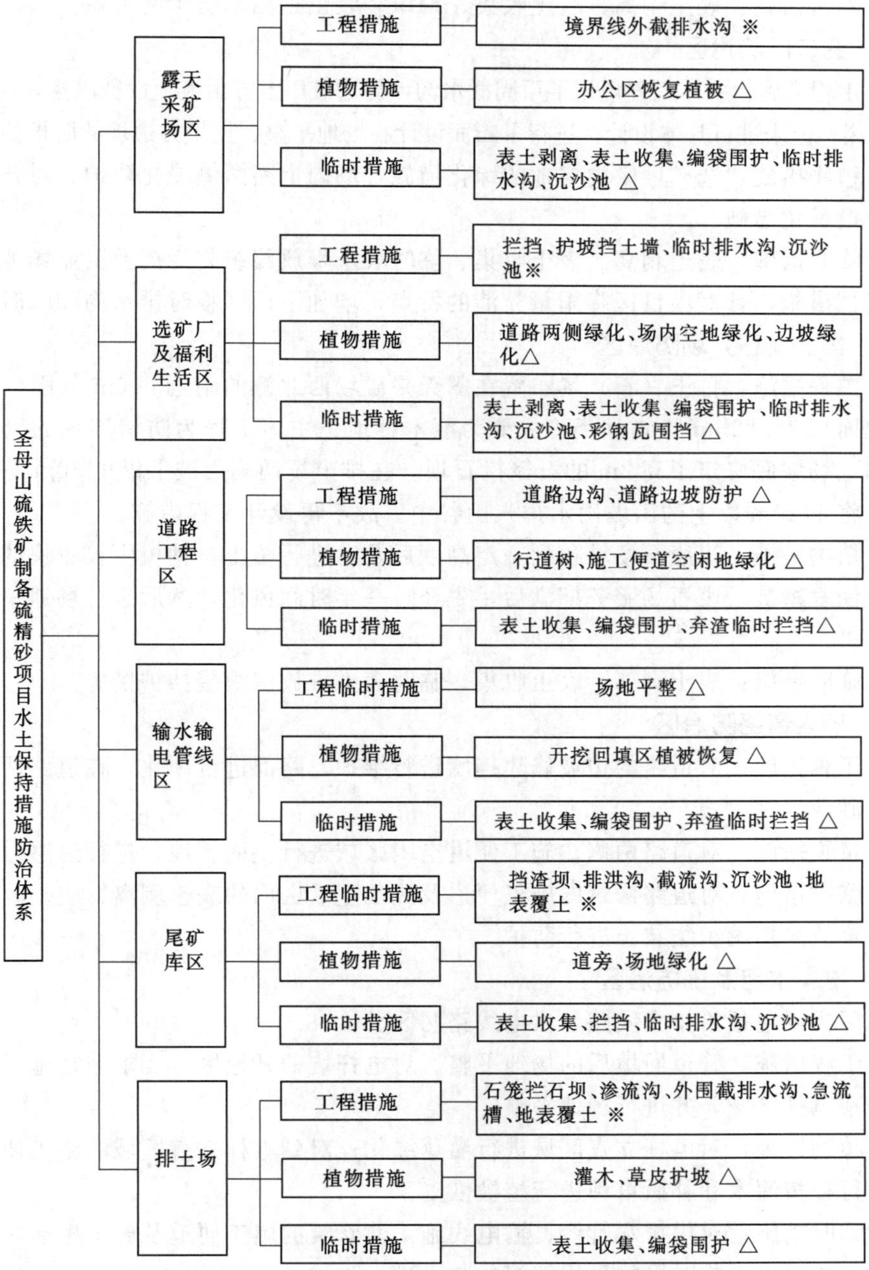

图 6.1　硫铁矿采选生产线水土保持防治措施体系框图

※—主体工程已有措施；△—新增水土流失防护措施

6.1.6.1　露天采矿场防治区

（1）工程措施：主体工程设计了截水沟、临时截水沟。截排水沟净断面为梯形（上底700mm、下底600mm、高700mm），水沟用C15混凝土支护，两侧支护厚度50mm、底板支护厚度100mm。

（2）植物措施：采矿办公区植被恢复。

（3）临时措施：表土剥离、表土收集、编织袋装土拦挡、防尘网苫盖。

6.1.6.2　选矿厂防治区

（1）工程措施：主体工程规划了厂周截水沟，即选矿厂上方山坡上设截洪沟，防止山坡雨水进入厂区，但未进行具体设计。进行了断面设计、场地平整、挖填方边坡的防护挡土墙。

（2）植物措施：选矿厂区内空地的绿化措施，场内道路两侧绿化防护、对开挖造成的高边坡增设绿化措施。

（3）临时措施：表土剥离、表土收集、临时表土堆放编织袋拦挡及工业场地开挖面的彩钢瓦围挡措施，针对项目区降雨量充沛的特点，增加了厂区临时排水沟和临时沉沙池。

6.1.6.3　排土（石）场防治区

（1）工程措施：排土（石）场布置在露天采矿场西北侧的附近500m范围内一无名沟内，占地面积98.82hm^2，占地类型主要为灌木林地。主体工程为防治堆置的废石产生流失，在排土场坡底修筑了高2m的石笼拦石坝。在排土场两侧山坡上沿1120m等高线设置截水沟，将1120m以上的山坡雨水排入山谷中。故不再设计工程措施。

（2）植物措施：当废石场堆积到一定高度后及时进行覆土，种植生长较快的灌木和草皮，尽快恢复植被。废石场服务期满后，先经过一年时间风化，然后进行场地平整，覆土植树种草。

（3）临时措施：表土剥离、表土收集、临时表土堆放编织袋挡护措施。

6.1.6.4　矿区道路防治区

（1）工程措施：对道路的边坡修建挡墙进行维护，路面进行硬化，在道路两旁设置排水沟及沉砂池。

（2）植物措施：对道路两侧、施工便道空闲区域进行全面整地，进行道路绿化。

（3）临时措施：对道路修筑的施工便道及施工生活区内的表土剥离、表土收集，并对表土临时堆放采用编织袋装土进行防护。

6.1.6.5　附属水电系统防治区

该分区主要包括给排水线路、供电线路两区。

（1）工程措施：管道回填后的场地平整。对电杆坑的开挖区，要求把在施工前收集的表土覆盖在电杆区域，并进行场地平整。

（2）植物措施：对电杆立直区域进行灌草绿化；对到电杆立直区域的施工便道的踩踏受损区进行补植灌木和补撒草种进行植被恢复。

（3）临时措施：对供排水管线、输电线施工前修筑的施工便道及施工生活区内的表土进行收集，并对表土临时堆放采用编织袋装土进行防护。

6.1.6.6　尾矿库防治区

本工程的尾矿库防治区包括尾矿坝、引水涵管、回水泵站、尾矿库的输送和回水管线等与尾矿有关的设施。

（1）工程措施：布设沉沙池，尾矿渣面地表覆土。

（2）植物措施：对尾矿库内和尾矿输送管道上侧布设绿化措施。

（3）临时措施：在尾矿坝、泵站、输送管道等的开挖和回填过程中对进行表土收集、临时表土堆放编织袋挡护措施。

6.1.7 投资估算及效益分析

6.1.7.1 投资估算

该工程项目水保总投资为2609.03万元。其中工程措施费1340.90万元，占总投资的51.39%；植物措施341.39万元，占总投资的13.08%；临时工程投资81.80万元，占总投资的3.1%；独立费用697.26元，占总投资的26.73%；基本预备费147.68万元，占总投资的5.66%；水土保持补偿费459.01万元，占总投资的17.60%。

6.1.7.2 效益分析

通过该项目水土保持方案的实施，使项目区的水土流失得到有效的控制，绿化美化了工程区的环境，改善了局地小气候，有效改善了生存环境，促进社会进步，减少河流泥沙淤积，减轻下游地区的洪水灾害。

该工程水土保持按本方案实施后，方案实施后，扰动土地整治率98.69%，水土流失总治理度99.31%，土壤流失控制比为0.83，拦渣率建设期为99%，林草植被恢复率100%，林草覆盖率41.67%。各防治区的6项指标均能达到预期的防治目标。

通过具体方案的实施，可以实现较好的生态效益，以及一定的社会效益和经济效益。

6.1.8 实施方案的保证措施

为了贯彻落实规划，矿方应按照《水土保持方案》的设计框架，根据年度计划安排，按期完成治理任务。为此，必须在行政与组织管理、资金管理以及技术管理方面认真实施。

6.2 公路建设项目水土保持方案分析

6.2.1 项目概况

西部开发省际公路通道阿荣旗至北海公路南宁—梧州—桂林支线岑溪至兴业段高速公路（以下简称岑溪—兴业高速公路）。该段公路路线总长172.257km，其中主线全长128.193km（含岑梧高速连接线1.404km），按双向4车道高速公路标准设计，路基宽28m，设计时速120km/h；玉林东、玉林北2段高速公路连接线总长22.863km，按双向4车道高速公路标准设计，路基宽26m，设计时速为100km/h；昙容（南渡互通）、容县、山围、民乐4段二级公路连接线总长21.201km（工程量及投资计入主线），按二级公路标准设计，路基宽12m，设计时速为80km/h。

全线新建大桥14座4316m，中桥15座880m，小桥29座696m，隧道8座，涵洞598道，互通式立交13处，分离式立交18处，通道283处，服务区4处。路基工程土石方总量 3195.44 万 m^3，其中土方量 1981.33 万 m^3，石方量 1214.11 万 m^3；修建沥青混凝土路面 3270.51 万 m^3；主体工程共征用土地 1309.4hm^2，拆迁房屋 56600m^2。修建沥青混凝土路面 3270.507 万 m^2；计划 2005 年 7 月开工，总工期 3 年，估算总投资为 49.94 亿元。

6.2.2　项目区概况

本段公路经过山岭重丘和平原微丘地貌。项目区属南亚热带温润季风气候，年平均气温为 21.3～21.9℃，年平均降水量为 1466.7～1634.0mm；土壤以赤红壤和水稻土为主，公路沿线多为农作物、人工用材林、次生天然林和经济林等。项目区内以轻度水力侵蚀为主，属广西壮族自治区人民政府公告的水土流失重点治理区。

6.2.3　水土流失现状

拟建公路沿线地形以山岭重丘区为主，地形起伏较大；土壤以花岗岩风化土为主，土层较深，结构疏松，凝聚力差；局部地面植被稀疏。由于区域内年降雨量大，雨量集中强度大，从而容易造成沟蚀及坡面侵蚀等水土流失。

当地水土流失的主要原因有：①毁林开荒，破坏植被，顺坡种地，造成水土流失；②乱砍滥伐森林，减少了水源涵养林的面积，加速了水和土的流失；③烧砖烧瓦，加大水土流失的程度；④开渠修路、开矿、取土采石过程中的乱采滥挖，废土废渣的乱堆乱弃，随意挤占农田和林地，破坏植被，污染水体，淤塞江河；当地盛产花岗岩，开采加工花岗岩造成的水土流失已成为当地最严重的水土流失之一。

6.2.4　水土流失预测

6.2.4.1　扰动原地貌、损坏土地及植被面积的预测

根据实地调查及查阅公路的有关技术资料，经分析预测，工程建设造成的对原地貌、土地及植被损坏面积 1602.33hm^2，其中包括水田 84.89hm^2，旱地 894.00hm^2，林地 411.26hm^2，荒草地 212.18hm^2。

6.2.4.2　弃土（渣）量的预测

拟建公路建设中的土石方量较大，虽经调运利用，但由于受地形条件所限，部分路段还是有较多的弃渣。经预测，该工程建设所产生的弃渣总量为 675.93 万 m^3，包括：路基工程施工产生的弃渣 411.35 万 m^3，拆迁建筑物产生的弃渣量 2.55 万 m^3，不良地质路段清淤换土产生的弃渣量 36.12 万 m^3，路基清表土产生的弃渣 225.91 万 m^3。其中永久弃渣 533.76 万 m^3，用作覆土的临时表土弃渣 142.17 万 m^3。

6.2.4.3　损坏水土保持设施面积的预测

拟建公路施工期损坏的水土保持设施主要有旱地、林地、荒草地等。据统计，该公路建设将损坏水土保持设施的面积达 1517.44hm^2。

6.2.4.4　可能造成水土流失面积的预测

公路建设可能造成的水土流失面积包括主体工程区、取土场区、弃渣场区、施工便道区和施工生产生活区的占地面积。

经统计分析，可能引起的水土流失面积为 1602.33hm^2。

6.2.4.5 可能造成的水土流失危害预测

在公路建设中，造成水土流失面积为 1602.33hm^2，施工期水土流失总量为 84.50 万 t，其中新增水土流失量为 82.10 万 t。

6.2.5 水土流失防治

水土流失防治体系如图 6.2 所示。

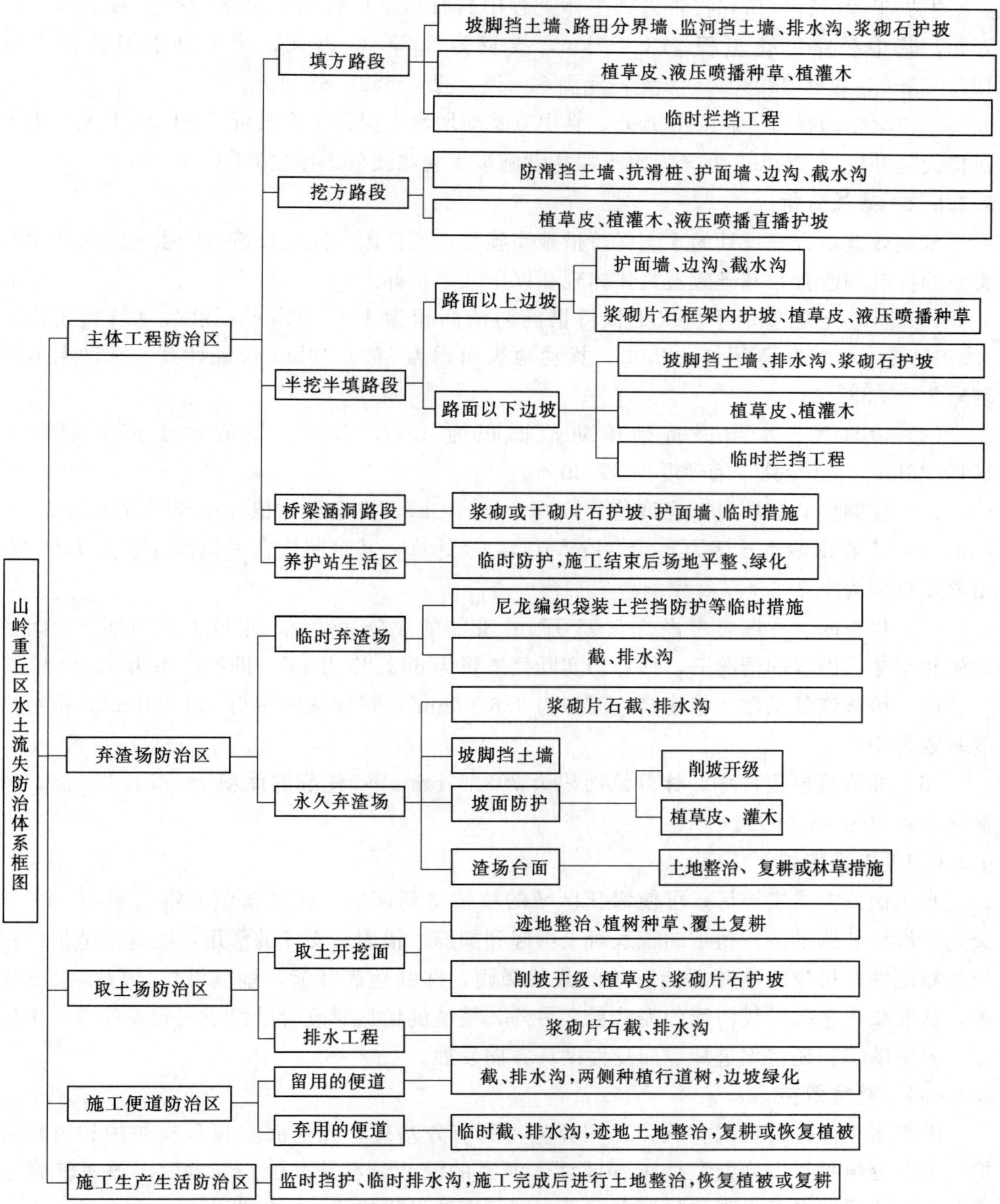

图 6.2 高速公路工程水土流失防治体系框图

根据水土保持“三同时”制度，规划的各项防治措施与主体工程同时施工、同时验收，各项水土保持措施在公路建设施工期（3年）内全部完成，在施工过程中边开挖边防护，工程完成后及时做好植被恢复工作。

6.2.6 水土保持投资估算及效益分析

6.2.6.1 水土保持投资估算

根据工程可行性研究报告得到主体工程中具有水土保持功能措施的投资为42457.09万元，其中公路绿化里程172.257km，投资为2583.86万元；路基排水与防护工程1273055m^3，投资33280.36万元；涵洞598道，投资6592.87万元。

本方案新增投资5671.98万元，其中方案新增水土保持工程投资5384.36万元，水土保持设施补偿费227.62万元，水土保持设施竣工验收报告编制费60.00万元。

6.2.6.2 效益分析

基础效益本方案设计的水土保持措施实施后，预计因公路建设造成的水土流失将得到有效的控制和改善，基础效益具体体现在以下几个指标上：

（1）扰动土地整治率。水土保持措施防治面积为1547.22hm^2，永久建筑物面积为32.71hm^2，水面面积为11.82hm^2，扰动地表面积为1651.49hm^2，经计算，扰动土地治理率为96.38%。

（2）治理度。水土保持措施防治面积为1547.22hm^2，造成水土流失面积为1618.38hm^2，经计算，治理度为95.60%。

（3）控制比。该项目区容许值为500t/(km^2·a)，方案目标值在平原微丘区为500t/(km^2·a)，在山岭重丘区为600t/(km^2·a)，经计算，其控制比在平原微丘区为1.0，在山岭重丘区为1.2。

（4）拦渣率。在综合考虑675.93万m^{3}弃渣的成分、性质、堆放方式与地点、防护措施和运输等因素的情况下，估算得实际拦渣量为642.85万m^3，即拦渣率为95.11%。

（5）植被恢复系数。植物措施面积为936.95hm^2，可绿化面积为974.29hm^2，植被恢复系数为96.17%。

（6）林草植被覆盖率。林草总面积为793.67hm^2，责任范围面积为1651.49hm^2，植被恢复系数为48.06%。

6.2.6.3 生态效益

水土保持方案实施后，可使绿化区域的植被得到恢复，林草覆盖率将达到48.06%，美化了沿线公路景观。植被的根系对土壤起到加筋、锚固、支撑的作用，能有效地加固边坡的稳定性；植被的茎叶还能有效的截留降雨，抑制地表径流，削弱溅蚀，减少水土流失，从而减少进入沿线河流的泥沙量。另外，植被的增加对改善沿线小气候条件有一定作用，方案的实施还将促进环境向良性循环方向发展。

6.2.6.4 社会效益

随着水土保持工程的实施，工程弃渣得到有效治理，开挖面实施工程防护和植物防护，大部分植被得以恢复，使工程区泻入河道的泥沙量显著减少，一方面可改善河道水质，提高江河的自然景观，另一方面可减缓河床的淤积速度，减轻洪涝灾害。另外，本方案的实施，加强了工程区危险地段护坡、排水，控制滑坡、坍塌的发生，对于保障工程设施的安全起到了重要的作用。

6.3 调水及渠系工程水土保持方案分析

6.3.1 工程概况

本工程项目为南水北调中线一期引江济汉工程，从长江上荆江沙市河段附近引水，补济汉江兴隆以下河段流量和补充东荆河灌区水源，改善汉江下游生态用水、灌溉、供水和航运条件。引水规模为设计引永流量 $350m^3/s$，最大流量 $500m^3/s$，年平均引水量 28.0 亿 m^3，$P=85\%$保证率，引水量 39.8 亿 m^3/s。工程总投资 46.49 亿元，计划建设总工期 4 年。

6.3.2 项目区概况

项目区地处江汉平原的中部，位于长江及其最大支流汉江两大水系之间。渠线处于长江及汉江的一、二级阶地上，主要发育垅岗状平原、岗波状平原、湖沼区及平坦、低洼平原 4 种地貌。项目区属北亚热带季风气候，四季分明，无霜期短，日照长，雨量充沛，年平均降水量 1040mm，年平均蒸发量 1240mm 左右，年平均气温 16.2℃，风向以东北风及偏北风为主，年平均风速 2.3～2.4m/s。项目区水系发育，湖泊众多，地表水资源丰富。工程场区总体位于扬子准地台的江汉盆地西部的江陵凹陷。项目沿线土壤类型多样，土层深厚，土壤肥沃，共有水稻土等 7 个土类 43 个土属 200 个土种。主要植被为农业经济作物，原生林地较少，人工林地多以经济林、农田防护林、堤防防护林、行道树等为主，植被覆盖度相对较低。

6.3.3 水土流失现状

项目区的土壤侵蚀类型主要是水力侵蚀，以面蚀和沟蚀为主。水土流失以微度侵蚀为主，仅岸坡和堤坡处有少量的轻度侵蚀，项目区水土保持情况相对较好，原生水土流失较小，水土流失背景值为 $297t/(km^2 \cdot a)$。项目所在地区水土流失容许值为 $500t/(km^2 \cdot a)$。土壤侵蚀（轻度及其以上）总面积 $304.47km^2$，全部在沙洋县，占沙洋县国土面积的 14.9%，荆州区、潜江市全部为微度侵蚀。

6.3.4 水土流失预测

本工程属于建设类项目，所在区域年平均降雨量大，降雨集中且多暴雨，强度大，侵蚀力度大，且项目沿线穿越的河湖、渠系众多，因工程建设而造成新的水土流失直接进入这些河湖、渠系，危害较大。在项目工程建设过程中将有大量土石方开挖、回填，扰动了原地貌，破坏了原地表的植被、土壤，降低了地表的抗蚀能力，同时将会有大量的人工坡面裸露，裸露面表层结构疏松，在自然因素的作用下易诱发新的水土流失；同时产生大量弃土，若不及时采取有效的防护措施，势必造成新的水土流失和生态环境破坏。

6.3.4.1 扰动原地貌、损坏土地及植被面积的预测

根据施工组织设计，结合现场调查，路渠交叉（桥梁）施工过程中仅桥梁桩基施工区被扰动，路渠交叉（桥梁）占地范围内其他区域施工过程中未受到破坏，沉沙池弃渣预留占地施工期未扰动；除此之外，引江济汉工程在施工过程中征地范围内全部扰动，经初步测算，本工程在施工过程中共计扰动地表面积为3362.37hm^2，其中荆州区1633.19hm^2，沙洋县1362.98hm^2，潜江市366.20hm^2。

6.3.4.2 弃土量预测

工程设计土方开挖5595.20万m^3，其中渠道开挖4952.31万m^3，穿湖段（庙湖、海子湖和长湖）清淤94.21万m^3，交叉建筑物开挖499.86万m^3，导流工程开挖48.83万m^3；工程共回填土方1526.24万m^3。

工程填筑土方l 526.24万m^3（压实方），其中利用挖方1497.12万m^3，土料场开采185.84万m^3，产生弃土4166.55万m^3。弃方主要为弃土。

6.3.4.3 损坏水土保持设施面积和数量的预测

本项目扰动地表面积中仅水浇地、菜地及园地计入损坏水土保持设施面积，经初步测算，本项目损坏水土保持设施面积为104.00hm^2，其中荆州区45.54hm^2，沙洋县39.25hm^2，潜江市19.21hm^2。

6.3.4.4 可能造成的水土流失量预测

本项目在施工期水土流失量为30.29万t，新增水土流失量为28.44万t；运行初期水土流矢量为2.86万t，新增水土流失量为2.27万t；预测期水土流失总量达到33.15万t，新增水土流失总量为30.71万t。

6.3.4.5 可能造成水土流失危害

（1）淤积河道，降低河道行洪能力。

（2）降低土壤肥力，减少土地资源。

（3）填埋周边农田、淤塞灌排水系，影响农业生产。

（4）影响工程安全。

6.3.5 水土保持防治措施

6.3.5.1 总体布局

该项目建设区水土流失防治将工程措施与植物措施相结合，做到“点、线、面”的结合，形成完整的防治体系。根据不同施工区的特点，建立分区防治措施体系，在弃土场等“点”，以工程措施为主；在引水渠线、施工道路等“线”，以工程措施为主，植物措施为辅；在整个施工区“面”上，土地整治和植物措施相结合，合理利用水土资源，改善生态环境。该项目水土保持措施以“点”为防治重点，即做好各区的水土流失防治，实现以点带面。

6.3.5.2 分区防治方案

该工程可分为主体工程防治区、弃土场、土料场、施工道路、施工场地、文物发掘区及移民安置区等7个水土保持防治区。其中弃土场、土料场为重点防治区。

1. 主体工程防治区

(1) 渠道。龙洲垸进口端设置的沉沙池，在运行期间，沉沙池每年约有 10 万 m^3/s 的泥沙沉积。需要每年清理沉沙池的泥沙。原主体设计将泥沙清理后返还到长江，是不符合水土保持技术要求的。因此，从水土保持角度提出清淤弃土的去向，采取临时征用弃土方案，在弃土前将表层耕植土剥离并临时保护起来，待清淤后，覆盖在泥沙上面，临时征地恢复耕神。

(2) 交叉建筑物。建筑物开挖土方 512.55 万 m^3，计划回填利用 217.05 万 m^3。对计划回填利用的土方，集中临时堆放在建筑物附近的工程已征土地范围内，平均堆高按 2m 计，周边利用袋装土拦挡，拦挡采用梯形断面，顶宽 0.5m，高 0.5m，边坡 1∶1；在拦挡外侧开挖临时排水沟，排水沟底宽 0.3m，深 0.3m，边坡 1∶1。土方堆放边坡按 1∶2 控制，表面播撒红三叶草籽，占地 72.35hm^2。

(3) 管理区。初步拟定了用地面积及房建面积，估算了征地、房建投资，但对具体位置未作规划；从水土保持的角度考虑应该栽植行道树，进行建筑物前绿化、花坛绿化和垂直绿化等。

2. 料场防治区

料场采取工程措施和植物措施相结合，工程措施包括排水沟、表土临时防护和土地整治。根据主体工程进度计划，表土需堆放约 1 年，为防止堆放的表土遇雨产生水土流失，在其表面播撒红三叶草籽进行临时植韧措施防护。

3. 弃土场防治区

工程弃土防治是该方案的重点。根据局部地形条件，选择沮漳河老河道作为弃土场。因沮漳河改道，现有长达十多千米的老河道不过流，河道宽 500～900m，渠道横穿老河道而过，可以采取弃土填渠道两岸平台和弃土填堤及内平台 2 种水土保持措施。但这 2 种方式解决弃土量有限，弃土还需要在渠道沿线两侧选择弃土场集中堆放，并需挡拦措施、表土临时防护措施、表面排水等。

4. 施工便道防治区

作为平原湖区，施工便道挖填土方相对较小，在施工便道修筑的同时，在便道两边沿征地界线开挖界沟，不但可排泄路面雨水，还起到田路分家的作用，防止施工期间施工车辆越界破坏耕地。龙高 I 线渠道施工需修便道 126.00km，交叉建筑物施工需修便道 24.50km。根据施工布置，施工便道部分布置在工程已征土地范围内，部分需要临时征地。

5. 施工场地防治区

施工布置采用集中设置与分散布置相结合的方式，将主要生产系统和生活设施尽量布置于各拟设管理段的征地范围内。生活用房、施工辅助企业、混凝土拌和站、砂石料堆放场、水泥仓库、钢筋及木材加工场，尽量靠近施工场地。根据施工组织技术要求，对施工场地平整时，同时布设周边排沟。

6. 地下文物发掘防治区

对沿线文物发掘点，开挖土方临时集中堆放在渠线已征土地范围内，平均堆高控制在 2m 左右，周边利用袋装土设临时拦挡。临时拦挡采用梯形断面。弃土表面夯实并播撒红三叶草籽防护。发掘完工后，将弃土集中运至主体工程规划的弃土场堆放，拆除临时拦挡。

7. 移民安置区

(1) 拆迁安置区占地应统一规划。安置区内建房应集中布置，严禁乱占耕地，保护土地资源。在"三通一平"过程中产生的废土、废渣不得任意向沟道倾倒，尽量用于平整宅基地，充分利用弃土。当用于院内平台填方时，应分层夯实，边坡不宜太陡，以满足稳定要求。剩余弃土结合村、镇建设，集中统一堆置，并及时绿化。

(2) 开挖地段应保持边坡稳定，必要时采取相应的工程措施，如马道、护坡等，用以防止滑坡、崩塌，并对裸露面予以绿化。

(3) 拆迁安置新区建设应合理布设排水系统，以免径流汇集造成村庄周边被冲刷，引起水土流失。

(4) 拆迁工程完工后，对建筑垃圾进行分类，木头、砖头尽量回收利用，其余废方就地运至低地填高。同时在拆迁安置区搞好村镇绿化，以美化环境，保护村庄，发展庭院经济。绿化时应采用安置地适生树种，做到适地适树，应种植一些常绿乔、灌木以及布置花卉、草坪等，以达到保持水土、恢复和改善景观的目的。

6.4　水电站项目水土保持方案分析

6.4.1　项目概况

莲花台水电站位于丹江干流商南县境内，坝址位于陕西省商南县湘河镇莲花台村上游1.0km处，距商南县城51km，距西安市270km。工程涉及商南县的湘河、水沟、青山、过风楼等四个乡镇。从商南县至湘河镇（里程约43km）有省道商郧公路相通，从湘河镇至坝址右岸有县级公路湘水公路经过，交通方便。水电站所在湘河镇已开通了移动通信，通信条件便利。

该项目开发不承担下游防洪、工农业用水和居民生活用水，主要任务是发电，向电网提供优质的电能，满足该地区持续增长的电力负荷发展要求。水电站正常蓄水位294m，最大坝高72.90m，总库容9537万m^3，电站装机容量40MW，设计保证率为90%，平均年发电量10670亿kW·h，电站最大水头48.0m，最小水头33.0m，平均水头42.9m，额定水头40.5m，保证出力4.91MW，装机年利用小时数2668h。坝址以上流域面积6614km^2，多年平均流量42.7m^3/s，多年平均径流量为13.47亿m^3。该工程主要由水电站枢纽工程区、临时施工场地及附属企业区、料场区、淹没改建道路区等组成。

6.4.2　项目区水土流失特点

项目区内分布主要山脉为蟒岭、流岭。主要河流耀岭河、清油河、县河及丹江等。山形结构似掌状，掌结是西北部的秦岭主脉，其他山脉似掌指，渐向东南，由高到低延伸展开，构成了区内群山起伏，河流密布呈树枝状，岭谷相间的复杂掌状岭谷地貌。

工程区属于北亚热带半湿润区，影响水土流失的主要因子有自然因素和人为因素，主要表现为土层变薄、肥力下降、生产力下降；冲刷沟岸、蚕食耕地；阻塞交通、河道，毁坏河堤，淤塞塘库，缩短水库寿命，给下游灌区人民带来较大的经济损失；洪涝灾害频繁，损失不断增加，威胁人民生命财产安全；生态环境恶化，人民生活贫困。商南县地处秦岭东段，群山起伏，降雨充沛，植被良好。水土流失面积 1934km^2，占总土地面积 84.05％。工程所处的中部山地丘陵川道流失区，据《陕西省县级水土保持简要区划汇编》，水电站所处的湘河镇，属商南县的水土流失重点治理区。

6.4.3 水土流失预测

根据莲花台水电站工程的建设特点，在分析电站建设过程中可能损坏、扰动地表面积，弃土弃渣的来源、数量、堆放方式、地点及占地面积的基础上，结合当地水土流失特征，采取合理的预测方法对可能造成的水土流失形式、强度、数量、危害等做出预测评价。主要目的是确定电站建设过程中产生新增水土流失的重点地段和重点部位，为制定水土流失防治对策和各项防治措施对位设计提供依据。

水土流失预测范围为该工程的项目建设区。结合该项目的特点，该工程主要预测的内容和结果如下。

6.4.3.1 扰动原地貌、破坏土地及植被情况的预测结果

根据项目主体工程可研报告和水土流失现状调查，项目建设扰动原地貌、损坏土地和植被的范围主要包括枢纽工程、临时施工场地生活福利及附属企业区、土料场、砂石料场、弃渣场、进厂道路、施工道路等用地，工程总占地 31.16hm^2，其中农地 13.53hm^2，河道 16.03hm^2，草地 1.6hm^2，在总占地中，永久占地 11.25hm^2，临时占地 19.91hm^2。在以上占地中河道占地 16.03hm^2 不属于水土保持设施，本项目损坏水土保持设施面积 15.13hm^2，为工程扰动面积。

6.4.3.2 工程弃土弃渣量预测结果

（1）砂石料场弃渣量：本工程共勘查了两个砂砾料场，分别为坝址上游河道 2.0km 的黄州奎料场和下游河道 1.0km 的莲花台料场，黄州奎料场在工程建设结束后为水库淹没区（莲花台料场为备用料场），主体工程可研报告中提出所需块石料全部利用开挖弃渣和加工系统的超径料，开采剩余碎石通过骨料加工系统进行加工用于主体工程砼细骨料用量，因此，本区可认为无弃石渣。

（2）施工道路弃渣量：本工程上坝和进水口平台连接道路和进厂公路为 1.8km，场内临时道路主要包括出渣、砂砾石运输及各工区之间的连接道路，总长 7.0km。弃渣量 5.97 万 m^3。

（3）枢纽工程区弃渣量：枢纽工程区弃渣量引水工程 11.97 万 m^3。其中引水工程 2.93 万 m^3、厂房工程 2.54 万 m^3、导流洞 4.93 万 m^3、围堰拆除 1.57 万 m^3。

（4）弃渣场设置：项目设置 2 个弃渣场，在坝址右岸下游 0.5km 设置 1 号弃渣场，弃渣容量可达 0.47 万 m^3/m；在坝址右岸下游 1.2km 设置 2 号弃渣场，弃渣容量 4.74 万 m^3/m，两弃渣场面积为 5.21hm^2，工程建设结束后，对渣场平整并作为移民区。

经过对本工程土石弃渣平衡分析后，可以看出上游围堰借方 8.34 万 m^3 位于淹没区死库容外，1 号弃渣场弃渣量为 2.54 万 m^3，2 号弃渣场为 15.40 万 m^3，工程共弃渣为

17.94 万 m^3。

6.4.3.3 可能造成的新增水土流失量预测

（1）建设期扰动地貌水土流失量。根据前面分析计算的建设期扰动地貌侵蚀模数值计算的侵蚀量为2085t，其中枢纽工程区扰动地貌土壤侵蚀量为454t，砂石料场为419t，弃渣场为453t，土料场为91t，砂石料加工厂为209 t，办公及生活福利区为174t，进厂及施工道路为284t，由此可以看出，建设期砂石料场、弃渣场是土壤侵蚀量最大的部位，其侵蚀量占该时期扰动地貌土壤侵蚀总量的46.13%。

（2）运行初期（植被恢复期）水土流失量。在工程运行初期，枢纽工程竣工，各功能区排水及防洪设施逐步齐备、维护管理措施到位，水土流失逐步减少；由于该区降水丰富，因此裸露地表在1年内植被很快将得到恢复，该时期水土流失总量为1577t。

（3）扰动地貌水土流失量。根据前面分析计算的建设期、运行初期（植被恢复期）扰动地貌（包括弃渣重塑地貌）的水土流失量之和为扰动水土流失量，计算的水土流失总量为3662t。

（4）扰动地貌新增水土流失量。扰动后水土流失量减去原地貌水土流失量为2637t，加上工程弃渣量26.28 万 t，就是新增水土流失量，计算的预测期内扰动地貌新增水土流失总量26.54 万 t。结果详见表6.1。

表6.1　　工程建设新增水土流失预测结果汇总表

项　目	单　位	合　计
扰动地表面积	hm^2	31.16
损坏水土保持设施面积	hm^2	15.13
弃渣量	万 m^3	26.28
建设期新增水土流失量	t	1366
植被恢复期新增水土流失量	t	1271
新增水土流失总量	万 t	26.54

6.4.3.4 工程建设可能造成的水土流失危害预测

（1）对工程本身及下游的影响。枢纽工程及其附属建筑物基础开挖、施工导流及取土取料等活动，改变了原地貌形态和水流方向，使河道中原来相对稳定的砂石及坡面土体因扰动而失去抗冲性，严重情况下可能诱发河岸滑塌和泄流，从而加剧了水土流失。水土流失一方面加速库区淤积，威胁大坝安全，同时影响电站正常运行，缩短电站的使用寿命；另一方面大量泥沙进入下游河道，危及下游金花湾水电站的正常运行，同时泥沙淤积，抬高河床，阻碍河道行洪，造成壅水，威胁防洪安全。

（2）对水土资源可持续利用的影响。工程建设过程中将扰动、占压农地13.53hm^2，河道16.03hm^2，草地1.6hm^2，总面积达31.16hm^2。致使原生地貌遭到破坏，改变了土地结构，破坏了原有植被，造成水土资源流失，对农地、林地的恢复造成一定的难度，影响水土资源的可持续利用，对当地农业经济的发展和居民生活将产生一定的影响。

（3）对当地环境的影响。工程建设一方面损坏植被，降低植被覆盖率，同时在大风条件下产生扬尘，影响当地的生态环境；另一方面，水库蓄水初期，部分农田、滩地淹没，人畜粪便、植物残体在水中变质，以及土壤中的养分溶出等，水中的营养盐和有机质的含量有一定增加，会发生一定的富营养现象，水库正常运行初期，对水环境有一定的影响。

6.4.4 水土流失防治措施及防治措施体系

6.4.4.1 防治措施总体布局原则

（1）分区治理原则。因电站建设布局、工艺和时序不同，在水土流失分区的基础上，确定水土流失重点防治和一般防治项目。

（2）互补性原则。从水土保持要求出发，结合水电站建设特点，进行全面规划，综合治理，形成以工程保植物，以植物促工程的互补型防治形式，实现水土流失防治由被动控制到治理开发的转变。

（3）突出重点原则。对重点部位的措施布设方案、工程类型和形式进行比选，推荐优选方案和措施。

（4）效益优先原则。尽量与当地生产实际相结合，为当地农业生产提供一定的便利条件，促进项目建设的顺利开展。

（5）绿化美化原则。在不影响水电站效益发挥的基础上，尽量与周围生态环境相协调，绿化美化工程区。

6.4.4.2 水土流失防治措施布置

根据分区防治原则和水土流失预测结果，并结合主体工程已有水土保持功能的工程布局，按照与主体工程相衔接的原则，确定指导性防治措施，对新增水土流失重点区域和重点工程进行对位治理。

在防治措施布置上，充分利用水土保持工程措施的控制性和速效性，发挥植物措施的长效性，工程措施与植物措施相结合的综合防治措施体系，同时建立临时措施，健全监督检查措施，采取点、线、面相结合，全面防治与重点防治相结合的方法，建立布局合理、措施得当、功能齐全的水土保持防治措施体系，有效制止工程建设新增水土流失，促进项目区地表修复和生态建设，实现方案的总体防治目标。水土流失分区防治措施见表 6.2。

表 6.2 水土流失分区防治措施表

防治分区	面积 /hm^2	临时防护措施	治理措施	
			工程措施	植物措施
枢纽工程防治区（Ⅰ）	9.85	上下游修筑围堰，防止河水直接对坝址开挖面的冲刷和侵蚀。厂房及开关站、生活福利区修建临时排水沟和沉沙池	坝体断层回填混凝土、垫层混凝土和护坦混凝土，大坝上、下游面、廊道周围及两岸岸坡均采用 0.5m 厚的变态混凝土砌护，引水隧洞采用钢筋混凝土衬砌。工程建设结束后，平整空地，以利于布设植物措施	空地种植林草，绿化美化
料场防治区（Ⅱ）	11.2	砂石开采场在靠近河道一侧设临时土（石）堤，预防河水进入采砂区	2 号砂石料场位于下游河道为备用料场，属河漫滩地，不设计措施，其他 1 号砂石料场、土料场及砂石料加工厂位于上游，后期为淹没区。2 号砂石料场位于下游河道为备用料场，拆除临时土（石）堤并平整	土料场洒播草籽进行植物措施前期防护

续表

防治分区	面积/hm^2	临时防护措施	治理措施	
			工程措施	植物措施
施工道路防治区（Ⅲ）	4.9	临时道路修建临时排水沟和沉沙池	临时施工道路在施工结束后平整恢复农地，进厂道路路面硬化处理	临时道路平整种植林草，进厂道路两侧栽植行道树
弃渣场防治区（Ⅳ）	5.21	先建挡渣墙，后弃渣并压实，场区设临时排水沟及沉沙池	靠近河道修筑挡渣墙，工程结束后土地覆土复垦	弃渣场除部分为临时施工场地外，其余洒播草籽临时防护

在建设时序上，优先安排施工道路、弃渣场移民区等重点部位的挡渣墙建设等防治措施，使得这些部位的水土流失得到及时治理，以减少建设期和运行期弃渣因水蚀而影响周围环境；其次安排料场区的临时和预防防治措施，最后结合枢纽工程建设，布设绿化美化措施，从而达到控制水土流失，改善生态环境的目的。

6.4.4.3　分区防治措施

根据水土流失防治措施总体布局，对各水土流失防治区拟布设的治理措施分析论证，推荐各防治区应采取的治理方案，使其尽可能科学、合理、经济，且具有可操作性，提高水土流失防治效果，见图6.3。

1. 枢纽工程防治区（Ⅰ）

（1）临时措施：主体工程设计在坝址上下游设围堰，以便于拦河坝基础开挖及坝基断层水泥灌浆工程的实施，同时，也防止了河水对工程开挖面的冲刷而引起新的水土流失。由于项目区地处亚热带季风气候区且降水充沛，工程建设初期扰动面较大，地面汇流易冲刷扰动面而造成水土流失，因此，厂房及开关站施工区设临时排水沟和沉沙池，以集中地表汇流，沉积汇流中挟带的泥沙，经实地测算，排水沟长182m，需设沉沙池1处；生活福利区建设期间场地挖损面积较大，需设沉沙池1处，排水沟150m。

（2）工程措施：包括挡水工程、引水系统和厂房开关站等建筑物。该区结构紧凑、布局集中，主体工程设计坝体断层回填混凝土、垫层混凝土和护坦混凝土，大坝上下游面、廊道周围及两岸岸坡均采用0.5m厚的变态混凝土砌护；主体工程设计引水隧洞采用钢筋混凝土衬砌，衬砌厚0.6m，围堰砌护面积116270m^2，这些主体建设工程措施不仅利于水电站运行，而且也起到了很好的水土保持作用，因此，本方案不再设计水土保持工程措施。

（3）植物措施：该区主体工程枢纽建筑物集中，空地少，仅在厂房及开关站、生活福利区内有空地1.2hm^2，工程建设结束后，对空地进行平整，栽植绿化植物进行环境美化。

该区总防治面积9.85hm^2，其中主体工程防治面积为7.8hm^2。方案土地整治2.05hm^2，空地绿化林草措施2.05hm^2，设临时排水沟332m，沉沙池2处。

2. 料场防治区（Ⅱ）

（1）临时措施：由于该区除2号砂石料场外后期均为淹没区，工程前期在砂石料场靠近河道一侧设临时土（石）堤，预防河水进入采砂区，据实地测算，两砂石料场临时土

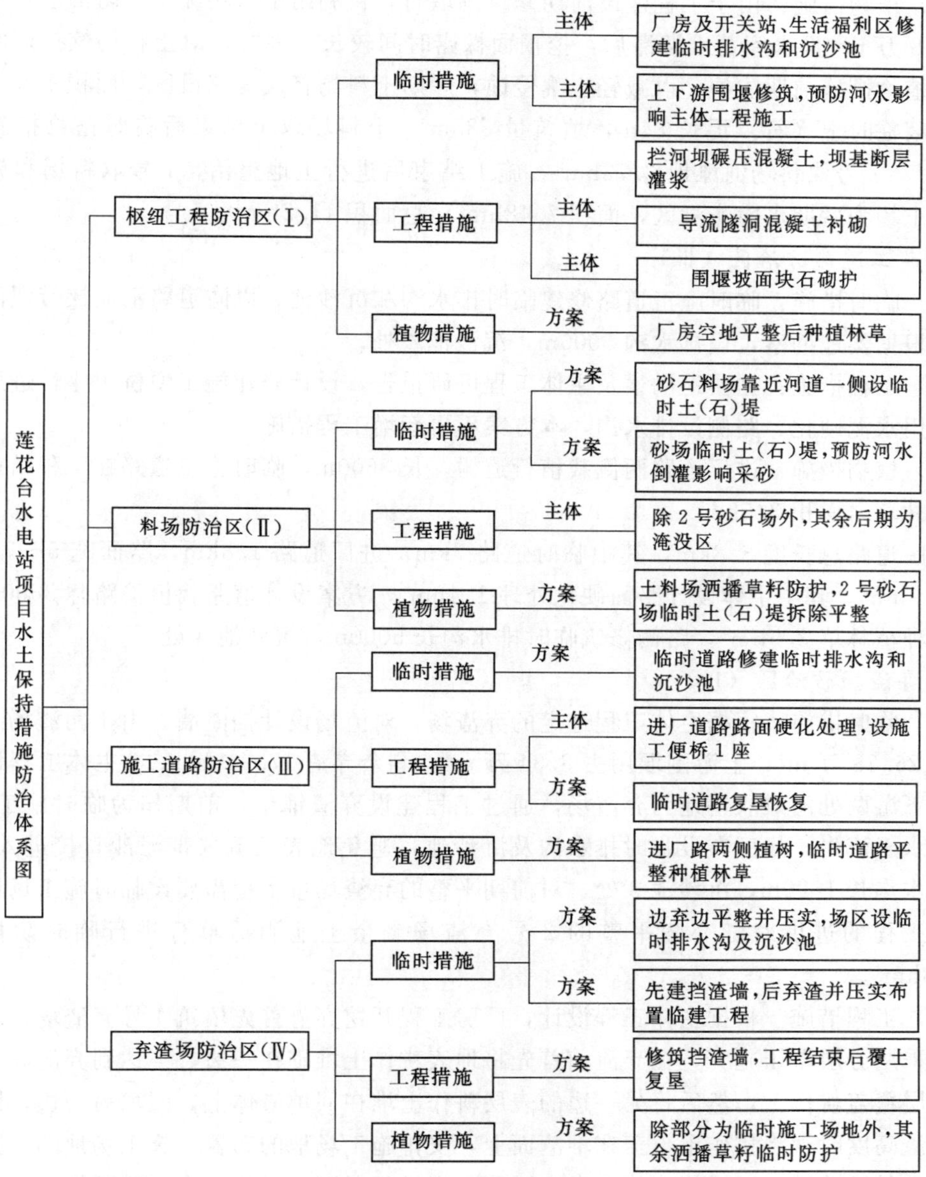

图 6.3 分区水土流失防治措施体系框图

（石）堤长度为 84m，其中 1 号砂石料场 56m，2 号砂石料场 28m，围堰上下游边坡为 1∶2，高 2～3m，顶宽 1.5m，则总土石量为 $588m^3$。

（2）工程措施：该区 2 号砂石料场位于下游河道，取料结束后将废弃料推平回填在取料坑，对开挖取料坑进行土地整治。1 号砂石料场由于处于水库淹没区，工程结束后将临时土（石）堤推倒回填取料坑、整平后即可，土料场为淹没区一土峁，取料结束后基本变为平地，根据施工程序土料场为较早开发，取料结束后本方案设计了临时植物防护措施。砂石料加工厂位于坝址上游，施工结束设施拆除后基本为平地，后期为淹没区，因此，不设置水土保持工程措施。

（3）植物措施：由于工程建设前期修筑围堰时，将利用土料场黏土做防渗层，用土量仅为 2.8 万 m^3 且水库蓄水期滞后，挖损面裸露时间较长，因此，对土料场挖损面洒播草籽进行植物措施前期防护，以减轻土壤侵蚀，后期土料场将成为淹没区，面积 1.57hm^2。

该区临时土（石）堤长 84m，填筑量 588m^3，土料场取土结束后临时植物措施面积 1.57hm^2，2 号取料场河滩地 3.72hm^2，施工结束后进行土地整治，1 号取料场和施工场地及取土场为后期水库淹没区，面积 7.48hm^2，总面积 11.2hm^2。

3. 施工道路防治区（Ⅲ）

（1）临时措施：临时施工道路修建临时排水沟和沉沙池，以防道路汇流挟带泥沙进入河道，根据实地勘察，设排水沟 5000m，沉沙池 4 处。

（2）工程措施：据实地勘察及主体工程可研报告，设计修建施工便桥 1 座，进厂道路路面采用水泥硬化，路侧设排水沟，本方案不再新增工程措施。

（3）植物措施：进厂道路两侧栽植行道树，长 3600m，临时施工道路在工程结束后平整种植林草，面积 3.5hm^2。

该区道路总长度 8.8km，其中临时道路 7km，进厂道路 1.8km，路面宽 5～7m，总面积 4.9hm^2，其中主体设计路面硬化处理 1.4hm^2，方案设计道路栽植护路林 3600m，临时道路种植林草 3.5hm^2，路侧修筑临时排水沟长 5000m，沉沙池 4 处。

4. 弃渣场防治区（Ⅳ）

（1）临时措施：根据主体工程选定的弃渣场，对渣场设计挡渣墙。由于两渣场总弃渣量只有 26.28 万 m^3，上游围堰用去 8.34 万 m^3，剩余弃渣 17.94 万 m^3，主体工程设计选定坝址下游两处河滩农耕地为弃渣场，通过工程建设弃渣铺垫，前期作为临时施工场地，为减轻水土流失，场区布设临时排水沟及沉沙池，避免地表汇流挟带泥沙直接进入河道，临时排水沟长 1020m，沉沙池 3 处，对前期平整的弃渣场按工程需要设临时施工场地，以后随着工程的进展对随弃随平整的 2 号弃渣场剩余土地洒播草籽进行临时防护，面积 3.43hm^2。

（2）工程措施：根据主体工程设计，厂房工程开挖弃渣首先填筑 1 号弃渣场，在填筑过程中采用分层碾压施工，在弃渣前首先将地表耕作土堆砌在一边，当达到弃渣高度时在渣体上层覆盖耕作土，然后将另一边的表层耕作土堆在回填渣体上，回填另一边，同样在达到弃渣高度时，将耕作土覆盖在堆渣面上，安排施工场地的布置，施工场地的布置采取先安排容易拆除的临时设施，然后在弃渣面上安排相对固定设施，在工程开挖前首先做挡渣墙，以达到先拦后弃的目的，工程建设结束后，对施工场地进行平整，清除施工垃圾，恢复农地。2 号渣场采取同样的施工方法，两渣场挡渣墙长 410m，恢复农地 5.21hm^2。

该区总面积 5.21hm^2，栽植行道树 1020m，洒播草籽临时防护 3.43hm^2，恢复农地 5.21hm^2。场区前期施工场地临时排水沟长 1020m，沉沙池 3 处，其中 1 号弃渣场 1 处，2 号弃渣场 2 处，挡渣墙长度为 410m，其中 1 号弃渣场为 95m，2 号弃渣场为 315m。

6.4.5　投资估算及效益分析

6.4.5.1　投资估算

商南县莲花台水电站工程水土保持工程总投资 777.82 万元，主体工程设计中具有水土保持功能的投资为560.49万元；新增水土保持投资为217.33万元，其中：工程措施55.27万元，占总投资的25.43%；植物措施1.10万元，占总投资的0.05%；临时工程3.37万元，占总投资的1.56%；独立费用138.14万元，占总投资的63.56%；水土保持补偿费7.57万元，占总投资的3.48%；预备费11.87万元，占总投资的5.46%。

6.4.5.2　效益分析

本项目在扰动范围内林草措施面积为5.55hm²，构筑建筑物及场地硬化面积9.2hm²，水库后期淹没面积7.48hm²，土地整治面积10.98hm²，总治理面积31.16hm²，治理程度达到100%，土壤侵蚀模数下降到962t/(km²·a)。可绿化面积5.55hm²，植被恢复系数为100%。

项目区地处亚热带湿润气候区，根据《土壤侵蚀分级标准》规定，该区土壤侵蚀模数允许值为500t/(km²·a)，经治理后项目区水土流失控制比达到1：1.92。方案实施后，水土保持责任范围内生态环境将得到明显改善，新增绿化面积5.55hm²，林草覆盖率达到17.81%。随着林草的生长发育，树冠和根系逐渐增大，其水土保持作用将逐渐增强，并将从根本上有效控制项目区的水土流失。至方案服务期末，随着林草的生长和抚育管理，项目区扰动地表基本恢复了原地貌状况，各项水土流失量化指标均已达到要求。

6.5　城镇建设项目水土保持方案分析（以城镇安居工程为例）

6.5.1　项目概况

该项目位于××市勐卯镇西南部，地理坐标为东经97°50′54″～97°50′57″，北纬23°58′55″～23°59′05″，北临金滇路，西临规划南北向景观带，南、东面均临规划路滨江路及谊宾路。区位优势明显，交通极为便利。

项目总占地面积26.76hm²（永久占地24.02hm²，临时占地2.74hm²），总建筑面积274472.63m²，其中：地上面积233359.33m²；地下面积21069m²；半地下面积20044.3m²。该项目建设内容包括：低层住宅147748.43m²（含独栋、双拼、联排）、高层住宅99441.2m²（含裙楼）、停车位（地下车库）、配套公建，以及绿化工程等。其中有97栋独栋住宅（3层，高13m）、138栋双拼住宅（3层，高13m）、64栋联排住宅（3层，高13～16m）、8栋高层住宅（9～21层）、2栋高层公寓（19层）及2栋活动中心（2～3层）。项目建设用地包括建构筑物、道路及硬化场地、景观绿化等三部分组成，其中建构筑物占地面积7.54hm²，总建筑面积274472.63m²，总容积率1.06，建筑密度31.4%；道路及硬化场地占地面积8.07hm²；绿化区面积8.41hm²，绿化率35%。

项目共产生挖方81039m³，填方846896m³，外借一般土方为765857m³，外借一般土方来源于其他项目的基坑土，绿化覆土从二期临时表土堆场调入，本项目无弃方产生。

6.5.2　项目区自然概况

该项目区属宽谷盆地地貌，以耕土、黏土粉砂为主，地势平坦、开阔。以水田为主，区内海拔为 757.31～759.61m，最大高差为 2.3m。多年平均降水量为 1442.4mm。根据该地区多年气象水文资料分析，该地区 20 年一遇 1h 最大暴雨量为 57.3mm，6h 最大暴雨量为 114.6mm，24h 最大暴雨量为 173.7mm。

项目区属伊落瓦底江水系，区内无主要河流。项目区西侧有自北向南的田间排水沟，雨水通过项目区田间沟渠进入田间排水沟，项目建成后排水进入市政管网。项目区主要为农田，植被类型以农作物为主。

项目区土壤侵蚀类型以水力侵蚀为主，流失程度以轻度为主，根据《土壤侵蚀分类分级标准》（SL 190—2007）的划分，工程区域位于西南土石山区，土壤侵蚀类型以水力侵蚀为主，水土流失允许值为 500t/(km^2·a)。

6.5.3　水土流失及水土保持现状

6.5.3.1　水土流失现状

根据《××省 2004 年土壤侵蚀现状遥感调查报告》（××省水利厅、××省水利水电科学研究所，2006 年 2 月），××市土地总面积为 942.79km^2，其中土壤侵蚀面积 208.41km^2，占总面积的 22.11%，无明显侵蚀面积 734.38km^2，占总面积的 77.89%。在土壤侵蚀面积中，轻度侵蚀面积 24.21km^2，占总流失面积的 11.62%，中度侵蚀面积 182.85km^2，占总流失面积的 87.73%，强度侵蚀面积 1.35km^2，占总流失面积的 0.65%，无极强度和剧烈侵蚀面积。侵蚀模数为 1071t/(km^2·a)，侵蚀量为 101 万 t，侵蚀深 0.79mm。

6.5.3.2　水土保持现状

××市自然环境优越，但由于历史上对水土保持工作重视不够，加上农业种植单一、大面积坡地开荒和森林砍伐，造成区域生态严重破坏。自转变水土保持监督执法以来，坚持以科学发展观为统领，树立和谐执法理念。××市水土流失主要因素除了地形、降雨、土壤、植被等自然因素外，人为因素也是造成水土流失的重要原因。一个主要的人为因素，是厂院建设引起的水土流失，其主要流失源有开挖山体凌空坡、堆积平台台面和堆积平台外缘斜坡。对于这类水土流失防治效果较好的主要水土保持工程措施有：在开挖山体凌空坡的外侧修建截水沟，拦截坡面径流，防止坡面冲刷；对有重力侵蚀危险的，采用削坡开级或挡墙等护坡工程，保障坡体稳定；对无重力侵蚀危险的，进行种草护坡或种植藤本植物护坡绿化。

根据××市多年来开展水土保持工作的经验，结合乡土树草种类总结出选择水土保持绿化树草种类的基本原则和要求。

（1）生态学要求：根据立地条件，在满足水土保持和区域绿化等基础性要求的基础上考虑采用多种绿化树、草种进行群体配置，并解决好种间关系，确保植物群体的健康生长与稳定。按照“适地适树、适地适草”的原则，在树草种选择上以当地优良乡土树、草种为主，以保证林草成活和正常生长，同时满足生物多样性和群落稳定性的要求。

（2）绿化功能要求：从满足植物措施多功能的要求出发，选择多种树形、叶形、高度的常绿乔灌木和不同季节的花木以及草坪植物等。乔灌木树种宜选择树形优美并具有较强抗污染、防噪声能力的树种，植草宜选择抗污染、耐践踏的草种。

(3) 水土保持要求：树、草种应具有发达的根系、耐贫瘠、较强的抗旱耐淹能力、改良土壤理化性状能力等，能够起到防治项目区水土流失的作用。

根据实地调查，项目区水土保持设施为具有水土保持功能的水田，无专项水土保持措施。

6.5.4 新增水土流失的预测

根据本项目在建设过程中水土流失主要发生在项目建设区的场地平整，由于施工期开挖、填筑扰动原地貌，占压土地，破坏原有植被，造成土体结构疏松，使其水土保持功能降低或丧失，加剧了区域内水土流失的发生和发展。本项目水土流失预测的范围为工程建设可能产生水土流失的区域。结合本工程特点，将水土流失预测区段按工程建设的特点划分为：建构筑物区、道路及硬化场地区、景观绿化区、临时施工营地和临时施工道路。

预测方法是在查阅主体工程设计资料基础上，采用实地调查和图面量测、数据统计相结合的方法进行测算。

6.5.4.1 扰动原地貌、损坏土地的面积预测

根据工程主体工程设计资料结合现场调查进行分析，本工程开工建设后，征地范围内原地貌将遭受到不同程度开挖、碾压、占压等形式的破坏，使其原有的保水、保土功能降低。根据本项目施工总体布置，结合土地利用现状进行实地调查，本项目扰动地表、损坏土地和植被的面积为 26.76hm^2。具体情况见表 6.3。

表 6.3　　扰动土地和植被面积　　单位：hm^2

分　区	占 地 面 积	占地类型	备　注
		水田	
建构筑物区	7.54	7.54	
道路及硬化场地区	8.07	8.07	永久占地
景观绿化区	8.41	8.41	
临时施工营地	0.50	0.50	
临时施工道路	2.24	2.24	临时占地
合计	26.76	26.76	

6.5.4.2 损坏的水土保持设施面积和数量预测

根据项目扰动地表、损坏的土地和植被面积分析，本项目损坏的水土保持设施主要为具有一定水土保持功能的水田，面积为 26.76hm^2，见图 6.4。

表 6.4　　损坏水土保持设施数量面积　　单位：hm^2

分　区	占 地 面 积	占地类型	备　注
		水田	
建构筑物区	7.54	7.54	
道路及硬化场地区	8.07	8.07	永久占地
景观绿化区	8.41	8.41	
临时施工营地	0.50	0.50	临时占地
临时施工道路	2.24	2.24	
合计	26.76	26.76	

6.5.4.3 可能造成水土流失面积预测

通过实地踏勘和量图计算分析，工程建设过程中可能造成的水土流失面积为26.76hm^2，流失原因主要为原地表破坏等。通过现场踏勘，结合设计资料分析，施工期各区域水土流失面积见表6.5。

表6.5 施工期可能造成的水土流失面积统计表

分区	占地面积	占地类型	备注
		水田	
建构筑物区	7.54	7.54	永久占地
道路及硬化场地区	8.07	8.07	
景观绿化区	8.41	8.41	
临时施工营地	0.50	0.50	临时占地
临时施工道路	2.24	2.24	
合计	26.76	26.76	

自然恢复期由于大部分地方均为建构筑物和硬化地表覆盖，流失区域仅为景观绿化区，水土流失面积为8.41hm^2。

6.5.4.4 弃土、弃渣量预测

根据土石方平衡分析，项目区主要以填方为主，不产生弃渣。

6.5.4.5 新增水土流失量预测

由于项目按现状进行预测，因此将要产生的水土流失量均按新增水土流失量计算。根据项目区原生水土流失量和施工期间的水土流失量的预测结果进行计算，本项目施工期和自然恢复期间可能产生的水土流失量总为3893.86t，新增水土流失量为3786.83t，具体各预测分区新增水土流失情况见表6.6。

表6.6 项目区新增水土流失量统计表

序号	预测分区	可能产生水土流失量/t	原生水土流失量/t	新增水土流总失量/t
1	建构筑物区	452.28	30.15	422.13
2	道路及硬化场地区	1453.24	32.29	1420.94
3	景观绿化区	1555.15	33.62	1521.52
4	临时施工营地	30.00	2.00	28.00
5	临时施工道路	403.20	8.96	394.24
合计		3893.86	107.03	3786.83

6.5.5 水土流失防治措施总体布局及体系

6.5.5.1 水土流失防治措施总体布局

本项目遵循全面治理和重点治理相结合、防治与监督相结合的设计思路，合理布置各项防治措施，建立选型正确、结构合理、功能齐全、效果显著的水土保持综合防治体系。

首先需优化工程布局和规模，优选建设时序，合理安排工期，强化管理、监理和监督，做好施工期水土流失的预防和控制工作，尽量减少破坏地表植被面积，进一步优化土石方的平衡方案，提高土、砂、石料利用率。在工程项目建设中注重生态环境保护，充分重视项目施工过程中造成的人为扰动区及所产生的废弃物，设计临时性水土保持措施，尽量减少新增水土流失。

其次在土方施工过程中加强地表洒水，减少扬尘量，加强砂、土、石等建筑材料和清场、清基废料的挡护、覆盖，减少施工过程中造成人为水土流失，以确保临时性防治措施与主体防治措施的衔接，达到控制新增水土流失的目的。

6.5.5.2 水土流失防治措施体系

本项目水土流失防治将以植物措施与工程措施相结合、永久措施与临时防护措施相结合，并把主体工程中具有水土保持功能的设施纳入水土流失防治体系中，建立完整有效的水土保持防护体系。

（1）建构筑物区：建构筑物区水土流失主要产生在场地平整至建构筑物建设完成之前。场地平整阶段由于是整个场地同时进行，且在雨季开始之前，主要水土流失在地下车库开挖，主体施工过程中已经考虑抽排设备，因此场平阶段不再考虑增加措施。在建构筑物施工期间，基本为建构筑物覆盖，几乎无水土流失，也不再考虑新增水土保持措施。

（2）道路及硬化场地区：该区水土流失主要产生在场地平整至道路建设完成之前。同建构筑物区一样，场地平整阶段也不新增水保措施。在道路施工前，沿道路修建临时土质排水沟，并在雨水汇入项目区西侧田间排水沟入口处修建沉沙池，雨水经沉淀后排入项目区西侧田间排水沟。在道路施工期间对管槽开挖的土方增加编织袋挡墙临时拦挡和土工布覆盖措施。沟槽同时可以做临时排水沟使用，在施工期间方案增加沟槽施工期间的临时抽排和沉淀措施。

（3）景观绿化区：景观绿化区水土流失阶段主要产生于场地平整至完成施工阶段。同前面各区一样，场地平整阶段也不新增水保措施。同时提出水土保持监督管理要求。

（4）临时施工营地：临时施工营地为压实地表、硬化场地、建构筑物覆盖或碎石垫层，有利于减少项目区的水土流失。由于临时施工营地为临时占地，在项目施工完成后拆除建构筑物和硬化地表，进行后期开发建设。因此不再新增水土保持措施，同时提出水土保持监督管理要求。

（5）临时施工道路：临时施工道路为一般土路、压实地表，有利于减少项目区的水土流失。由于临时施工道路为临时占地，在项目施工完成后，进行后期开发建设。因此方案拟在施工期间增加碎石垫层铺筑。

（6）直接影响区：加强项目建设区周边影响区的调查观测，加强施工管理，施工活动严格控制在征地范围内，对可能发生的危害进行处理。

通过各项防护措施的实施，使之形成一个完整的以工程措施为先导、以植物措施相结合，以临时措施为辅助的水土流失防治体系。新增水土保持措施布局体系见表 6.7。

表 6.7 新增水土保持措施布局体系表

措施位置	措施类型	布设位置及防护功能	备注
道路及硬化场地区	土质排水沟	沿道路布置	方案新增
	沉沙池	布置于项目区西侧田间排水沟入口处	方案新增
	编织袋挡墙	管槽开挖沿线临时堆土区域，对临时堆存土方进行拦挡	方案新增
	土工布覆盖	管槽开挖沿线临时堆土区域，对临时堆存土方进行覆盖	方案新增
	抽排水	管槽低处，抽排管槽内的积水	主体已有
景观绿化区	园林绿化	主体对该区域进行绿化美化	主体已有
临时施工营地	碎石垫层	位于临时施工营地内	主体已有
临时施工道路	车辆清洁池	位于进场道路旁	主体已有
	碎石垫层	对进场道路进行覆盖	方案新增
直接影响区	管理措施	加强对施工期间的管理	方案新增

6.5.6 投资估算及效益分析

6.5.6.1 投资估算

该项目水土保持总投资1446.25万元，其中植物措施费1261.18万元，临时措施费72.28万元，独立费用81.51万元，预备费4.53万元，损坏水保设施补偿费26.76万元，主体工程已考虑的水保投资1264.07万元，本方案新增投资182.18万元。

水土保持投资汇总表和各部分投资概算见表6.8。

表 6.8 水土保持投资总概算表 单位：万元

编号	工程或项目名称	建安工程费	植物措施费		设备费	独立费用	合计	主体工程投资	水保总投资	占新增投资
			种植费	苗木费						
	第一部分 工程措施									
	第二部分 植物措施							1261.18	1261.18	
1	景观绿化区							1261.18	1261.18	
	第三部分 临时措施	69.39					69.39	2.89	72.28	38.09%
1	临时施工营地							2.09	2.09	
2	临时施工道路	38.65						0.80	39.45	
3	道路广场区	30.74					30.74		30.74	
	一至三部分合计						69.39	1264.07	1333.46	
	第四部分 独立费用					81.51	81.51		81.51	44.74%
1	建设管理费					1.39			1.39	
2	工程建设监理费					26.64			26.64	
3	科研勘测设计费					3.47			3.47	
4	水土保持监测费					35.01			35.01	

续表

编号	工程或项目名称	建安工程费	植物措施费		设备费	独立费用	合计	主体工程投资	水保总投资	占新增投资
			种植费	苗木费						
5	水土保持技术文件技术咨询服务费					2.00			2.00	
6	方案编制费					13.00			13.00	
一至四部分合计							150.90	1264.07	1414.97	82.83%
第五部分　预备费							4.53		4.53	2.48%
第六部分　静态总投资							155.42		1419.49	85.31%
第七部分　水土保持设施补偿费							26.76		26.76	14.69%
第八部分　本方案新增措施总投资							182.18		1446.25	100.00%

6.5.6.2　效益分析

通过各项水土保持措施的实施，因工程建设引起的水土流失将得到有效控制，同时降低了施工场地原地面水土流失，取得良好的生态效益。通过各种防治措施的有效实施，扰动土地整治率达到99.9%，水土流失总治理度达99.9%，土壤流失控制达1.95，林草植被恢复率达99.9%，林草覆盖率达34.0%，各项指标均达到目标值。

该工程建设过程中不产生永久弃土，工程建设所需石料，采取外购，不需另行规划石料场，工程建设均位于工程永久征地范围内。通过合理的水土流失防治措施布局，将提高建设区涵养水源能力水土保持功能，区域水土流失减少，生态环境质量提高。该项目实施后项目区的局部生态环境得到改善，使项目自身及其周边环境景观更加和谐完善，有助于项目区内生态环境的良性循环，具有显著地生态及社会意义。

6.6　生态景观项目水土保持方案分析（以水保生态科技示范园区项目为例）

6.6.1　项目概况

石泉县杨柳水保生态科技示范园位于石泉县城西北5km处的后沟小流域。后沟小流域是汉江一级支流饶峰河下游的一条支沟，属于丹江口库区及上游水土保持重点防治工程石泉县城关项目区、饶峰河下游小流域水土保持工程区、饶峰河生态清洁型示范小流域、石泉县杨柳统筹城乡发展试点区（市政）。流域内植被覆盖较好，地形较复杂，人居环境较差。2011年，石泉县水利局在后沟小流域进行了“饶峰河生态清洁型示范小流域治理工程”试点建设，为杨柳水保生态科技示范园建设奠定了一定的基础。

示范园规划为五个水土保持功能示范区。在满足各区规划功能前提下结合旅游开发建设五个附属生态观光旅游景区。五个水土保持功能示范区分别是：自然保护与生态修复示范区，生态经济（生物措施）示范区、沟道边坡治理（沟、坡工程）示范区、坡面治理（坡面工程）示范区、水保科技示范区。

6.6.2 项目区自然概况

石泉县杨柳水保生态科技示范园行政隶属石泉县城关镇（曾改名为柳城镇），流域内有一个行政村——上坝村，项目区紧邻 210 国道，距离县城 3km，距西安 204km，交通十分便利。石泉县城关镇文化底蕴深厚，历史悠久，旅游资源丰富。距国家级“AAA”级景区中坝大峡谷 24km，距国家级“AAAA”景区燕翔洞 50km。后沟流域地理位置介于东经 108°13′05″～108°12′23″和北纬 33°03′33″～33°04′17″之间，为西北—东南走向，宽约 1.15km，长约 3.75km，流域面积 2.49km²，海拔 373.3～804.7m，相对高差 431.4m，西北高，东南低。

项目区属秦岭土石山区，地质构造为秦岭中段加里东褶皱带，上覆巨厚的下古生界的地槽型沉积，构造以褶皱为主，构造线呈北西一西向。出露岩性主要有斑岩、炭质灰岩、炭质硅质岩、钙质片岩、闪长岩和花岗岩等。地貌主要是中山、低山和川坝区，沟壑交错。杨柳水土保持生态科技示范园主沟道长 2.13km，平均比降 115.04‰，较大沟道有 2 条，平均沟壑密度 1.51km/km²。区内山地起伏，地形地貌复杂，土类、土种繁多，据农业普查显示，区内共有 4 个土类、11 个亚类、22 个土层和 113 个土种。黄棕壤是主体土壤，密实度为 1.6t/m³，有机质含量在 1.45%～2.2%之间，氮、磷、钾含量较低。

项目区内森林资源种类相对丰富，主要集中在人口密度相对稀少的区域内，林草覆盖率达 65.19%。沟口、川道区由于农户较集中，土地资源紧张，耕地较多。植被主体以乔木林、落叶林、阔叶林等为主。主要用材林以马尾松、杉木、红椿为主，主要灌木林有栎树、盐扶木、马桑、狼牙刺、葛麻架等，经济林有桑园、核桃、果类等。

6.6.3 项目区水土流失及水土保持现状

6.6.3.1 水土流失现状

杨柳水保生态科技示范园区水土流失类型主要是水蚀，多以面蚀和沟蚀为主，兼有重力侵蚀。园区内水土流失的产生主要基于两方面因素：①自然因素；②人为因素。

（1）自然因素：后沟小流域沿河沿路，地形破碎，沟系切割壑深、密度大，流域内成土母质多为砂岩、页岩、砾岩的风化物，这些岩层经长期风化、溶蚀，形成的土壤土质疏松、保水率差，遇水即散，易蚀易冲，尤其以砂岩、页岩发育风化或半风化形成的红壤土，这类土壤结构松散，抗蚀力差，在高温多雨作用下，容易形成沙粒状，受水力冲刷，极易产生水土流失，陡坡地则易发生沟蚀、崩岗。水土流失主要在坡地、沟道两侧发生。随着降雨径流的产生与增大，坡面土壤逐渐被侵蚀，先由面蚀到沟蚀，由细沟变宽沟，由浅沟变深沟，在强降雨形成的径流冲刷坡脚时，深沟的发展即产生崩塌。

（2）人为因素：区内一直都是人多地少，农村进行家庭联产承包责任制后，一度兴起毁林开荒、毁林“致富”的飓风，由于森林植被严重破坏，山峁、坡顶原有的森林植被至今难以恢复，后期人工造林由于缺水、缺乏抚育管护，稀疏残次林随处可见，坡面排水不畅、覆盖度低、排洪沟渠拥堵；落后的顺坡耕种习惯，在降雨径流发生时，水土流失极为严重。另外，区内基建、开发建设项目较多，如工业园区、农村安置建房、公路建设等项目的实施，水保监督量大面广，随意弃土弃渣、防护不到位的现象时有发生，在短期内会造成较为严重的水土流失。项目区内分布有高山移民安置点，同时县城的扩建也分布在项目区内，所以区内建设项目多，挖土、堆土现象普遍存在，对原地貌的扰动大，水土流失严重。

6.6.3.2 水土保持现状

2011年，后沟流域进行“饶峰河生态清洁型示范小流域治理工程”试点建设，对流域水土保持起到了比较显著的作用。

经过治理，流域内初步形成了水土保持防护体系，加之中山区域自然植被较好，水土流失已经得到基本控制。基本农田建设标准较高，有农地56.34hm²，包括水田12.57hm²，梯田10.75hm²，多为混凝土预制件筑坎梯田、石坎梯田；滩地20.13hm²，坡耕地12.89hm²，林业用地162.07hm²，包括有林地43.56hm²，疏林地67.73hm²，灌木林41.96hm²；经济林8.82hm²；居民及交通用地30.21hm²。人均占有土地0.18hm²，人均占有耕地0.04hm²。农地主要位于沟谷平缓地带，林地位于山坡。森林覆盖率65.19%，治理程度90.8%。各项水土保持措施在一定程度上发挥了效益，经治理的土地肥力得到了初步提高。但人多地少的矛盾还是十分突出，人为水土流失依然十分严重。

6.6.4 工程总体布局

根据建设目标，杨柳水保生态科技示范园分为五个功能示范区：自然保护与生态修复示范区、生态经济示范区、坡面治理工程示范区、沟道边坡治理工程示范区、监测试验示范区。小流域综合治理措施规划图见图6.4。

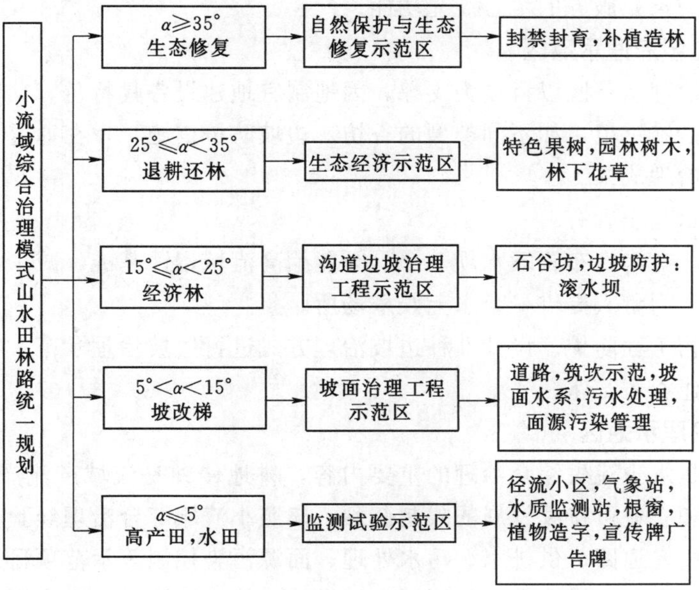

图6.4 小流域综合治理措施规划图

6.6.4.1 自然保护与生态修复示范区

位于流域上游，采取封育措施，充分利用自然修复功能。起到低投入，高效益的作用，以增强涵养水源、提高水质的能力。

根据小流域综合治理技术要点，对35°以上的极陡坡有林地采取封禁措施，进行自然保护；对坡度在25°～35°之间的陡坡地实施退耕还林，采取疏林补植措施，进行自然生态修复，在树种选择上依据适地适树的原则，以乡土树种为主。

主要建设的示范小区有：

（1）自然保护示范小区。设立封禁标牌，布设封禁围栏。

（2）生态修复示范小区。对疏幼林进行人工补植。

（3）建设松林氧吧小木屋；满足生态观光、健身休闲功能。

6.6.4.2 生态经济示范区

位于流域中上游。林草措施是水土流失综合防治的治本措施，也是衡量治理成效的关键性指标。

主要建设的示范点有：

（1）经济林建园及林下种草示范：依据土地适宜性评价，对园区内的各类宜林荒地按照因地制宜，因害设防的原则进行治理。在$15° \leqslant \alpha < 25°$坡地引进、开发水土保持经济效益高的特色果树和优良保土植物等。解决长期以来果树土壤裸露问题。

（2）苗圃及园林植物栽植示范：引进新奇特的园林植物做景观园林，林下种植花草，在发挥水土保持功能的基础上，实现全年景观、两季有果、三季有花、四季常青。苗圃及林草措施建设采取工程整地造林。水分条件不足时，建立蓄水池，采取不同形式的节水灌溉。

（3）产业开发示范：在林下建立万只野鸡养殖场，生产有机无公害绿色食品。满足娱乐、购买、游览一条龙服务的生态观光功能。

6.6.4.3 沟道边坡治理示范区

沟道及边坡治理示范区以科技为支撑，因地制宜地建设各具特色、功能各异的示范工程进行沟坡兼治措施示范，如不同类型的谷坊、边坡防护措施，旨在通过科技示范，提高治理水平，巩固治理成果。

主要建设的示范小区有：

（1）滚水坝。在沟底布置滚水坝一个，既能抬高流域侵蚀基准，减少沟道侵蚀，又能积聚一定的水面，为游人提供一个水上娱乐场所。

（2）边坡生物工程防护。设计6种边坡治理方式进行边坡治理示范。

（3）设计修建谷坊2座。

6.6.4.4 坡面治理示范区

坡耕地改造是水土流失综合治理的重要内容，耕地侵蚀是流域产流产沙的主要来源，是区域生态平衡和农业可持续发展的限制瓶颈。按照小流域综合治理经验，山水田林路统一规划，建设梯田、道路、供排水、污水处理、面源污染控制等示范项目。示范园内主要采取水平梯田、地埂、小梯改大梯、不同田坎设计，等示范措施，配合推行地膜覆盖、秸秆还田、深松免耕等保土耕作措施、同时提倡改进施肥方法、限量使用化肥、增施有机肥、生物肥料、发展绿色高效农业、以达到提高土地生产力、控制水土流失、改善生态环境的防治目的。同时，结合景观建设，进行园路铺装，使区内同时达到清洁化、景观化、生态化，高效化。

主要建设的示范小区有：

（1）新技术新材料梯田田坎展示区。利用 8 种梯田筑坎方式进行新技术、新材料应用示范。

（2）坡面水系和生产道路展示：位于道路两边坡面上的经济林区。流域内布设宽度为 3m 的渠路结合的生产道路 3 条。生产道路与坡面截水沟并行，到自然低洼段设置引水渠，将水引入蓄水池，进入蓄水池前布设沉砂池，形成完整的坡面水系。

（3）生态清洁人居环境示范：位于人口密集区居民村庄内，设计建设生活污水处理工程，降解池，土壤渗滤床，排污管道，堆肥场，垃圾收集站，垃圾填埋场，化粪池。

6.6.4.5 监测试验示范区

水土保持科技示范园是开展水土保持科学研究、成果展示和科普教育的重要基地和窗口。目的是让水土保持宣传教育的手段不断丰富，范围不断扩大，使水土保持宣传教育走进了千家万户。通过寓教于乐的方式扩大宣传效果。

位于小流域下游沟口：

（1）规划科教中心楼一座。房建 1000m^2；内有水质监测站水质分析实验室、土壤剖面窗口与根系窗口、人工模拟降雨系统。

（2）示范园标识引导型大门一座。

（3）广告与宣传。设计广告牌 2 处；宣传牌 3 块；宣传标语 3 处；工程示范点及植物标识牌 50 个。

（4）径流场。设计 6 个径流小区。

（5）一座卡口站，一个气象站，一座管理房。

6.6.5 工程建设规模

6.6.5.1 自然保护与生态修复示范区

（1）自然保护示范小区。设立封禁标牌 3 座，布设封禁围栏网 3.8km，封育面积 109.7hm^2。

（2）生态修复示范小区。对 67.73hm^2 疏幼林进行人工补植，补植面积按疏幼林面积的 30%计算，即营造生态林 20.32hm^2。

（3）建设松林氧吧小木屋 1 座。

6.6.5.2 生态经济（生物措施）示范区

（1）经济林建园及林下种草示范：新增经济林 4.74hm^2，樱桃 1.5hm^2、柚子 1.24hm^2、蓝梅 2.0hm^2，每公顷 900 株左右。林下植草 11802m^2。

（2）苗圃及园林植物栽植示范：在道路旁的沟道陡坡建立 0.37hm^2 的园林树木园，栽植广玉兰 0.05hm^2，40 株；水杉 0.05hm^2，40 株；海桐 0.07hm^2，80 株。苗圃 0.2hm^2。

（3）产业开发示范：在林下建立万只野鸡养殖场，生产有机无公害绿色食品。

6.6.5.3　沟道边坡治理工程示范区

（1）滚水坝。在沟底布置滚水坝一个，积聚水面大约 6000m^2，为游人提供一个水上娱乐场所。

（2）边坡生物工程防护。设计 6 种边坡治理方式进行边坡治理示范。①生态袋边坡治理裸露土质边坡 5 处，边坡长度 600m，治理面积 4933.5m^2；②液压喷播治理裸露土质边坡，长度 500m，治理面积 2020m^2；③挂三维网治理裸露石质边坡裸露土坡，长度 80m，治理面积 1343m^2；④混凝土框治理路边裸露风化石质边坡长 80m，治理面积 660m^2；⑤自然攀援（垂直绿化）治理后沟左边裸露土坡，长 850m，治理面积 3425m^2；⑥多孔植生混凝土预制块治理沟头水田旁道路边坡，治理面积 8280m^2。

（3）设计修建谷坊 2 座。

6.6.5.4　坡面治理工程示范区

（1）新技术新材料梯田田坎展示区。利用 8 种梯田筑坎方式进行新技术、新材料应用示范。现有的 4 种为混凝土预制构件护坎、浆砌石田坎、干砌石田坎、土坎梯田，新设计建设 4 种。①生态袋护坎 400m；②木桩护坎 800m；③浆砌砖田坎 500m；④草皮护坎 1000m。

（2）坡面水系和生产道路展示：流域内布设宽度为 3m 的渠路结合的生产道路 3 条，长度 4.03km。流域内布设蓄水池 24 座，沉砂池 20 座，排水渠 1.0km。在左边梁上修建 1.5m 宽的台阶道路 1.0km。

（3）生态清洁人居环境示范：位于人口密集区居民村庄内，设计建设生活污水处理工程，降解池 1 座，土壤渗滤床 1 处，排污管道 3.5km，堆肥场 2 处，垃圾收集站 20 处，垃圾填埋场 1 处，化粪池 300 座。

6.6.5.5　监测试验示范区

（1）规划科教中心楼一座。房建 1000m^2；内有水质监测站水质分析实验室、土壤剖面窗口与根系窗口、人工模拟降雨系统。

（2）示范园标识引导型大门一座。

（3）广告与宣传。设计广告牌 2 处；宣传牌 3 块；宣传标语 3 处；山体标志牌 1 座。

（4）径流场。设计 6 个径流小区。景点及植物标识牌 50 个。

（5）水质监测站。1 座卡口站、管理房 1 座。

（6）1 个气象站。

6.6.6　投资估算及效益分析

6.6.6.1　投资估算

该工程总投资 2341.48 万元，属于“丹支”项目，省级投资 1873.18 万元，县市配套资金 468.30 万元。其中工程措施 1459.39 万元，林草措施 411.71 万元，生态修复 162.51 万元，其中治污、监测、科教宣传 1118.8 万元，独立费 193.19 万元，基本预备费 114.68 万元。

(1) 劳力投入：该示范园治理工程共需投工 58.26 万工日，其中综合治理工程 48.78 万工日，林草措施及生态修复 9.48 万工日。

(2) 物资投入：该示范园治理共需投放水泥 387t，钢材 34.38t，苗木 2.56 万株，种子 82127kg。

6.6.6.2 效益分析

治理后全示范园森林、草地覆盖率达到 77.71%，坡面径流得到控制，生态环境得到改善，动植物品种及数量不断地增加，将呈现出鸟语花香的新气象，通过坡改梯的修建，改良了土壤，增加基本农田和单位面积产量，通过修建谷坊、滚水坝、截水沟、蓄水池等水保工程，从山顶到沟底形成层层截流拦沙、节节防洪蓄水、生态护坡、裸露边坡绿化等综合防治体系，实现泥沙就地拦挡、确保泥沙不下坡、不出沟。使全示范园现有的水土流失得到初步治理，径流量、泥沙流失量得到控制，减蚀率为 57.76%，年侵蚀模数减少到 500t/(km^2 · a) 以下，减轻了洪涝灾害，大大改善了农业生产条件，达到合理利用自然资源的目的。通过治污系统建设，使园区内的污水实现达标排放。通过生物杀虫等措施，使生态得到良性循环发展。随着境内生态环境的明显改善，灾害天气出现的频率也将大大减少。

通过治理，在示范园形成具有四大治理功能区、五大旅游观光景点的，集水保生态、科研示范、教育教学、旅游观光为一体的水保生态科技示范基地，对园区内的经济园林采用土地流转、承包经营的方式，按“公司＋基地＋农户”的模式运转，将经济园林培育成特色优势品牌，实现经济良性循环滚动发展。通过栽植优良观赏树种，实现环境绿化、美化，园区成为人水和谐的宜居环境，同时对防灾、减灾、发展生态旅游等方面具有重要的作用。对石泉、安康至全省的水保生态建设治理工作具有重要意义。

6.7 洪沟小流域综合治理项目水土保持方案分析

6.7.1 项目区自然概况

该项目区属渭北高原残塬沟壑区，地貌特点是塬面平整，沟谷深下切，土层深厚。地貌类型单元有塬面、坡面、沟道等。基岩为奥陶系灰岩、页岩，三叠系、侏罗系的砂岩、页岩，白垩系砂岩，地貌上表现为黄土残塬沟壑，黄土覆盖厚度 80～250m，依次为第三系三趾马红土，第四系的午城黄土、离石黄土、马兰黄土。项目区内沟道多呈 V 字形，沟壑密度 3.15km/km^2，土壤疏松多孔，垂直节理发育，易受冲刷及侵蚀。洪沟小流域位于乾县县城的西北方向 1.7km 处，地理坐标为东经 108°07′30″～108°11′15″，北纬 34°32′30″～34°37′30″，流域区域地势为北高南低，海拔高程在 645～863m，相对高差 218m。流域南北长 11.5km，东西宽 7.6km。土地总面积 64.08km^2，其中水土流失面积 57.72km^2，占总面积的 90.08%。林草覆盖率为 20.41%。

6.7.2 项目概况

根据项目区建设目标和土地利用结构的调整以及主要治理方向，确定项目区建设末期共治理水土流失面积 2446.25hm^2，其中修建梯田 157.61hm^2，栽植水保林 486.05hm^2，栽植经果林 346.28hm^2，水土保持种草 19.56hm^2；进行封育治理 14.37km^2，建设封育围栏 14km，修建封育碑 6 处，苗木补植 22.99 万株。生产道路 7.6km，沟头防护 5.42km，谷坊 17 座，护埂 23km。

在邻村、近路、水源条件好的 25°以下缓坡耕地上布设坡改粮（果）梯工程，综合配田间道路，建设高标准基本农田和优质果园；在生产条件相对较好的坡耕地集中营造水土保持经济林；对生产条件较差的坡耕地、荒山荒坡栽植水土保持生态林；对适宜自然修复的疏幼林地地加强封育管护，开展生态修复，提高林草覆盖率，增强涵养水源、保持水土的功能。对沟蚀严重、对生产用地构成危害的沟道新建谷坊；对沟头扩张较为严重的沟头修建沟头防护措施，防止水土流失灾害。本次措施的布设，形成三个重点区域，北部地势较为平坦，以邵村、山顶村为重点，布设坡改梯、种植经果林等。中部乾陵水库周边营造水土保持林。南部荒地、疏幼林地进行封禁，同时进行苗木补植。

该水土保持工程总投资共 1220.44 万元，分为国家、省、地（市）三级投资，其中国家财政投资 854.28 万元，占总投资的 70%；省级财政投入 244.09 万元，占总投资的 20%；地市投入 122.04 万元，占总投资的 10%。

6.7.3　水土保持现状及水土流失状况

6.7.3.1　水土保持现状

通过工程措施、植物措施和耕作措施相结合的治理模式，水土流失得到了一定的治理。在塬面及较平坦的坡耕地改造成高标准的水平梯田，并栽植黄花菜进行护埂，在保护梯田不受损坏的同时并带来经济收入，陡坡地、荒地在采用封禁治理发挥生态修复作用的同时辅以水保林等人工措施使得当地的生态系统修复，植被覆盖率提高，进而控制水土流失，并且促进了农业生产的发展。项目区现有林地面积为 1307.94hm^2，其中经果林面积 274.31hm^2，树种以苹果、核桃为主，分布在项目区村庄附近的塬地上；乔木林 429.99hm^2，树种为山杨、刺槐和少量侧柏，主要分布于上游沟道及梁坡地；灌木林面积为 262.77hm^2，全部为天然灌木，主要有酸枣、黄蔷薇、紫穗槐、胡颓子等。项目区植被覆盖度约为 20.41%。

6.7.3.2　水土流失状况

受地形地貌、坡度、植被和气候等影响，流域内水土流失形成和发展活跃。沟道溯源侵蚀吞蚀良田，卷走泥沙，危害加剧。水土流失主要集中在坡耕地上和荒山荒坡上，从轻度到剧烈侵蚀都有，以中度侵蚀为主。洪沟小流域共有水土流失面积 57.72hm^2，占总面积的 90.08%。其中：轻度流失面积为 20.95hm^2，占流失面积的 36.29%；中度流失面积为 37.77hm^2，占水土流失面积的 21.80%，；强度侵蚀为 10.27hm^2，占流失面积的 17.79%；极强度侵蚀为 3.10hm^2，占流失面积的 5.37%；剧烈侵蚀为 1.41hm^2，占流失面积的 2.44%。轻度流失分布在 5°～10°的坡耕地和植被覆盖度大于 60%的林地内，中度、强度流失分布在 15°～25°的坡耕地、疏幼林及荒山荒坡内，极强度流失分布在 25°～35°的坡耕地和覆盖度小于 30%的荒山荒坡。洪沟小流域土壤侵蚀模数 3560.00t/(km^2 · a)。

6.7.4 投资概算与效益分析

6.7.4.1 投资概算

根据水利部《水土保持工程概（估）算编制规定和定额》，进行乾县洪沟小流域水土保持综合治理工程总投资概算，概算内容包括工程措施、林草措施、封禁措施、独立费用，预备费等，概算投资：总投资为1220.44万元，其中工程措施投资423.34万元，林草措施投资646.43万元，封育治理投资31.44万元，独立费用投资83.69万元，基本预备费35.55万元。

本项目工程措施主要包括坡改梯工程、生产道路、沟头防护工程、谷坊工程、植物护埂工程。工程措施总投资为423.34万元，其中：坡改梯工程381.52万元、生产道路6.78万元、沟头防护工程9.85万元，谷坊工程20.72万元，植物护埂4.47万元。

本项目林草措施主要包括：水保林工程、经济林工程、种草及林草抚育。林草措施总投资646.43为万元，包括：水保林287.13万元，经济林300.57万元，道路景观林5.74万元，种草7.17万元，幼林抚育45.82万元。封育治理措施费用31.44万元。

本项目工程独立费83.69万元，其中建设管理费22.02万元，工程建设监理费22.02万元，科研勘测设计费33.04万元，水土保持监测费6.61万元。

6.7.4.2 效益分析

通过综合治理，项目区水土流失得到有效控制，群众生活环境得到明显改善，群众环境意识明显提高。同时，由于产业结构调整，林果业的发展，果品产量大幅度增加，农业产值迅速提高，可以有更多的资金投入农副产品加工、运输业以及第三产业，扩大就业领域和途径，项目实施也将促进科技、文化、卫生事业的发展，使项目区群众的文化素质和身体素质得到提高，从而全面推动项目区的经济繁荣和社会发展。水土保持措施实施后，植被恢复加速，土壤可蚀能力下降。

附录

附录1

中华人民共和国国家标准

开发建设项目水土流失防治标准（摘录）

Control standards for soil and water loss on development and construction projects

GB 50434—2008

主编部门：中华人民共和国水利部

批准部门：中华人民共和国建设部

施行日期：2008年7月1日

3 基本规定

3.0.1 开发建设项目水土流失防治应遵循下列要求：

1 开发建设项目应按照“水土保持设施必须与主体工程同时设计、同时施工、同时投产使用”的规定，坚持“预防优先，先拦后弃”的原则，有效控制水土流失。

2 开发建设项目水土流失防治的基本要求应符合现行国家标准《开发建设项目水土保持技术规范》GB 50433—2008第3章的有关规定。

3 应对防治责任区范围内的生产建设活动引起的水土流失进行防治，并使各类土地的土壤流失量下降到本标准规定的流失量及以下。

4 应对防治责任范围内未扰动的、超过容许土壤流失量的地域进行水土流失防治，并使其土壤流失量符合本标准规定量。

5 开发建设项目应在建设和生产过程进行水土保持监测，对水土流失状况、环境变化、防治效果等进行监测、监控，保证各阶段的水土流失防治达到本标准规定的要求。

3.0.2 开发建设项目在各阶段的水土流失防治工作应遵循《开发建设项目水土保持技术规范》GB 50433—2008第4章的规定。

3.0.3 开发建设项目水土流失防治指标应包括扰动土地整治率、水土流失总治理度、土壤流失控制比、拦渣率、林草植被恢复率、林草覆盖率等六项，根据开发建设项目所处地理位置可分为三级。

4 项目类型及时段划分

4.0.1 开发建设项目按建设和生产运行情况可划分为建设类和建设生产类。并按类别划分时段。

4.0.2 建设类项目可包括公路、铁路、机场、港口码头、水工程、电力工程（水电、核电、风电、输变电）、通信工程、输油输气管道、国防工程、城镇建设、开发区建设、地质勘探等水土流失主要发生在建设期的项目，其时段标准划分为施工期、试运行期。

4.0.3　建设生产类项目可包括矿产和石油天然气开采及冶炼、建材、火力发电、考古、滩涂开发、生态移民、荒地开发、林木采伐等水土流失发生在建设期和生产运行期的项目，其时段标准划分为施工期、试运行期、生产运行期。生产运行期应为从投产使用始至终止服务年，不同类型项目可根据生产运行期的长短再划分不同的时段，但标准不得降低。

5　防治标准等级与适用范围

5.0.1　开发建设项目水土流失防治标准的等级应按项目所处水土流失防治区和区域水土保持生态功能重要性确定。

5.0.2 按开发建设项目所处水土流失防治区确定水土流失防治标准执行等级时应符合下列规定：

1　一级标准：依法划定的国家级水土流失重点预防保护区、重点监督区和重点治理区及省级重点预防保护区。

2　二级标准：依法划定的省级水土流失重点治理区和重点监督区。

3　三级标准：一级标准和二级标准未涉及的其他区域。

5.0.3　按开发建设项目所处地理位置、水系、河道、水资源及水功能、防洪功能等确定水土流失防治标准执行等级对应符合下列规定：

1　一级标准：开发建设项目生产建设活动对国家和省级人民政府依法确定的重要江河、湖泊的防洪河段、水源保护区、水库周边、生态功能保护区、景观保护区、经济开发区等直接产生重大水土流失影响，并经水土保持方案论证确认作为一级标准防治的区域。

2　二级标准：开发建设项目生产建设活动对国家和省、地级人民政府依法确定的重要江河、湖泊的防洪河段、水源保护区、水库周边、生态功能保护区、景观保护区、经济开发区等直接产生较大水土流失影响，并经水土保持方案论证确认作为二级标准防治的区域。

3　三级标准：一、二级标准未涉及的区域。

5.0.4　当按第5.0.2条、第5.0.3条的规定确定防治标准执行等级出现交叉时，按下列规定执行：

1　同一项目所处区域出现两个标准时，采用高一级标准。

2　线型工程项目应根据第5.0.2条、第5.0.3条的规定分别采用不同的标准。

6　防治标准

6.0.1　开发建设项目水土流失防治标准应分类、分级、分时段确定。其指标值必须达到表6.0.1-1和表6.0.1-2的规定

表6.0.1-1　　建设类项目水土流失防治标准

分类 \ 时段 \ 分级	一级标准		二级标准		三级标准	
	施工期	试运行期	施工期	试运行期	施工期	试运行期
1 扰动土地整治率(%)	*		95	*	*	90
2 水土流失总治理度(%)	*		95	*	*	80
3 土壤流失控制比	0.7		0.8	0.5	0.4	0.4

续表

分类 \ 时段 \ 分级	一级标准		二级标准		三级标准	
	施工期	试运行期	施工期	试运行期	施工期	试运行期
4 拦渣率（%）	95		95	90	85	90
5 林草植被恢复率（%）	*		97	*	*	90
6 林草覆盖率（%）	*		25	*	*	15

注 “*”表示指标值应根据批准的水土保持方案措施实施进度。通过动态监测获得，并作为竣工验收的依据之一。

表 6.0.1-2　　建设生产类项目水土流失防治标准

分类 \ 时段 \ 分级	一级标准		二级标准		三级标准	
	施工期	试运行期	施工期	试运行期	施工期	试运行期
1 扰动土地整治率（%）	*	95	>95	*	90	>90
2 水土流失总治理度（%）	*	90	>85	*	80	>80
3 土壤流失控制比	0.7	0.8	0.5	0.4	0.5	0.4
4 拦渣率（%）	95	95	95	85	95	85
5 林草植被恢复率（%）	*	97	>95	*	90	>90
6 林草覆盖率（%）	*	25	>20	*	15	>15

注 “*”表示指标值应根据批准的水土保持方案措施实施进度。通过动态监测获得，并作为竣工验收的依据之一。

6.0.2　矿山企业和水工程在计算各项防治指标值时，其露天矿山的采坑面积、井工矿山的塌陷区面积、水工程的水域面积应属于防治责任面积，但不包括在总防治面积内。

6.0.3　开发建设项目水土保持方案编制、施工阶段检查、竣工验收及生产运行管理等，应符合本标准规定的分类分级分时段防治指标的要求。在竣工验收时，除满足规定的验收指标外，各项水土保持设施质量必须达到国家有关质量技术标准的要求。

6.0.4　表 6.0.1-1 和表 6.0.1-2 中水土流失总治理度（%）、林草植被恢复率（%）、林草覆盖率（%），应以多年平均年降水量 400～600mm 的区域为基准，降水量不在此范围时可根据下列原则适当提高或降低表中指标值：

1　降水量 300mm 以下地区，可根据降水量与有无灌溉条件及当地生产实践经验分析确定。

2　降水量 300～400mm 的地区，表中的绝对值可降低 3～5。

3　降水量 600～800mm 的地区，表中的绝对值宜提高 1～2。

4　降水量 800mm 以上地区，表中的绝对值宜提高 2 以上。

6.0.5　表 6.0.1-1 和表 6.0.1-2 中土壤流失控制比应以现状土壤侵蚀强度属中度侵蚀为主的区域为基准，以其他侵蚀强度为主的区域，可根据下列原则适当提高或降低表中指标的绝对值：

1　以轻度侵蚀为主的区域应大于或等于 1。

2　以中度以上侵蚀为主的区域可降低 0.1～0.2，但最小不得低于 0.3。

3　同一开发建设项目土壤流失控制比，可根据实际需要分区分级确定。

6.0.6　表 6.0.1-1 和表 6.0.1-2 中山区丘陵区线型工程，拦渣率值可减少 5；在高山峡谷地形复杂的地段，表中的拦渣率值可减少 10。

附录2

中华人民共和国国家标准

开发建设项目水土保持技术规范（摘录）

Tecluucal code on soil and water conservation of development and construction projects

GB 50433—2008

主编部门：中华人民共和国水利部

批准部门：中华人民共和国建设部

施行日期：2008年7月1日

1 总则

1.0.1 为贯彻国家有关法律、法规，预防、控制和治理开发建设活动导致的水土流失，减轻对生态环境可能产生的负面影响，防止水土流失危害，制定本规范。

1.0.2 本规范适用于建设或生产过程中可能引起水土流失的开发建设项目的水土流失防治。

1.0.3 开发建设项目的水土流失防治应重视调查研究，鼓励采用新技术、新工艺和新材料，做到因地制宜，综合防治，实用美观。

1.0.4 水土保持工程设计除应符合本规范外，尚应符合国家现行有关标准的规定。

2 术语

2.0.1 水土流失防治责任范围（the range of responsebility for soil erosion control）

项目建设单位依法应承担水土流失防治义务的区域，由项目建设区和直接影响区组成。

2.0.2 项目建设区（construction area）

开发建设项目建设征地、占地、使用及管辖的地域。

2.0.3 直接影响区（probable impact area）

在项目建设过程中可能对项目建设区以外造成水土流失危害的地域。

2.0.4 主体工程（principal part of the project）

开发建设项目所包括的主要工程及附属工程的统称，不包括专门设计的水土保持工程。

2.0.5 线型开发建设项目（line - type engineering）

布局跨度较大、呈线状分布的公路、铁路、管道、输电线路、渠道等开发建设项目。

2.0.6 点型开发建设项目（block - type engineering）

布局相对集中、呈点状分布的矿山、电厂、水利枢纽等开发建设项目。

2.0.7 建设类项目（constructive engineering）

基本建设竣工后，在运营期基本没有开挖、取土（石、料）、弃土（石、渣）等生产活动的公路、铁路、机场、水工程、港口、码头、水电站、核电站、输变电工程、通信工程、管道工程、城镇新区等开发建设项目。

2.0.8 建设生产类项目（constructive and productive engineering）

基本建设竣工后，在运营期仍存在开挖地表、取土（石、料）、弃土（石、渣）等生产活动的燃煤电站、建材、矿产和石油天然气开采及冶炼等开发建设项目。

2.0.9 方案设计水平年（target year of design）

主体工程完工后，方案确定的水土保持措施实施完毕并初步发挥效益的时间。建设类项目为主体工程完工后的当年或后一年，建设生产类项目为主体工程完工后投入生产之年或后一年。

3 基本规定

3.1 一般规定

3.1.1 开发建设项目水土流失防治及其措施总体布局应遵循下列规定：

1 应控制和减少对原地貌、地表植被、水系的扰动和损毁，保护原地表植被、表土及结皮层，减少占用水、土资源，提高利用效率。

2 开挖、排弃、堆垫的场地必须采取拦挡、护坡、截排水以及其他整治措施。

3 弃土（石、渣）应综合利用，不能利用的应集中堆放在专门的存放地。并按“先拦后弃”的原则采取拦挡措施，不得在江河、湖泊、建成水库及河道簪理范围内布设弃土（石、渣）场。

4 施工过程必须有临时防护措施。

5 施工迹地应及时进行土地整治。采取水土保持措施。恢复其利用功能。

3.1.2 开发建设项目水土保持设计文件应符合下列规定：

1 当主体工程建设地点、工程规模或布局发生变化时，水土保持方案及其设计文件应重新报批。

2 当取土（石、料）场、弃土（石、渣）场、各类防护工程等发生较大变化时，应编制水土保持工程变更设计文件。

3 涉及移民（拆迁）安置及专项设施改（迁）建的建设项目，规模较小的，水土保持方案中应根据移民与占地规划，提出水土保持措施布局与规划，明确水土流失防治责任，估列水土保持投资；规模较大的，应单独编报水土保持方案。

4 征占地面积在 $1hm^2$ 以上或挖填土石方总量在 $1\times10^4m^3$ 以上的开发建设项目，必须编报水土保持方案报告书，其他开发建设项目必须编报水土保持方案报告表，其内容和格式应分别符合附录 A、附录 B 的规定。

5 水土流失防治措施应分阶段进行设计，其内容和要求应符合本规范第 7～14 章的规定。

6 在施工准备期前，应由监测单位编制水土保持监测设计与实施计划，为开展水土保持监测工作提供指导。

3.2 对主体工程的约束性规定

3.2.1 工程选址（线）、建设方案及布局应符合下列规定：

1 选址（线）必须兼顾水土保持要求，应避开泥石流易发区、崩塌滑坡危险区以及易引起严重水土流失和生态恶化的地区。

2 选址（线）应避开全国水土保持监测网络中的水土保持监测站点、重点试验区。不得占用国家确定的水土保持长期定位观测站。

3 城镇新区的建设项目应提高植被建设标准和景观效果，还应建设灌溉、排水和雨水利用设施。

4 公路、铁路工程在高填深挖路段，应采用加大桥隧比例的方案。减少大填大挖。填高大于20m或挖深大于30m的，必须有桥隧比选方案。路堤、路堑在保证边坡稳定的基础上，应采用植物防护或工程与植物防护相结合的设计方案。

5 选址（线）宜避开生态脆弱区、固定半固定沙丘区、国家划定的水土流失重点预防保护区和重点治理成果区，最大限度地保护现有土地和植被的水土保持功能。

6 工程占地不宜占用农耕地，特别是水浇地、水田等生产力较高的土地。

3.2.2 取土（石、料）场选址应符合下列规定：

1 严禁在县级以上人民政府划定的崩塌和滑坡危险区、泥石流易发区内设置取土（石、料）场。

2 在山区、丘陵区选址。应分析诱发崩塌、滑坡和泥石流的可能性。

3 应符合城镇、景区等规划要求，并与周边景观相互协调，宜避开正常的可视范围。

4 在河道取砂（砾）料的应遵循河道管理的有关规定。

3.2.3 弃土（石、渣）场选址应符合下列规定：

1 不得影响周边公共设施、工业企业、居民点等的安全。

2 涉及河道的，应符合治导规划及防洪行洪的规定，不得在河道、湖泊管理范围内设置弃土（石、渣）场。

3 禁止在对重要基础设施、人民群众生命财产安全及行洪安全有重大影响的区域布设弃土（石、渣）场。

4 不宜布设在流量较大的沟道，否则应进行防洪论证。

5 在山丘区宜选择荒沟、凹地、支毛沟，平原区宜选择凹地、荒地，风沙区应避开风口和易产生风蚀的地方。

3.2.4 主体工程施工组织设计应符合下列规定：

1 控制施工场地占地，避开植被良好区。

2 应合理安排施工，减少开挖量和废弃量，防止重复开挖和土（石、渣）多次倒运。

3 应合理安排施工进度与时序，缩小裸露面积和减少裸露时间。减少施工过程中因降水和风等水土流失影响因素可能产生的水土流失。

4 在河岸陡坡开挖土石方，以及开挖边坡下方有河渠、公路、铁路和居民点时，开挖土石必须设计渣石渡槽、溜渣洞等专门设施，将开挖的土石渣导出后及时运至弃土（石、渣）场或专用场地。防止弃渣造成危害。

5 施工开挖、填筑、堆置等裸露面，应采取临时拦挡、排水、沉沙、覆盖等措施。

6 料场宜分台阶开采，控制开挖深度。爆破开挖应控制装药量和爆破范围，有效控制可能造成的水土流失。

7 弃土（石、渣）应分类堆放，布设专门的临时倒运或回填料的场地。

3.2.5 工程施工应符合下列规定：

1 施工道路、伴行道路、检修道路等应控制在规定范围内，减小施工扰动范围，采取拦挡、排水等措施，必要时可设置桥隧；临时道路在施工结束后应进行迹地恢复。

2 主体工程动工前，应剥离熟土层并集中堆放。施工结束后作为复耕地、林草地的覆土。

3 减少地表裸露的时间，遇暴雨或大风天气应加强临时防护。雨季填筑土方时应随挖、随运、随填、随压，避免产生水土流失。

4 临时堆土（石、渣）及料场加工的成品料应集中堆放。设置沉沙、拦挡等措施。

5 开挖土石和取料场地应先设置截排水、沉沙、拦挡等措施后再开挖。不得在指定取土（石、料）场以外的地方乱挖。

6 土（砂、石、渣）料在运输过程中应采取保护措施。防止沿途散溢，造成水土流失。

3.2.6 工程管理应符合下列规定：

1 将水土保持工程纳入招标文件、施工合同，将施工过程中防治水土流失的责任落实到施工单位。合同段划分要考虑合理调配土石方，减少取、弃土（石）方数量和临时占地数量。

2 工程监理文件中应落实水土保持工程监理的具体内容和要求，由监理单位控制水土保持工程的进度、质量和投资。

3 在水土保持监测文件中应落实水土保持监测的具体内容和要求，由监测单位开展水土流失动态变化及防治效果的监测。

4 建设单位应通过合同管理、宣传培训和检查验收等手段对水土流失防治工作进行控制。

5 工程检查验收文件中应落实水土保持工程检查验收程序、标准和要求，在主体工程竣工验收前完成水土保持设施的专项验收。

6 外购土（砂、石）料的，必须选择合法的土（砂、石）料场，并在供料合同中明确水土流失防治责任。

3.3 不同水土流失类型区的特殊规定

3.3.1 风沙区的建设项目应符合下列规定：

1 应控制施工场地和施工道路等扰动范围，保护地表结皮层。

2 应采取砾（片、碎）石覆盖、沙障、草方格或化学固化等措施。

3 植被恢复应同步建设灌溉设施。

4 沿河环湖滨海平原风沙区应选择耐盐碱的植物品种。

3.3.2 东北黑土区的建设项目应符合下列规定：

1 应保护现有天然林、人工林及草地。

2 清基作业时，应剥离表土并集中堆放，用于植被恢复。

3 在丘陵沟壑区还应有坡面径流排导工程。

4 工程措施应有防治冻害的要求。

3.3.3 西北黄土高原区的建设项目应符合下列规定：

1 在沟壑区，应对边坡削坡开级并放缓坡度（45°以下），应采取沟道防护、沟头防护措施并控制塬面或梁峁地面径流。

2 沟道弃渣可与淤地坝建设结合。

3 应设置排水与蓄水设施，防止泥石流等灾害。

4 因水制宜布设植物措施，降水量在400mm以下地区植被恢复应以灌草为主，400mm以上（含400mm）地区应乔灌草结合。

5 在干旱草原区，应控制施工范围，保护原地貌，减少对草地及地表结皮的破坏，防止土地沙化。

3.3.4 北方土石山区的建设项目应符合下列规定：

1 应保存和综合利用表土。

2 弃土（石、渣）场应做好防洪排水、工程拦挡，防止引发泥石流；弃土（石、渣）应平整后用于造地。

3 应采取措施恢复林草植被。

4 高寒山区应保护天然植被，工程措施应有防治冻害的要求。

3.3.5 西南土石山区的建设项目应符合下列规定：

1 应做好表土的剥离与利用，恢复耕地或植被。

2 弃土（石、渣）场选址、堆放及防护应避免产生滑坡及泥石流问题。

3 施工场地、渣料场上部坡面应布设截排水工程，可根据实际情况适当提高防护标准。

4 秦岭、大别山、鄂西山地区应提高植物措施比重，保护汉江等上游水源区。

5 川西山地草甸区应控制施工范围。保护表土和草皮。并及时恢复植被；工程措施应有防治冻害的要求。

6 应保护和建设水系，石灰岩地区还应避免破坏地下暗河和溶洞等地下水系。

3.3.6 南方红壤丘陵区的建设项目应符合下列规定：

1 应做好坡面水系工程，防止引发崩岗、滑坡等灾害。

2 应保护地表耕作层，加强土地整治，及时恢复农田和排灌系统。

3 弃土（石、渣）的拦护应结合降雨条件。适当提高设计标准。

3.3.7 青藏高原冻融侵蚀区的建设项目应符合下列规定：

1 应控制施工便道及施工场地的扰动范围。

2 保护现有植被和地表结皮，需剥离高山草甸（天然草皮）的，应妥善保存，及时移植。

3 应与周围景观相协调，土石料场和渣场应远离项目一定距离或避开交通要道的可视范围。

4 工程建设应有防治冻土翻浆的措施。

3.3.8 平原和城市的建设项目应符合下列规定：

1 应保存和利用表土（农田耕作层）。

2 应控制地面硬化面积，综合利用地表径流。

3 平原河网区应保持原有水系的通畅。防止水系紊乱和河道淤积。

4 植被措施需提高标准时，可按园林设计要求布设。

5 封闭施工。遮盖运输，土石方及堆料应设置拦挡及覆盖措施。防止大风扬尘或造成城市管网的淤积。

6 取土场宜以宽浅式为主，注重复耕，做好复耕区的排水、防涝工程。

7 弃土（石、渣）应分类堆放，宜结合其他基本建设项目综合利用。

3.4 不同类型建设项目的特殊规定

3.4.1 线型建设类工程应符合下列规定：

穿（跨）越工程的基础开挖、围堰拆除等施工过程中产生的土石方、泥浆应采取有效防护措施。

陡坡开挖时，应在边坡下部先行设置拦挡及排水设施，边坡上部布设截水沟。

隧道进出口紧临江河、较大沟道时，不宜在隧道进出口布设永久渣场。

输变电工程位于坡面的塔基宜采取“全方位、高低腿”型式，开挖前应设置拦挡和排水土质边坡开挖不宜超过45°，高度不宜超过30m。

公路、铁路等项目的取（弃）土场宜布设在沿线视线以外。

点型建设类工程应符合下列规定：

弃土（石、渣）应分类集中堆放。

对水利枢纽、水电站等工程，弃渣场选址应布设在大坝下游或水库回水区以外。

在城镇及其规划区、开发区、工业园区的项目。应提高阱护标准。

施工导流不宜采用自溃式围堰。

点型建设生产类工程应符合下列规定：

1 剥离表层土应集中保存，采取防护措施。最终利用。

2 露天采掘场，应采取截排水和边坡防护等措施，防止滑坡、塌方和冲刷。

3 排土（渣、矸石等）场地应事先设置拦挡设施，弃土（石、渣）必须有序堆放，并及时采取植物措施。

4 可能造成环境污染的废弃土（石、渣、废液）等应设置专门的处置场。并符合相应防治标准。

5 采石场应在开采范围周边布设截排水工程，防止径流冲刷。施工过程中应控制开采作业范围，不得对周边造成影响。

6 排土场、采掘场等场地应及时复耕或恢复林草植被。

7 井下开采的项目，应防止疏干水和地下排水对地表土壤水分和植被的影响。采空塌陷区应有保护水系、保护和恢复土地生产力等方面的措施。

附表 1　开发建设项目水土保持方案特性表样式

项目名称			流域管理机构		
涉及省区		省及地市或个数		涉及县或个数	
项目规模		总投资/万元		土建投资/万元	
动工时间		完工时间		方案设计水平年	

项目组成	建设区域	长度/面积/(m/hm^2)	挖方量/万 m^3	填方量/万 m^3

国家或省级重点防治区类型		地貌类型	
土壤类型		气候类型	
植被类型		原地貌土壤侵蚀模数/[t/(km^2·a)]	
防治责任范围面积/hm^2		土壤容许流失量/[t/(km^2·a)]	
项目建设区/hm^2		扰动地表面积/hm^2	
直接影响区/hm^2		损坏水保设施面积/hm^2	
建设期水土流失预测总量/t		新增水土流失量/t	
新增水土流失主要区域			

防治目标	分区	工程措施	植物措施	临时措施
	投资/万元			

水土保持总投资/万元			独立费用/万元		
水土保持监理费/万元		监测费/万元		补偿费/万元	

方案编制单位		建设单位	
法定代表人及电话		法定代表人及电话	
地址		地址	
邮编		邮编	
联系人及电话		联系人及电话	
传真		传真	
电子信箱		电子信箱	

注　填表说明：①动工时间为施工准备前开始时间；②重点防治区类型指项目所在地归属于各级水土流失重点预防保护区、重点监督区和重点治理区的情况；③防治目标填写设计水平年时规划的综合目标值；④防治措施指汇总的建设期各类防治措施的数量，如工程措施中填写浆砌石挡墙（措施名称）及长度（措施量）；⑤水土保持总投资不包括运行期的各类费用。

附表 2　水土保持方案报告表内容规定

编号：

类别：

简要说明：项目简述、项目区概述、产生水土流失的环节分析，防治责任范围，措施设计及图纸，工程量及进度，投资，实施意见。

水土保持方案报告表（参考格式）

<table>
<tr><td colspan="2">项目名称</td><td colspan="3"></td></tr>
<tr><td colspan="2">送审单位（个人）</td><td colspan="3"></td></tr>
<tr><td colspan="2">法定代表人：</td><td colspan="3"></td></tr>
<tr><td colspan="2">地址：</td><td colspan="3"></td></tr>
<tr><td colspan="2">联系人：</td><td colspan="3"></td></tr>
<tr><td colspan="2">电话：</td><td colspan="3"></td></tr>
<tr><td colspan="2">报送时间：</td><td colspan="3"></td></tr>
<tr><td rowspan="5">项目概况</td><td>项目名称</td><td colspan="3"></td></tr>
<tr><td>项目负责人</td><td></td><td>地点</td><td></td></tr>
<tr><td>占地面积</td><td></td><td>工程投资</td><td></td></tr>
<tr><td>开工时间</td><td></td><td>完工时间</td><td></td></tr>
<tr><td>生产能力</td><td></td><td>生产年限</td><td></td></tr>
<tr><td rowspan="5">可能造成水土流失</td><td>弃土（石、渣）量</td><td></td><td></td><td></td></tr>
<tr><td>造成水土流失面积</td><td></td><td></td><td></td></tr>
<tr><td>损坏水保设施</td><td></td><td></td><td></td></tr>
<tr><td>估算的水土流失量</td><td></td><td></td><td></td></tr>
<tr><td>预测水土流失危害</td><td></td><td></td><td></td></tr>
<tr><td rowspan="8">水土保持措施及投资</td><td rowspan="2">工程措施</td><td></td><td rowspan="2">投资</td><td></td></tr>
<tr><td></td><td></td></tr>
<tr><td rowspan="2">植物措施</td><td></td><td rowspan="2">投资</td><td></td></tr>
<tr><td></td><td></td></tr>
<tr><td rowspan="2">临时措施</td><td></td><td rowspan="2">投资</td><td></td></tr>
<tr><td></td><td></td></tr>
<tr><td rowspan="2">其他</td><td>补偿费</td><td rowspan="2">投资</td><td></td></tr>
<tr><td></td><td></td></tr>
<tr><td colspan="2">水土保持总投资</td><td colspan="3"></td></tr>
<tr><td rowspan="6">分年度实施计划</td><td>年度</td><td colspan="2">措施工程量</td><td>投资</td></tr>
<tr><td></td><td colspan="2"></td><td></td></tr>
<tr><td></td><td colspan="2"></td><td></td></tr>
<tr><td></td><td colspan="2"></td><td></td></tr>
<tr><td></td><td colspan="2"></td><td></td></tr>
<tr><td></td><td colspan="2"></td><td></td></tr>
<tr><td colspan="2">编制单位</td><td colspan="3"></td></tr>
<tr><td colspan="2">资格证书编号</td><td colspan="3"></td></tr>
<tr><td colspan="2">编制人员</td><td colspan="3"></td></tr>
<tr><td colspan="2">岗位证书号</td><td colspan="3"></td></tr>
</table>

参 考 文 献

[1] 中华人民共和国水利部. GB 50433—2008 开发建设项目水土保持技术规范 [S]. 北京：中国计划出版社，2008.

[2] 赵永军. 开发建设项目水土保持方案编制技术 [M]. 北京：中国大地出版社，2007.

[3] 王继康. 泥石流防治工程技术 [M]. 北京：中国铁道出版社，1996.

[4] 中国水土保持学会水土保持规划设计专业委员会. 生产建设项目水土保持设计指南 [M]. 北京：中国水利水电出版社，2011.

[5] 全国勘察设计注册工程师水利水电工程专业管理委员会. 中国水利水电勘测设计协会. 水利水电工程专业案例 [M]. 郑州：黄河水利出版社，2009.

[6] 全国勘察设计注册工程师水利水电工程专业管理委员会. 中国水利水电勘测设计协会. 水利水电工程专业案例 [M]. 郑州：黄河水利出版社，2015.

[7] 焦居仁，等. 开发建设项目水土保持 [M]. 北京：中国法制出版社，1998.

[8] 中华人民共和国水利部. GB 51018—2014 水土保持工程设计规范 [S]. 北京：中国计划出版社，2014.

[9] 水利部农村水利司，中国灌溉排水发展中心. 雨水集蓄利用工程技术 [M]. 郑州：黄河水利出版社，2011.

[10] 贺康宁，王治国，赵永军. 开发建设项目水土保持 [M]. 北京：中国林业出版社，2009.

[11] 王青兰，黄百顺. 生产建设项目水土保持 [M]. 郑州：黄河水利出版社，2013.

[12] 吴发启. 水土保持学概论 [M]. 北京：中国农业出版社，2005.

[13] 王礼先. 水土保持工程学 [M]. 北京：中国农业出版社，2007.

[14] 《生产建设项目水土保持分类管理研究》课题组. 生产建设项目水土保持分类管理研究 [M]. 北京：中国水利水电出版社，2016.